U0186517

关 怀 现 实 ， 沟 通 学 术 与 大 众

Guitar Makers

吉他匠人

工业化时代的手工艺者

THE ENDURANCE OF ARTISANAL VALUES
IN NORTH AMERICA

KATHRYN MARIE DUDLEY

[美]凯瑟琳·达德利

著

谭宇墨凡

译

SPM 南方传媒　广东人民出版社

· 广州 ·

图书在版编目（CIP）数据

吉他匠人：工业化时代的手工艺者 /（美）凯瑟琳·达德利著；谭宇墨凡译. —广州：广东人民出版社，2024.2
（万有引力书系）
书名原文：Guitar Makers: The Endurance of Artisanal Values in North America
ISBN 978-7-218-16018-4

Ⅰ.①吉… Ⅱ.①凯… ②谭… Ⅲ.①六弦琴—乐器制造—研究—北美洲 Ⅳ.①TS953.34

中国版本图书馆CIP数据核字（2022）第179093号

著作权合同登记号：图字19-2023-009号

JITA JIANGREN: GONGYEHUA SHIDAI DE SHOUGONGYIZHE
吉他匠人：工业化时代的手工艺者
凯瑟琳·达德利 著
谭宇墨凡 译

出 版 人：肖风华

丛书策划：施 勇 钱 丰
责任编辑：陈 晔
营销编辑：龚文豪 张静智 张 哲
特约编辑：柳承旭
特约校对：孙 丽
责任技编：吴彦斌

出版发行：广东人民出版社
地　　址：广州市越秀区大沙头四马路10号（邮政编码：510199）
电　　话：（020）85716809（总编室）
传　　真：（020）83289585
网　　址：http://www.gdpph.com
印　　刷：广州市岭美文化科技有限公司
开　　本：889毫米×1194毫米　1/32
印　　张：16.5　字　　数：370千
版　　次：2024年2月第1版
印　　次：2024年2月第1次印刷
定　　价：108.00元

如发现印装质量问题影响阅读，请与出版社（020-85716849）联系调换。
售书热线：（020）87716172

从前有……

"有一个国王！"我的小读者马上要说了。

不对，小朋友，你们错了。从前有一段木头。

——卡洛·科洛迪（Carlo Collodi）

《木偶奇遇记》（1883）

哦，将原木切成片
从中间分开
锯成坯料，交给我
我切开又黏合
聆听我从树中带来的音乐

副歌
我是一名吉他匠人
全心拯救声音
给我木材，我会让它为你歌唱
先有一个音孔，又有六根弦

现在它还是个谜
来自过去的迷雾
正好有人说
我有鼓敲
有笛子吹
我还想有琴弹

尽管弹的第一把琴

特别糟糕
听听这把我在拨弄的琴
简直没法弹
微微调整，细细打磨
一年一年又一年，它们更动听
它们在西班牙中部
它们在缅因州的海岸边
它们在街头艺人和摇滚明星
的手上
原谅我的自夸
但毫无疑问，最流行的乐器
就是吉他

别再支支吾吾
让我大胆地想
一个没人制作吉他的世界
博比·齐默尔曼
不会变成鲍勃·迪伦
塞戈维亚就要去
拉手风琴了

——格里特·拉斯金（Grit Laskin），
《吉他匠人》

序　言

政治的中心议题涉及所见到的以及关于这所见我们所能言说的，涉及谁有能力见到并有才能言说，涉及诸空间的特性和时间的诸种可能性。

——雅克·朗西埃（Jacques Rancière），

《感知的分配》（*The Distribution of the Sensible*，2000）

一把吉他正面朝上放在工作台上，卤素灯的微弱灯光慢慢地温暖着它。乔治·扬布拉德（George Youngblood）将金丝眼镜推上额头，全神贯注，俯身看着这把吉他。他将一把三角锉刀贴在快做好的品丝上，停了一会儿；接着，他便开始了令人眼花缭乱的"舞动"。锉刀向前滑动，向上卷起，又向外抬起，每锉一次，黑檀木指板上都会洒落闪闪发光的镍银合金碎屑。我站在他身旁，近距离注视着这一套复杂的动作，而金属疾速刮擦的声音响彻整个房间。不一会儿，他就把锉刀递给我，说："别搞砸了！"

隆冬柔和的阳光透过两扇大窗，窗框顶部悬挂的各种夹具在地上投下了阴影。一扇窗户前立着一个柜子，上面放着一个巨大的吉他模具，另一扇窗户的窗台上摆着一台钻床，上面堆放着一些琴颈的毛坯木。墙上最显眼的地方挂着一把老式的弓形锯，下面的架子上吊着一排凿子，而架子下面的工作台上，弯弯曲曲的侧板和只装了音梁的吉他面板正等待扬布拉德的特别照料——这可是种奢侈，十多年来，扬布拉德的业务接连不断，他一直辛劳工作，但弦乐器修理和复原的工作还是堆积如山，看不到尽头。一台带锯机靠在远处的墙边，活像一只俯身向前的滴水嘴兽，它若有所思，仿佛凝视着旁边工具柜上那把大的鲁特琴。短短几周，我就渐渐爱上了晨间的宁静，那是工坊正式开门前一小时才能享受到的。

到今天这个特别的日子，我在康涅狄格州吉尔福德（Guilford）的扬布拉德音乐工坊的"学徒期"已满月余。扬布拉德同意教我有关吉他修理的基本原理，还让我观察他日常的工作，以及他与顾客的交流互动，这些就算他支付给我的报酬。他是东海岸首屈一指的修复专家，无数人慕名前来，需要保养的乐器也从远近各地送到他这里。他知道我正在写一本有关原声吉他匠人的书，于是主动解答了许多有关吉他历史的问题，并与我分享了他作为先行者在推动北美制琴业发展过程中获得的经验。

图 1　乔治·扬布拉德正在把一块脱落的指板重新接到琴上，扬布拉德音乐工坊，2007 年，由作者拍摄

　　十点钟刚过，一辆汽车就拐下主干道，沿着车辙纵横的车道驶过工坊的橱窗。过了一会儿，门开了，门口的小铃叮当作响。扬布拉德热情地同这位中年客人握手，然后朝我这儿瞥了一眼，对客人解释说："凯特正在了解一些有关弦乐器的事情。"[1]

　　埃德·帕特南（Ed Putnam）的脸上露出了赞许的表情。他说："可不是谁都能像你这么幸运。"我咧嘴一笑表示同意，然后又去加工品丝，而此时我意识到，要想集中精力完成这项常规任务，难度着实不小。帕特南坐在一把高脚凳上，开始感谢扬布拉德为他嫂子的吉他所做的工作。他若有所思地自言自语："那把不起眼的吉他，经你那么一调修，音色就变得如此悦耳！"

　　"那只不过是因为我撒了点儿围裙口袋里的仙尘。"扬布拉德谦虚地回应，然后把手指向空中弹了弹。

　　"不管你做了什么，"帕特南笑着说，"很棒就对了！"

　　"凯特现在已经知道，只要在吉他各个地方做少许调整——正确的调整，吉他就能神奇地发挥出最完美的效果。我们检查了品丝、上弦枕和下弦枕。我今天早上说过，只有装配正确，你才能得到一件很棒的乐器，否则很可能什么都得不到。"

　　与工坊的许多顾客一样，帕特南也是来闲聊而不是调修乐器的。形形色色的常客——大多是男性，也有一些女性——他们会抽空来这里，跟人聊一聊吉他。扬布拉德的工坊位于他家的一楼，这是一栋殖民地时期风格的两层盐盒式建筑①，曾是镇上的理发

①　盐盒式建筑（saltbox），一种源自 17 世纪英国的单体建筑风格，因其外形类似盛盐的盒子而得名。——本书脚注皆为译者注或编者注

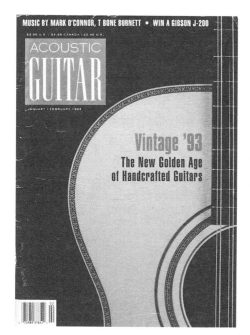

图 2　1993 年 1—2 月的《原声吉他》（Acoustic Guitar）杂志正式将 20 世纪 90 年代之后的时期命名为"新黄金时代"。该杂志创立于 1990 年，本身就是它所纪念和促进的市场现象的产物

店。从 2001 年起，扬布拉德就把紧挨着的两间房租给了伦纳德·韦思（Leonard Wyeth）和布赖恩·沃尔夫（Brian Wolfe），他们是原声音乐商店（Acoustic Music）的老板，那是一家销售高端吉他和曼陀林的零售商店。无论顾客是来店里试乐器、买琴弦，还是和沃尔夫一起即兴演奏音乐，大多数人最终都会被扬布拉德的工坊所吸引，扬布拉德会滔滔不绝地讲述各种故事，活像酒吧里的酒保。

帕特南刚从加州的一场古典吉他展回来。"真要了命了，"他大声嚷道，"去的人很多，有个家伙居然花了 11.5 万美元买了一把 1950 年左右生产的吉布森（Gibson）吉他！又花了 2.8 万美元买下了一把里肯巴克（Rickenbackers）电吉他。大家都在买买买！"

扬布拉德对这些价格并不感到震惊。"很多人已经意识到，在这个国家，财富如果只是存在于纸面上或理论上的话，可能并不长久。所以人们会在有形商品，比如乐器、东方地毯、绘画和高档家具上投资。就像我收藏的硬币一样，这些东西可能会贬值，但无论美元行情如何，金银永保无虞！"

"我认为这主要是男人的中年危机在作祟，"帕特南开玩笑说，笑声在整个房间回荡，"先是哈特雷斯动力艇，接着是哈雷摩托车，而现在则是……"

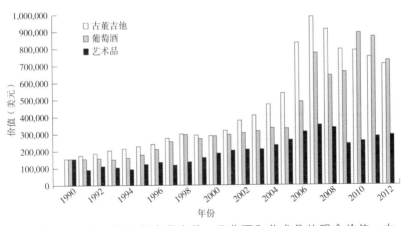

图3 1990—2012年古董吉他、葡萄酒和艺术品的现金价值。古董吉他的表现超过了葡萄酒和艺术品等其他可收藏资产。数据来源：*Liv-Ex Index/Decantor.com, the Mei/Moses All Art Index, and Vintage Guitar magazine's 2012 Price Guide by Tommy Byrne of Anchor Capital Investment Management for the Guitar Fund, a $100 million, ten-year closed end fund listed on the Channel Island Stock Exchange（CISX）*

扬布拉德接着他的话说："他们正在把钱花在家用商品上。"

在这间工坊，"吉他谈话"的中心主题就是拥有物质商品所带来的满足感，其中还涉及相应的鉴赏能力——知道这些商品是如何制作的，以及要用什么标准来衡量它们的品质。如果有顾客来咨询修复或购买一件乐器的投资价值，扬布拉德和沃尔夫不会直接回应，他们很擅长把问题转换一下，从另外的角度来回答。他们的建议是，真正重要的不是一件乐器在未来能有多少价值，而是要看它是否会让那些如今还愿意享受"自制音乐"（homemade music）的人的生活更加充实。他们认为，与投机性的金融工具相比，精心制作的原声吉他自有其内在价值，而无论市场价值怎么样，这种内在价值都不会受到影响。

然而，那些极难得到的、犹如"圣杯"一般的乐器都有着令人瞠目的价格，而要让顾客看到除价格之外的东西，则是一场持续的挑战。2001 年以来，婴儿潮一代 [①] 步入收入高峰期，受他们的消费习惯所推动，古董吉他和定制吉他的国际市场行情飙升至全新的高度。诸如《古典吉他》（Vintage Guitar）和《原声吉他》之类的行业杂志也加入了这股热潮，杂志上经常刊载吊人胃口的跨页照片和产品评论文章。不光"黄金时代"的乐器——那些在"二战"爆发前的 20 年里制造的乐器——被认为是优秀的投资品，就连更晚近的、由独立工匠和小作坊制作的吉他，也被誉为"第二个黄金时代"的产物，其质量即便最终没有超过，也达到了第一个黄金时代的水平。2007 年，全球金融危机给猖獗的投机活动泼

[①] 美国的"婴儿潮一代"一般指 1946—1964 年间出生的人。

了一盆冷水，但人们仍然坚信，只要买到了合适的弦乐器，实际上是可以赚钱的。

因此，当帕特南讲述在跳蚤市场遇到的一个"淘宝客"查理的故事时，我们完全可以想到会有一个彩蛋式的精彩结尾。他告诉我们，一天，查理接到了一个电话，是一位上了年纪的美国佬打来的，"语法糟糕，口齿也不伶俐"，这位美国佬想要把自己见过的"最大的大提琴"卖给他。结果，这是一把德国竖式贝斯。交付时，贝斯的各个部件分装在了几个食品袋里。查理用埃尔默胶水把它重新组装好，然后骄傲地拿给专业制琴师里克（Rick）看。里克用一把吉布森的 F-5 曼陀林从查理手中换来了那把贝斯，然后他告诉帕特南，等他把这件乐器拆开，刮掉胶水，再把它正确地复原后，他就可以把这件乐器卖了，坐等退休。帕特南笑着总结道："多年以后，故事就会在一位音乐会演奏家的身上延续了。"

扬布拉德毫不犹豫地用他自己的故事还击道：

> 曾经有个女人拿着两个装着吉他零件的大购物袋来到我这儿。她是在地下室的碎石地上找到那把吉他的。那是一把 1942 年的易普锋大帝（Epiphone Emperor），它曾经的主人是一个老家伙，过去曾在地下室演奏爵士乐，这把吉他实际上是他靠放在这间潮湿地下室的墙边的，之后他应该是去世了或者有其他什么原因，这把吉他就这样在地下室里放了十年又十年。所有胶水连接处都裂开了，琴散在地上成了一堆零件，之后又开始慢慢发霉。后来有人得知地下室里有一堆发了霉的吉他零件。最后，她清掉灰尘，把这些零件放进袋子，

走出门来到我这儿——我很兴奋。这可是一把易普锋大帝！所以我买下了它。我当时根本没意识到自己有些冲动过头了，那是几十年前的事了。但废话不多说，我只能告诉你，这把吉他如今现身于佛罗里达一个规模很大的管弦乐队，弹奏者对它的声音和外观都非常满意。那是一把金色、存世的顶级大帝吉他，而它一度只是肮脏地面上的一堆发了霉的木头。我喜欢这些故事！

帕特南和我连连点头表示同意，而我也感到一阵喜悦。这把大帝吉他还活着！

那一刻，我想起了第一天到工坊时扬布拉德对我说的话。"我是为乐器工作，"他说，"不是为乐器的主人工作。"我也意识到他讲述的故事和帕特南的很不一样。他讲的那些废弃和重生的故事是从乐器的角度讲述的。扬布拉德沉湎于吉他的感官特性，强调乐器表达的音乐风格，以及当那种音乐风格不再流行时，乐器本身又是如何走向毁灭的。扬布拉德关注的并不是每笔交易所能带来的利润，而是强调随着时间的推移，乐器自身发生的变化，以及这种变化是如何促使人类采取行动的。若不是散架的贝斯和拱形吉他①向一个没牙的美国佬、一个爱用胶水的淘宝客、一位被"一堆发了霉的木头"吸引的女士，以及会"冲动过头"的制琴师发出呼救，那么这些乐器的残骸就很容易被当作垃圾，遗弃在填

---

① 拱形吉他（archtop guitar）指面板或背板并非平面，而是带有一定弧度的吉他，这一造型借鉴了小提琴等古典弦乐器，和后文出现的平板吉他（flattop guitar，面板、背板均为平板，大多数民谣吉他和古典吉他均为平板吉他）相对。

埋场。

　　扬布拉德唤起了人们对弦乐器生命的关注，从而揭示了人与物相互作用的复杂本质——这是一个有价值的经验领域，他认为，这种价值是单纯的商品交换所不能衡量的。如果说帕特南的故事是把制琴师描绘成促成乐器商品化的代理人——他是能把原材料或受损货物变成具有市场价值的物品的人，那么扬布拉德则打破了这一叙事，但他并不是否认这类叙事，而只是拒绝把制琴师的行为仅仅看成对经济价值的计算。吉他匠人和其他手工艺行业的工匠一道，让手工劳动的报酬和物质的被动性这类人们习以为常的假设变得复杂起来。但他们与充满趣味的木质材料的亲密接触，又直接对资本主义的文化逻辑提出了挑战。制琴作为一种工艺传统，其生存和延续并没有得到任何保障。

目 录

引　言
吉佩托之梦

我想亲手给自己做个漂亮的木偶。不是个普通木偶，是个呱呱叫的木偶，会跳舞，会耍剑，还会翻跟头。我要带着这么个木偶周游世界，挣块面包吃吃，混杯酒喝喝。

——卡洛·科洛迪

《木偶奇遇记》

1968 年，《纽约杂志》（*New York*）刊登了一篇不同寻常的文章，讲述了曼哈顿的手工艺学生联盟（Craft Students League）举办的一堂吉他制作课。要知道，纽约每天会发生大大小小的各类事情，但这件事格外引人注目。一位经常在布鲁克林植物园弹吉他的卷发年轻男子看到了这篇文章，他突然坐直了身子，认真读了起来。这位年轻男子名叫威廉·坎皮亚诺（William Cumpiano），刚从普瑞特艺术学院（Pratt Institute）的艺术设计系毕业，正在一家家具设计公司工作，他看着自己手里那把工厂制造的乐器，惊讶于这样的东西竟可以用手工制作：

> 我非常迷恋吉他的美学意义—— 一个小小的共鸣箱竟能发出如此美妙的声音。我觉得很不可思议，竟然有人可以制作科学家在工厂制造的东西。真的有人做了一把吉他吗？手工吉他的整个理念很吸引我。而且，这是艺术。它与制造一辆汽车或一艘火箭飞船不一样——制造这个东西，你不需要是声乐方面的专家。其实，这里面有某种艺术性的东西。我刚从艺术学院毕业，所以吉他在艺术这个层面上很吸引我。[1]

这门课由迈克尔·古里安（Michael Gurian）讲授，他从 1965 年就开始制作鲁特琴和古典吉他。古里安留着嬉皮士风格的长发，有高傲的王子气派，而他显露出的才华、野心和不耐烦也跟他的外表相配。他无法容忍无知，也无法忍受没完没了的提问，经常是演示一次后就离开教室，让学生自己摸索该如何制作。他主要靠自学成才，因此觉得这种教学方式是合理的，甚至可能有启发效果。但对于一同赶来接受他指导的六七位学生来说，当他们努力互相指导时，就出现了一系列可笑的失误。正如坎皮亚诺描述的那样，"我们就在教室里，所有这些小精灵都在推着凿子，然后——糟糕，出岔子了！"课程结束时，除了有一个吉他形状的物件表明坎皮亚诺曾经努力过以外，他什么都没学到。但后来他确定，这段经历的确是他人生的转折点。想要制作吉他的渴望愈发强烈——一开始只是满足漫无目的的好奇心，后来就变成了堂吉诃德式的冒险：

> 所以我开始学习。我还试着找人请教，努力找各种书看，但一无所获。这是一个完全空白的领域。那些懂行的人并不想让我去他们的作坊。如果我不打听什么，他们倒是会让我去作坊看看，但如果我开始追问，就会被拒之门外。因为这是欧洲——这些制琴人都是移民——行会 [制度] 的延续，事实上，他们不会跟任何人提及自己的生意。他们常说的一句话就是"不能把你的生意摆到大街上"。永远不要告诉别人你是做什么生意、怎么做的——那只会伤害你，会带来竞争。这就是我所遭遇的困境。没人愿意告诉我怎样才能做出好吉他。

　　对于坎皮亚诺这一代有抱负的吉他匠人来说，旧世界对制琴的秘密三缄其口，其实是美国吉他工厂在积极保护专有信息时所表现出的另一个面向。除了在装配线上觅得一份工作，或是在古典吉他工匠那里当学徒，学习原声吉他制作的机会很有限，而且基本被少数族裔的资助体系所控制。像古里安这样有决心的工匠要想获取知识，就要与那些能够容忍窥探目光的制琴师们混在一起，慢慢积累自己所能领悟的真知灼见，然后回到自己的作坊里不断试验、拼凑。有些人，像是田纳西州沃特雷斯（Wartrace）的家具工匠约翰·加拉格尔（John Gallagher），他们会把工厂制造的吉他放到带锯机上分解，看看是什么让这些吉他发出声响。[2]

　　另一些人被吸引到这一行来，则是为了改造工厂制造的乐器以适应自己的演奏风格，或是提升在原声乐器声音方面的品位。20世纪60年代，大学校园附近涌现的许多民俗中心、二手吉他商店以及修理店支持了民谣的复兴，而在这些地方，自己动手的风气要更加明显。看到这么多现成的客户渴求服务，有生意头脑的爱好者们开始意识到，想要制作或修复各种各样的弦乐器，他们并不需要成为真正的制琴师。

　　自给自足的赋权感与质疑权威、抵制官僚的时代精神是一致的。坎皮亚诺成长于波多黎各的中产家庭，坚信教育的价值。然而，他若是遵循标准路径——在小学、中学和大学四年里都表现出色——就会被安排到一个格子间里，脖子上系着一条领带，外加一个主管监视他的一举一动。由于固执，也因为渴望规划自己的人生道路，他很快就离开了白领世界：

我上有老板，下有客户，在办公室里当牛做马，还不得不拍上司的马屁。那是某种我不太适应的东西：办公室文化、体制内的工作、无法自己掌控人生大事的生活。我在努力实现别人的梦想。才25岁，我就感觉自己的人生一眼望到头了。就这样了吗？命运已经注定了吗？我的人生旅程就要这样走完吗？我对自己说："不可能！我要努力实现自己的梦想，而不是别人的。"我想当自己的船长，而不是在别人的远洋客轮上当铲煤工！

刚刚失业的坎皮亚诺，手里拿着他制作的第一把吉他，只身前往格林威治村，在那里，他鼓起勇气向古里安寻求帮助，好让他的吉他能够用于演奏。令他惊讶的是，古里安看了一眼吉他，就看出了他的潜力，还当场收他做学徒。这个千载难逢的好机会实在令人兴奋，坎皮亚诺甚至根本无暇顾及这个职位的薪水比他在办公室的工作要低得多。这样的利益权衡对年轻人来说似乎无关紧要，但正如每个吉他匠人所察觉的，像企业家那样承担风险是当今北美手艺人逃不开的一个方面。当时和现在一样，"当自己的船长"是一种文化理想，在幻想中要比在现实中更迷人。在当时，吉他匠人这个职业几乎不存在，手工钢弦吉他①也没什么市场，在这种情况下，把自己的一生投入制琴业既是梦想，也是空想。在回想是什么促使他追求自己的梦想时，坎皮亚诺叹息道：

———————

① 钢弦吉他（steel guitar）指使用金属琴弦的原声吉他，与使用尼龙弦或羊肠弦的古典吉他相对，国内一般称民谣吉他。

　　我一定是太过沉迷于吉他的浪漫性，还有吉佩托的故事了。想想吉佩托的故事，除了赋予木头生命以外还有什么？想到有人能做到这一点，这简直像神一样——要知道，作品从工作台上跳下来，变成了某种制造者意想不到的东西。吉他就像匹诺曹——我想你可以这么认为。这么说吧，从美洲原住民的角度来看，它就是强效药。精通吉他或任何乐器的人都拥有强大的力量。所以我可以躲在幕后，而我提供的工具能以某种方式让这一切成为可能。这非常吸引人。

　　尽管坎皮亚诺是第一个承认必须超越乐器的"浪漫性"才能靠制琴谋生的人，但这种"躲在幕后"制作"工具"，从而使音乐家的魔法成为可能的欲望，无论是对于坎皮亚诺还是其他我访谈过的匠人来说，都不会随着时间的推移而减少分毫。"吉佩托的故事"及其令人着迷的制作场景，反映了吉他制作的魅力，也集中体现了它在当今市场文化中的不确定地位。《木偶奇遇记》中，善良的老木匠"像神一样""赋予木头生命"，这一人物形象戏剧化地表现了手工劳动所能带来的满足感和危险性。吉佩托也许是为自己干活，但日子过得很穷。虽然与工业革命脱节，但他有一身手艺，可以把一块顽木变成一个拥有特殊力量的物品。就像当地的巫师一样，吉他匠人也通过与非人物质进行交流来制造一种仪式性物品——就像"强效药"或"巫术工具"——让那些希望听到它的人感受到原声声学的革命性影响。³

　　然而，说一个人"沉迷"于吉佩托之梦，是对这个梦想在现实世界中的含义所表示出的矛盾心理。靠"一块面包一杯酒"度日，在职业生涯刚起步时可能是值得付出的代价，但若过了青年时期还是如此，就可能会有损自尊，也会丧失社会归属感。那些学习制琴的人大部分来自白人中产家庭，而且大多是男性。他们进入这个行业，相信他们有权利从事自己选择的职业。[4] 但保障这一"权利"并非易事，自谋职业所特有的经济不安全感，考验着每名匠人的勇气。顶着让生意持续运作下去的压力，制琴师们在组织劳动并寻找工作的意义时，要在两种截然不同的道路之间做出艰难的选择。在当代北美，想靠制作吉他谋生，要么接受"工业"模式，要么采用"手工"模式，二者在文化上泾渭分明，而制琴师则要在中间地带巧妙行动。

本书探讨了制琴师如何表达并通过行动体现大规模生产与手工制作之间的诸多差异，也讨论了他们对资本主义的态度如何影响他们所做出的选择。我认为，所有的制琴师，无论他们追求何种商业模式，其职业身份认同的建立都与吉佩托的故事有关。无论是否接受这个故事的浪漫情节，它都为中产阶层的男男女女提供了一份文化脚本（cultural script），使得他们在非常规的职业生涯选择中，感受到个人创造力和手工劳动的特权。这一叙事利用了 19 世纪流行于欧洲和北美的情感想象，使手工艺及其所需的感性知识成为与更广泛的公众、与手工艺品本身建立亲密关系的源头。尽管手工匠人们意识到，在与机械化进行的史诗般的斗争中，自己处于弱势地位，但被弦乐器制作场景吸引的他们还是选择了坚持到底，同时相信消费者会认识到他们努力的价值，这种乐观主义精神又增强了他们的决心。吉佩托之梦也许是后工业社会的

塞壬之歌 ①，而对那些聆听这歌声的人来说，它却是手工劳动将重获尊严的庄严承诺。

事物的质感

初看起来，制作吉他的浪漫性似乎是一个与吉他本身有关的恋爱故事。原声吉他是"美丽动听"之物，通常被认为是欲望的对象，与女性的身体和声音有着不可思议的相似之处。事实上，许多制琴师在描述他们初次与各类提琴或吉他、曼陀林、班卓琴、尤克里里和杜西莫琴等拨弦乐器相遇的经历时，都说自己仿佛坠入了爱河。他们经常说，正是这种强烈的吸引力，驱使他们学习如何亲手制作弦乐器。然而，如果让制琴师解释他们为什么制作吉他，以及超凡乐器与优质乐器之间的区别时，这种叙述的一致性就会出现问题。正如他们对上述问题的反思所证明的那样，参与制琴业的欲望是更难控制也更加强烈的，是无法单纯用吉他的性感来解释的。

本书追踪的是这一浪漫性的亲密感和热烈程度，但所讲述的故事则主要关注一种在经济上被边缘化的工作形式，而不仅仅是其产品。关于工作满意度，主流观点多从男性视角出发，看重的是智力劳动的声望，或强调工作的价值在于它能够转化成金

---

① 塞壬（Siren）是希腊神话中的一种女海妖，会用歌声迷惑航海者，让他们的船只触礁沉没。"塞壬之歌"一般用来比喻"充满魅惑的语言或歌声"。

图 0-1　希尔兹堡"美丽悦耳"吉他节的海报上呈现了一幅极具视觉冲击力的画面，将手工吉他作为一种人与物邂逅的场域，2003 年。图像由 Gale Mettey 创作，吉他由 Rick Davis 制作

钱。与此相反，在制琴师的故事中，人们沉湎于情感上吸引人、美学上具有挑战性的行业所带来的回报。如今，在美国和加拿大，什么样的工作能让生活有价值，以及在资本主义商品化的条件下，谁或怎样可以算是"生活得好"，人们在这些问题上存在着相互冲突的多种看法，而吉佩托之梦的浪漫情节相当于搭建了一个舞台，以戏剧化的方式呈现了这些相互冲突的观点。[5]我认为，这出戏演绎的是吉他匠人如何表演他们的手工技艺，以及如何评判手工艺品的质量。对于匠人以及我们这些欣赏其作品的人来说，最重要的是事物的质感（tone）所包含和表达的情感。

在吉他鉴赏这一高深的领域，有关理想乐器的讨论很快会从性感的琴身曲线转移到不可言说的原声声学和个人品位上。大多数人都同意，好的吉他必须在视觉和听觉上都足够吸引人。但堪称惊艳的吉他——那些匠人梦寐以求、演奏者强烈渴望，以及收藏者垂涎已久的吉他——会被认为在"音质"（tone）上有一种特殊的、难以名状的，但却可以立即识别出来的差别。在弦乐器圈，"tone"这个词一般可以指特定音符的声音，或特定乐器声音的整体特点。通常，所谓的音质指的都是乐器本身固有的属性。因此，一把吉他的音质特点——例如延音的长短，泛音的复杂程度，以及"发声"的整体印象——被认为是与制作材料和工艺有关的物理表现。吉他匠人用"声木"（tone wood）这一术语来定义能够发出罕见声音的木材类别。

与此同时，人们也认为，一把吉他的音质也会引发听者的独特感受和评判，比如对一个人来说听起来如"巧克力般"令人愉悦的声音，对另一个人来说可能如"污泥般"令人不快。制琴师通常将音质的主观评判视作语言问题，不予理会。他们指出，我们用来描述声音的词大多是比喻性的，都是来自其他感官领域的经验。人们真正听到的其实是"空气中的振动"，而不是"洪亮"或"干瘪"这种字面意义上的物质现象。[6]制琴师们说，如果没有经过专门的听觉训练，那么人们对弦乐器的声音属性往往很难做出稳定一致的反应。同任意一种艺术品的消费者们一样，他们也许"知道"自己喜欢什么，但很难确定自己在美学特质上的偏好。

此外，吉他匠人在阐明自己如何实际制作一件与众不同的乐器上所做的努力，也让音质的主观性问题变得更加复杂。除了要证明自己具备很强的基本能力——尤其是多年的从业经验、对古董乐器的研究、给知名匠人当过学徒，以及得到著名音乐家的认可——他们还援引"直觉"（intuition）的概念。与弦乐器制作场景相关的大部分神秘性都源于这样一个事实，即手工技艺不仅主要体现为一些惯常的实践，还体现为对特定木板属性的直觉反应。[7]这在所谓的为吉他"调声"（voicing）的关键过程中尤为重要，在这个过程中，匠人要有针对性地减少音板和音梁的厚度，以达到理想的音质。吉他匠人凭借记忆工作，靠感觉与这一行所用的工具和材料互动，他们"知道"自己在做什么，但往往很难向其他人解释。[8]

我发现，在解释与音质有关的那些令人困惑的谜题时，最好是将一把吉他在音质上所呈现的状态——它对我们的影响和我们对它的反应——看作一场美学邂逅的产物，就像我们与绘画或小说等艺术作品相遇时所产生的感受一样。在这个意义上，音质就是"主客观感受的辩证关系"，当我们从美学层面理解事物时，也就是说，将其作为能够给我们留下感官印象，并推动我们以特定方式体验世界的事物时，这种辩证关系就会出现。[9]一件弦乐器的音质不是简单地被制琴师"嵌入"琴中，或由听者以或多或少有些复杂的方式"听到"的；它还是组织这一美学邂逅的"感觉结构"，并赋予这场邂逅一种难以名状的力量和强度。[10]我们不能将音质的好坏简单地归因于人工制品的固有属性，或个体的不同感知能力，事实上，音质划定了人与物互动的情感场域，而在这一场域中，这种互动关系所体现出的一般情绪或感觉，也以可感知的方式得到了呈现。作为一种情动（affect），音质表现出了"居间性"（in-betweenness）的特征，这一特征一般"存在于躯体之间（人类、非人类、身体部分等等）传递的强度之中，[并] 存在于不同躯体与不同世界周围、之间及紧随的共鸣之中"。[11] 简而言之，从一把原声吉他的音质中，我们就能知道匠人在制作这件乐器时倾注了多少心血。

把音质理解为一种邂逅的场域，而不是事物的属性，这种做法有深刻的意义。我们不问为什么一把特定的吉他是值得拥有的，也不问为什么一个特定的人渴望拥有吉他，我们可以问，在这场互动中，到底是什么产生了这种渴望。同样，可以设想这样一种可能性，即我们所渴求的是与事物的一种特殊关系，而不是假设我们所渴望的是一个我们在其面前会感受到这种渴望的对象。可以说，我们渴望的不是事物本身，而是音质体验（tonal experience），这种体验既让我们"调校"（oriented）事物，同时也会让事物"调校"我们，而正是这种互动方式产生了渴望。[12]

制作吉他的渴望，就本书对其演变的追溯来看，恰恰就是这样一种欲望。吸引吉他匠人的，以及顾客所看重的，是与充分体现审美经验的事物之间的关系所具有的调性（tonality）。在弦乐器的制作场景中，经由声木的生命力，音质体现了工匠的"影响能力和感受能力"。[13] 制琴师在运用自己的手艺之前，就已经认识到了那些既非人类也非动物的物质实体所具有的活力或"生命度"（animacy），而这通常违背了主流文化对"有生命"和"无生命"物质构成的认知。生命度被定义为我们在指称活物和死物时使用的概念层次，它既是一种"感官技艺"，可以"赋予我们周遭事物或生或死或介于生死之间的属性"，同时也是一种政治形式，由"什么或者谁被视为或不被视为人类"的问题所形塑。[14]吉他匠人拒绝把木材看成曾经存活的树木的"死亡"残骸，这种态度使他们的工作具有了成为一种"替代性社会工程"的政治可能性，从而孕育出不同于市场价值的生命形式和劳动形式。[15]

制琴事业的核心就是生命度的概念，凭借这一概念，制琴师与物理现象的互动就有可能超越人类理性的限制，不是通过控制或支配，而是通过有趣的探究和经验性知识的运用。在适应木材的过程中，振动音板所发出的不可预测的声响，就不再是困扰，因而也不需要被压制，相反，这些不可预测的声响可被看作一群非人类的行动主体经过逐步的调整，进入和谐悦耳又生机勃勃的集体协作状态。即使是臭名昭著的"狼音"（wolf tone），即因错位的泛音和不均匀频率的振动而产生的啸鸣音或"死音"（dead spot），也在弦乐器的制作场景中占有一席之地。[16]一只独狼在吉佩托之梦的地平线上起舞，嘲笑那种一切尽在掌握的幻觉，事实上，这也是木材发音性质的诸多组成部分之一。

就像《木偶奇遇记》开头几页所写的那样，那根吵嚷的原木阻止老木匠劈砍自己，制琴师使用的木材在被制成吉他之前就被认为是有"声音"的。但是，协调非人类行动主体，使之像合唱团一样共同构成一件乐器的音质，这并不是一个关于商品拜物教或拟人化思维的简单问题。需要认识到市场经济社会中消费品的"不和谐可能性"（dissonant possibilities），并在这一认知指导下采取稳健的措施：并不是我们买的所有东西都隐藏了生产它的劳动力，如果能认识到"非人的事物对我们产生影响的能力"，我们或许就能够以市场价格以外的维度来衡量事物的价值。[17]事实上，我们

图 0-2　"W 代表狼音"，出自 Fred Carlson 的《一位制琴师的虚构乐器字母表：木刻和诗歌》（制琴师协会，2011）

可以把《木偶奇遇记》看作一个寓言，其中，吉佩托努力让一块顽木实现"社会化"，调校它，让它有可能成为商品以外的事物。[18]

看看威廉·伊顿（William Eaton）对他第一次接触弦乐器的记忆吧。1971 年，有人敲他的宿舍门，他推开门，面前站着一位年轻男子，正要向他推销一把手工吉他。当时，伊顿凭着撑竿跳特长获得了一笔奖学金，正在亚利桑那州立大学（Arizona State University）主修商科。他也是一位吉他手，喜欢在深夜即兴演奏抚慰人心的优美旋律，他创作的音乐优雅而富有禅意，这也将是他的标志性风格。伊顿对这把吉他印象深刻，并决定参观制作它的作坊，去看看还能找到些什么：

到了那儿，我看到了一间很大的匡西特活动房^①，坐落在荒漠中，有点儿凄凉，但我有种感觉，那里有一些肉眼看不见的生命出现。慢慢走上前去，你会闻到玫瑰木的味道。我对这种初体验记忆犹新，因为呼吸那种 [木材] 特质是一种非常愉悦的感官体验。还有就是，除了在中美洲的锯木厂，在亚利桑那，你还能在何处找到加工玫瑰木留下的粉尘呢？呼吸着玫瑰木粉尘的香气，我径直走进那间铁皮屋，看到到处都挂着吉他的零部件，还能看到有人在这个神秘的地方制作那些吉他——这里是胡安·罗伯托吉他工坊（Juan Roberto Guitar Works）！工坊的老板约翰·罗伯茨（John Roberts）先生问我："哦，你是来制作吉他的吗？"这是我第一次想到要制作吉他。我的第一个念头是，我从来没有动手做过，我做不了。¹⁹

工匠叙事的核心是唤起一个场景，其中，客观事物和主观感知之间的界限是模糊的。在伊顿的叙述中，巴西玫瑰木的香气不仅存在于他身体之外的空气中，还被他吸入肺里成为一种"感官体验"。尽管那间工坊看起来像是"一个凄凉的小屋"，游离于文明世界之外，但他凭直觉感受到"肉眼看不见的生命"正出现在里面。使这个生产场所变得"神秘"的，则是其被理解的方式：通过对他异性（alterity）或"他性"（otherness）的具身化意识，

---

① "二战"时期由美国匡西特（Quonset）军事基地生产的一种由预制钢构件搭建成的拱形房屋，装卸简单，移动方便。

激发出成为具有特殊力量之人的渴望。[20] 伊顿可能从来没有"动手做过",但是这一障碍只是他的"第一个念头",很快就会被抛到一边。讽刺的是,这个场景的神秘源泉——"胡安·罗伯托吉他工坊"——其中的一处细节是约翰·罗伯茨编造出来的,他用西班牙语改造了自己的名字,从而重塑了自己。[21] 罗伯茨曾是尼加拉瓜丛林中一家木材公司的领路员,出于投机购进了大量玫瑰木和桃花心木。1968 年,三辆装满木材的厢式货车驶进凤凰城(Phoenix)时,他放弃了开展硬木进口生意的计划,转而开始制作吉他。

在学业和体育活动之外,只要一有时间,伊顿就会去罗伯茨的作坊。四个月后的一天,他做好了一把吉他,开车回学校时已是凌晨两点,带着胜利的狂喜,他"声嘶力竭地大喊大叫"。毕业后,伊顿继续在斯坦福大学攻读商科硕士学位,希望自己能成为一名国际银行家。然而没过多久,他就看了一部纪录片,得知了特立独行的作曲家哈里·帕奇(Harry Partch)的故事,这位作曲家会用微分音音阶为他自己制造的乐器创作音乐。不久之后,伊顿做了一个梦,在梦里他做了一把独具特色的十二弦吉他。他简单概括了自己的想法,并利用寒假和罗伯茨一起制作了这件乐器。他去作坊还有另一个动机。他所修的管理学课程要求学生制订一份商业计划,他觉得以胡安·罗伯托吉他工坊作为研究案例写一份吉他制作学校的计划书会很有意思。他把这个想法告诉了罗伯茨,还跟罗伯茨新的生意伙伴、电吉他制作者罗伯特·维恩(Robert Venn)提过,二人都支持这个提议。项目完成后,伊顿回忆道:"一发不可收拾。我认为'有这种可能性,我真的可以做这件事'。"

与此同时，他的生活"发生了更大的变化"。当时他正在深入研究物理学、哲学和宗教学，思考诸如"生而为人意味着什么"这样的问题。他开始"隐约有了在自然世界生活的想法"，并认为自己会在晚年时这样做——等他赚到足够多的钱过上舒适的生活之后。但在那一刻，他意识到自己可能缺乏坚持这一信念的勇气。"我有想过住在沙漠中，先从吉他制作学校的兼职开始起步，"他说，"而我也正是这么做的。"罗伯托 - 维恩制琴学校于 1975年成立，有那么几年时间，伊顿都生活在索诺拉沙漠（Sonoran Desert）。他会把车停在学校，然后"沿着河床漫步"，在星空下睡觉，或者独自开车一两个星期去往更远的地方，就这样，他获得了改变生活的启示：

> 你会发现自己什么也没做，什么也不是，只能关注你周围的世界。突然之间，你对世界的看法就不同了。我新得到的经验也让我能够用不同的方式看待这个世界，我发现，每晚睡在地上，对地面的感受都有所不同。另外同样很特别的是，你会了解一些有趣的东西，比如说手和脚拥有全部的神经末梢，所以当你赤脚走在大地上时，会感受到微弱的电流刺激。人就是这样，倘若我没有那么做过，就永远也不会知道。可以用身体感知月亮每天的运行周期，也能指出"嗯，月亮就在那里"。现在，我们当然会说是因为地球在自转——而这是一个有趣的解释范式，因为我们的祖先是不会这样理解的。太阳下山落入地球，月球进入地球。就所发生的事情而言，这些神话故事的叙述一样有效，甚至从自然规律看也是如此——

即使现在我们的思考方式是以太阳为中心。但那种经历彻底改变了我。

伊顿认为，学会"以不同的方式看待这个世界"，意味着开始领悟一种理解物理宇宙的新方式，虽然这种方式未必会被主流科学所认可。经历了沙漠原生教学法的洗礼后，他有了一次认识论上的转变，这一转变也恰好代表了吉他匠人如何将自己区别于吉他工厂。他们没有接受一种类似"日心说"的吉他制作观——一个可从外部分析的理论体系——而是继续将自己嵌入生产过程中，相信从身体经验中得来的直觉同脱离肉体的、技术主导的思考方法"一样有效"。

伊顿的顿悟已经融入罗伯托－维恩制琴学校的乐器制作教学中。就像在其他制琴学校和学徒训练中一样，学生们在那里学到的知识不仅关乎他们制作的吉他，也关乎他们自己。尽管制作一件乐器所面临的挑战可能不像在沙漠中暂住那样需要体力，但它也是一次与非人类自然（nonhuman nature）的邂逅，赋予人一种男子气概的效能感。[22] 和伊顿一样，学生们往往会从制琴的教学场景中脱离出来，并且能打造出有意义的替代方案，以取代困扰着与他们同阶级同种族的年轻人的标准职业期望。就像吉佩托一样，他们的旅程通常始于一个梦想——就他们而言，就是制作一把绝妙吉他的梦想。

然而，梦想绝不仅仅是愿望的达成。它还是一扇窗户，透过它，可以看到我们也许不想知道的有关自我和社会的诸多方面，而且可以揭示与我们所声明的意图不一致的情感真相。[23] 以自由主体的身份参与手工经济的渴望，在资本主义的历史和欧洲行会制度中皆可见其源头，而行会制度的运作则是为了保障特权阶层的经济独立。北美的手工业公会努力维持此种等级制度，但到了19世纪中期，工业化最终取代或排挤了大多数的手工生产形式——包括吉他制作。[24] 复兴传统手工艺的努力——如19世纪60年代的艺术和手工艺运动，以及20世纪60年代的文艺复兴博览会——都是由追求原真性（authentic）生活方式的反现代主义渴望联合起来的。但这些运动也表达了一种受种族影响的愿望，希望重新夺回曾与欧洲手工艺传统联系在一起的经济自主权和特权地位。[25]

手工艺经济崩溃后的很长一段时间里，一种风头正劲的流行文化继续将白人男子气概与"手工艺大师"联系在一起，这种气概只能通过制作和修理东西的熟练劳动来获得。与此相对应的作品也经常被描绘成对人类与生俱来的——也因此是"原真性的"——使用工具的能力的表达。[26] 20世纪60年代和70年代，嬉皮士、回归土地者（back-to-the-landers）① 和高科技公司的企业家都开始认同这样一个观点，即个人的赋权如果不是文明的必然，那么就会如《全球概览》（*Whole Earth Catalog*）② 杂志所说的，要取决于"工具的获取"以及拥抱工具所产生的无穷可能性，"我们就像神一样，我们也许可以同神做得一样好"。[27] 然而，正如从太空

---

① "回归土地"是20世纪20年代由一群嬉皮士发起的离开城市前往乡村的运动。

② 对美国反主流文化影响最深的期刊，自1968年开始出版，内容涉及各种各样的书籍、机械装置和户外休闲用具。

观察地球的那些标志性的封面图像所暗示的，《全球概览》对"工具使用者"的神化，掩盖了机器与手工工具之间的种种差异。看到"地球全貌"的这种"神一般的"新能力——通过 1967 年的卫星成像技术和 1972 年的阿波罗飞船得以实现——被认为是所有工具使用者都怀有的抱负。

先锋制琴师们都是《全球概览》的热心读者，而且他们中的大多数人都会同意，人之所以为人，正是因为对工具的创造性使用。"蓝色弹珠"①的人类中心主义愿景象征了一代人的全球意识和环境意识，但它有一种内在冲突：它颂扬权力，而这权力的行使者则是那些出于自己的利益或人类利益而使用科技的人，这些人把北美帝国主义的历史视为理所当然，而这段历史在保障战后经济扩张的同时，也持续从脆弱的生态系统和虚弱的民族国家中抽取资源。技术被如何使用，以及技术朝哪个方向发展，这些问题都与相应的政治环境有关，而非出现在真空之中。只有人类和诸神才拥有创造力的观念是一种政治生态思想的基础，这种思想授权人类对不被视为"人类"的各种生命形式实行统治，无论这种统治是破坏性的还是仁慈的。[28]这样一种生命度的概念，帮助并促进了自 20 世纪 70 年代以来就显著改变了全球政治经济的治理技术。

政府政策从保障工人利益的凯恩斯式自由主义，转向有利于金融部门、有利于个人及企业冒险的自由市场意识形态，吉他匠人也未能免受其影响。[29]为了增加收入，许多早期的匠人开始雇用学徒并投资购买机器，进而增加产量，降低他们所生产乐器的价格，

---

①　一张在 1972 年 12 月 7 日由阿波罗 17 号太空船船员所拍摄的地球照片，《全球概览》第一版的封面使用了这张照片，微信的启动画面设计曾使用过这张照片。

图 0-3　20 世纪 70 年代，促使吉他匠人扩大经营的压力和理由各异。在 1971 年《最后的全球概览》（*Last Whole Earth Catalog*）中，迈克尔·古里安提到了他在广告中宣布降价的目的

Super Guitars

Up till about two months ago it would have been impossible to even consider listing ourselves in your catalog due to the fact that our instruments were very highly priced; with a long backlog of orders. We felt at that point that we had an obligation and committment to people other than the large money-making groups and single entertainers (i.e. Bob Dylan, The Band, Richie Havens, John Sebastian, Jake Holmes, Judy Collins, etc.); so we reorganized the shop and started training people in building fine quality, handmade guitars.

We are now in the process of having our catalog printed. For the time being we have enclosed a description and price list of all our instruments; we will try to forward some pictures to you, so that you can see and judge for yourselves our high quality standard.

Yours faithfully,
Michael Gurian
Gurian Guitars, Limited
100 Grand Street,
N.Y., N.Y. 10013

STEEL STRINGS

Size 1	Mahogany sides and back; spruce top; black ebony fingerboard; Schaller machine heads; 12 fret to the body; plays best with light or extra light guage strings; price, $250.00
Size 3	Mahogany sides and back; spruce top; black ebony fingerboard; Schaller machine heads; 14 frets to the body; plays best with light or medium guage strings; price, $325.00
Size 3	same as above, but, with rosewood sides & back; price, $425.00
Jumbo	Mahogany sides & back; spruce top; black ebony fingerboard; Schaller machine heads; 14 frets to the body; plays best with medium or heavy guage strings; price, $300.00
Jumbo	same as above, but, with rosewood sides & back; price, $400.00

Classical Guitars

Cl. 1	Mahogany sides & back; European spruce top; black ebony fingerboard; Landstorfer machine heads; price, $325.00
Cl. 2	Indian rosewood sides and back; European spruce top; black ebony fingerboard; Landstorfer machine heads, when available; price, $425.00
Cl. 3	Concert model; Brazilian rosewood sides & back; best quality European spruce top; black ebony fingerboard; Landstorfer machine heads, when available; price, $525.00

Flamenco

In keeping with the tradition of the flamenco guitar, I have developed a guitar that possesses the brightness and clarity of sound sought after by flamenco guitarists. In addition, my guitars have the sound projection of a classical guitar. For this result, I use specially selected woods for the top, back, and sides. If preferred, the traditional Spanish cypress would be used. As in the classical models, Peruvian mahogany and black ebony are used for the neck and fingerboard. The head may be fitted with friction pegs or Landstorfer machines. This model also has a handmade rosette. The price of the flamenco guitar is $750.00.

Lutes

1) Elizabethan: This model is constructed with either 7 or 8 courses, depending on personal preferences. Woods employed are Peruvian mahogany for the neck with black ebony for the fingerboard, curly maple for the back and spruce for the top. Rosettes are designed and handcarved in the traditional manner.

The price for this model is $850.00.

并与主要的吉他工厂竞争。虽然一部分核心团体仍然致力于手工艺技能，但还有很多人努力在手工制造和装配线制造之间寻求中间地带。这些有关原真性和技术进步的对立观点，最终导致了制琴运动内部的分裂。接下来，我将介绍在制琴师共同体内部产生的关于如何制造高质量乐器的持续辩论中，各个利益相关者的叙述。我认为，对于如何评判一把原声吉他这个问题，最终起决定作用的是事物的质感：商品化的意义，以及商品化对手工制品和手工劳动来说预示着什么。

再来看看朱迪·思里特（Judy Threet）在 2007 年的弦乐器工匠协会（Association of Stringed Instrument

Artisans）研讨会上所发表的演讲。1990 年辞去艾伯塔省（Alberta）卡尔加里大学（University of Calgary）哲学教授的工作后，思里特就在当地以制作吉他为业。20 年来，在各种专业会议和吉他展会上都能看到她的身影，她性格温和，并因用野生动物图样为吉他做镶嵌装饰的精湛手艺而闻名遐迩。2003 年，特蕾西·查普曼（Tracy Chapman）登上《原声吉他》杂志的封面时，手里拿的正是思里特制作的吉他。一时间，她制作的吉他备受赞誉。但在题为《我们的黄金时代结束了吗？》的演讲中，思里特对弦乐器制造行业的现状显然不太乐观：

> 最近有本杂志刊登了一篇文章，当然，我认为那都是些老生常谈，他们说："唔，顾客有太多选择了！价格也都很不错，而且有各种款式的吉他可以选！"一般人会觉得，这就可以称得上是"黄金时代"了。注意：这对他们来说真的是好事。难怪他们会说："嘿，这的的确确是一个伟大的黄金时代！"但我想让吉他制造同行们注意的是，这对顾客来说的确算得上是好事，但彼之蜜糖，吾之砒霜，对我们来说，这绝对是很可怕的事。[30]

思里特明确指出了威胁吉他制造业未来发展的几个趋势。其中列居前位的就是当前市场上的吉他供应量严重过剩。如今，技术水平参差不齐的手工匠人们不仅要相互争抢市场份额，还必须与工厂制造商和精品店对抗，这些制造商和精品店旗下的各种品牌涵盖了各个价位和款式的乐器产品。思里特认为，如此一来，消费者便越来越难以将价格与质量联系起来，也越来越难以意识到精湛的手工技艺本身能给一件乐器带来的"价值"。她通过观察发现，问题现在变得更加复杂。预制组合套装和制作教学DVD的普及，使业余爱好者也可以宣称自己在制作吉他。结果就是人们更进一步认为，吉他匠人就像工厂工人一样，只是在简单地组装机器制造出来的零件而已。

此外，思里特还指出，在弦乐器制造圈，匠人之间的交流大部分都是有关工序流程方面的信息，以求更快更有效率地制作乐器。她认为，那种集体探索和创新理论建设的精神消失了，而这种精神最初激发了弦乐器行业的进步，并一再突破吉他本身的极限，创造了更多的可能性。她总结说，如果大家不能共同致力推进吉他制作方面的知识发展，以制作卓越吉他为共同的志业，那么制琴师就不会有什么"黄金时代"：

> 因此，我们遇到了我所谓的"难以忽视的真相"。制作吉他、销售吉他、购买吉他的信息铺天盖地，可吉他本身却处于危险境地。吉他仿佛在时间的长河中被冻结了，不再发展，它变成了一个纯粹的商品，唯一的"改进"就是它的生产速度，但也仅仅是制造一把够用的吉他的速度。更糟糕的是，如果吉他这种商品不再受欢迎——要知道，停滞不前的事物经常会被人们抛弃——那就没有人会在意有多少种吉他可供选择，也不会关心它们的价格，或者每周能快速大量地生产多少。它们会像曾经的瓢型曼陀林一样，全部被丢进时间的垃圾堆。

　　思里特的哀叹表达了手工匠人们甚少在公共场合表达的感情。有关商品化的讨论——涉及商品化的本质和谁应对此负责等问题——现在已将弦乐器制造业分成了两个相互冲突的派别。吉他的价值将取决于其相对成本而不是独特性这种危险观念由来已久，而这对手工匠人的威胁要比对工业制造商的更大。如果手工匠人制造的吉他"仅仅是商品"，需要考虑其他制造商制造的乐器进而确定具有竞争力的价格，那么这些手工匠人的劳动价值就会被简化为单纯的劳动效率，即"每周能快速大量地制造多少"，他们的劳动也就被商品化了。如果制琴师们主要把自己看作相互竞争的小企业，那么业内唯一能相互交换的信息就只有非专有的技术建议，而不是维系富有活力的工艺传统所必需的实质性知识。

　　然而，商品化并不是从吉他本身开始的。制作吉他所使用的自然资源早在被送到制琴师的工作台之前，就已经借助帝国和公司的力量而被商品化了。思里特虽然承认这个"难以忽视的真相"，但也只是在她影射全球变暖的后果及其预示的正在发生的环境灾难时，才会间接地提到。[31] 然而，她还提及了曼陀林，这就让我们看到了制琴业的神秘历史及其遗产的种种痕迹。曼陀林这种类似鲁特琴的乐器起源于意大利的那不勒斯，毫无疑问是商业贸易和殖民扩张的代表性产物。最精美的曼陀林会有玫瑰木的侧板，还有用黑檀木、象牙和玳瑁壳雕刻的精致镶嵌装饰。曼陀林同意大利移民一起来到美国，1910 年以前它一直很受欢迎，只不过后来音乐家们开始纷纷接受奥维尔·吉布森（Orville Gibson）设计的新型提琴式曼陀林。这被视为一种征兆，原声吉他可能步其后尘，这不仅标志着市场文化固有的淘汰，也表明生态帝国主义仍然纠缠着制琴业，并威胁着世界各地的雨林。

原声吉他的音质是一种对声音的表达，表达了它们是如何制作出来的，用什么制作，以及带给我们的感觉。当我们注意到特定乐器的声音时，我们所"听到"的不仅仅是物体在空气中的振动；我们同样是在倾听乐器原材料的故事，听它们讲述从树木砍伐到制琴师最后装饰的全部生产过程中所遭遇的一切。我们对这个过程了解得越多，对音质的欣赏就变得越微妙。在市场经济中，借由音质，我们便可以判断使吉他成为可售物品的商品链条和社会生产关系。乐器所传达的音质反映了后工业社会中工业劳动和手工劳动在执行和组织方面存在的社会差异，而所谓的后工业社会，是一个被市场逻辑和现代主义社会想象主导的社会。[32]

我认为，我们从吉他的音质特征中听到的，是一场关于商品在消费文化中如何产生价值的文化辩论。手工生产的产品就比工厂生产的更有价值吗？前沿技术能提升手工艺传统吗？为什么手工制品的价值在 21 世纪的今天仍能延续？它们仅仅是数字时代中的过时之物吗？要想回答这些问题，我们需要先理解人类劳动、物质再生产和商品化三者之间的关系。制琴运动和其他当代手工艺运动一样，代表的是实现商品化的另一种途径，而不是为了逃避商品化。[33]吉他制作者和与之相关的公众——音乐家、收藏家、乐器经销商、制琴学校、吉他展览承办人和行业媒体——都被一种人与事物的关系所吸引，在这种关系中，人们可以直接或间接地体验到人类和非人类制造的生命力。在这种想象中，前现代和工业化的手工艺实践提供了一种商品化模式，在这一模式中，工匠和手工艺品在市场中或经由市场获得了"生命"。

在一个经济日益不稳定的时代，吉佩托之梦表达了对创业自主的渴望。它记录了一种希望：工匠与木材的活力相遇，赋予手工艺品和制作者的劳动以绝对价值，使两者能够打破商品化死气沉沉的影响，并使其恢复活力。然而，在新千年来临之际，制琴师所处的全球市场已经发生了重大改变。现在，手工匠人比以往任何时候都更加严峻地面临一个技术现实：他们所做的大部分工作都可以由机器人来完成。这是否重要——对谁以及有多重要——则要看事物的质感。

第一章

知识的十字路口

站在十字路口，我想搭个顺风车。似乎没人认识我，每个人都只是路过。夕阳西下，好家伙，黑暗快要抓住我了。好家伙，黑暗快要抓住我了。

——罗伯特·约翰逊（Robert Johnson）

《十字路口蓝调》（*Cross Road Blues*，1936）

在美国和加拿大举办的那些规模越来越大、越来越炫目的吉他展会上，经常能听到这样一句话：这在 40 年前可是无法想象的。要是让"老资格们"讲讲制琴发展的历史，他们会惊愕地摇摇头，想想过去的顾客，他们都懒得多看"自制"乐器一眼。情况为何会发生转变？手工吉他这一蓬勃发展的市场是如何出现的？这些是很多推测和神话的主题。在这些所谓的"起源叙述"中，制琴师也在选择性地回忆历史，这使得相应的市场交易和他们在市场交易中的地位有了道德层面上的合理性。[1] 他们寻求的与其说是真实的历史过往，不如说更像是一场奇迹般出现的社会运动，这场运动致力于呈现手工劳动在后工业社会中的价值。

　　一般的起源故事会将新知识领域或创造性事业的建立归因于一位有影响力的祖先或学派，与此不同，制琴师们甚少将当前吉他制作的复兴归功于特定的个人。可以肯定的是，若干关键人物的确受到追捧，因为他们为初涉此行的人提供了帮助。迈克尔·古里安和让－克劳德·拉里韦（Jean-Claude Larrivée）在这方面表现突出，而他们的"衣钵传承"通常被认为是进入琴坛名人录的指南。但这并不是进入此行业的常规方式。据常驻波兰的制琴师查尔斯·福克斯（Charles Fox）的观察，更多的人在初入此行时都要经历一定程度的社会隔绝，并在一段时间里独立搞创造：

因为我们都没人指导，没有可供遵循的方法，没有可供参考的传统。我们都得自己鼓捣明白，而且因为彼此缺乏了解，所以只能完全靠自己。我想方设法把琴做出来，还有我不认识的人也在做同样的事情。所以你知道吗？其实已经有很多方法流传下来了，所有这些类似的方法都在解决同样的问题，而且方法发展得相当快。由于解决方法发展得足够快也足够完善，所以无论我们采取了多么离谱的方法，总能制作出自己的第一件乐器。这在很多方面都有重要影响，其中之一就是如今在北美，有成千上万的人正在摸索制琴手艺。要是我们有一个吉他制作的"传统"，就根本不会有这样的情况。如果有传统，就会有制作一把吉他应遵循的正途，而如果这正途不适合你，那你就不会进入这一行业。但在我们的国家，人人都有一条路。你可以用任何适合自己的方法制琴，只要制作出来的产品是一件能用的乐器就行。这在手工艺界是闻所未闻的，在以往的欧洲文化中更是少见。[2]

在这个制琴运动起源的大众化描述中，正是民主和无拘无束的进取精神使得北美制琴师与他们的欧洲前辈彻底决裂。按照这种观点来看，20世纪六七十年代提供给他们的机会可被看作北美大陆殖民历史的重演，在这一时期，手工学徒们能够摆脱古老行会制度强加给他们的桎梏，可以自由发挥创业进取的精神。[3] 挣脱了"传统"的束缚后，工匠们感到可以自由地以任何他们喜欢的"方法"去探索未知领域，唯一的限制就是市场。正如人们普遍认为早期北美移民的创造力和独立性是与"荒野"直接接触的结果一样，制琴师也将整个集体的成功归因于他们的开拓精神和承担经济风险的意志。[4]

然而，工匠的自由感和国家例外主义（national exceptionalism）掩盖了他们与历史的复杂关系，也遮蔽了他们进入制琴业时正在发生的政治和经济转变。[5]制琴运动是一场反主流文化运动，就在北美迅速走向"后工业"未来的当口，制琴运动试图复兴的手工艺传统却同时具有"前工业"和"工业"的属性。[6]企业纷纷利用新技术和日益有利于企业的政策，不仅在与工会工人的博弈中取得优势，同时还将生产设备转移到墨西哥和其他海外低工资地区，如此一来，基础制造业的就业人数持续下降。[7]去工业化（deindustrialization）就像 20 世纪初西部边疆的关闭一样，标志着企业在海外市场追求利润的全新形式。[8]通过强调与过去那种欧洲"封闭"行会制度的决裂，吉他匠人默默"忘记"了在他们那一代，美国和加拿大手工劳动者的机会已经越来越少了。[9]

工匠的起源故事如果对制琴运动发展所处的政治经济环境轻描淡写，那就势必会将手工艺品置于故事的中心，着重强调其独特性和复杂性。福克斯观察到，从业者不仅可以自己想出制作吉他的方式，还可以从多方面来应对挑战：

> 吉他制作是我所知道的最多维的手工艺之一。这里面有艺术，有科学，有哲学，有精神层面的东西……只要你想，都能在里面找到。它有很重要的社会意义，它具有审美趣味，它的一切都恰到好处。而且事实上，要做这项工作，这些都是必须具备的。那种丰富性，无论成就感还是挑战的丰富性，

都是非常诱人的，对一个血气方刚的年轻人来说是毫无疑问的，你懂吗？就是那种惊叹的感觉！这是一门你可以从任何一点切入的手艺，可以在工作时从个人力量中获得平静。即使在当时，这可能也是它能吸引这么多人的原因——进入这一行有很多抓手，也有很多门道。从很多层面和很多方面来看，这都是一种满足感的来源，这一点再怎么说也不为过。这可不像是说"我想我会成为一名工匠，我想我会用车床加工钢笔"，或者像是"我想我会做皮带，去参加周末的艺术博览会"。没错，从技术讲那些都算是手工艺，但 [制琴] 是完全不同的事情。也许可以这么说，这是一个值得所有人接受的挑战。而且这一挑战永无尽头——你永远不会登上顶，也不会撞到墙。如果你的能力足够，总是会越做越深入。

制琴就像"一栋有许多门的建筑"，可以把它想象成一个自我实现的空间，就像这个国家本身一样。这个国家的公民从不同阶层进入民主政体，依靠"个人力量"发挥了他们作为人类的潜力，与此类似，工匠们进入吉他制造业，"感受他们的力量"，并渴望证明自己作为自主的经济主体，配得上这个国家所赋予的与生俱来的权利。就像从石头中拔出宝剑一样，他们"接受了挑战"，不是把制琴当作一项消遣的爱好，而是把它当成一种考验，测试自己的道德品质，以及为更大的善作出贡献的能力。然而，制琴师们信奉的国家认同感是有条件的，这些条件反映了他们参与资本主义社会的深刻矛盾心理。我被反复告知，他们所享受的成功正是他们抵制市场竞争的标志。福克斯是这样说的：

所有这一切 [制琴业的复兴] 都是信息共享的结果。还是老样子，当我们开始的时候，没有学校，没有笔记，什么都没有。但当时的时代氛围大体上是支持而不是排斥。竞争是整个事情的对立面——或者至少可以说，竞争是这个世界的一个强势面向，而这项事业是克服它的良方。当然，这也是有觉悟的自利：我们都需要知道别人能告诉我们什么，而我们也很乐于分享我们所知道的。你要明白，20 世纪 60 年代的原则是非常清楚的——信息免费。这一原则会被写下来：信息是免费的。这条原则至今仍然有效——至少在这个行当里是如此。信守这样简单的一句话自有其价值，你可以 [在吉他展会上] 看到。那些展会就是明证。

相比于欧洲行会守口如瓶的做法，吉他制作者的伦理立场是坚持"信息共享"，以此确认他们的反主流文化起源，并解释他们目前的经济成就。这一立场中固有的紧张关系——非竞争性的技术知识交流能够使一个充满活力的消费市场得以繁荣——自 20 世纪 60 年代以来就一直困扰着"信息是免费的"这个观念。即使是《全球概览》的创始人、信息共享倡导者斯图尔特·布兰德（Stewart Brand）也承认，信息同样"希望变得昂贵"，因为如果一个人能在适当时机获取相应的信息，那么这个信息将会非常有价值。[10]

制琴师之间的信息共享也是一把双刃剑。尽管在运动早期，信息共享可以使大家团结在一起，但现在，当信息交流的各方对于如何利用信息以及谁应该从中获益没有达成一致意见时，信息共享反而会引起摩擦。每个人都能从交换作坊机密中获利，这一

"开明自利"的想法对一小群孤立的工匠来说可能会很有意义，否则他们只能在黑暗中摸索。但这一原则是否还可以继续作为克服经济竞争的"良方"，如今仍是一个悬而未决的问题。

偶然的企业家

20 世纪 60 年代，理查德·"R. E."布吕内（Richard "R. E." Bruné）在俄亥俄州的代顿市（Dayton）长大，十几岁时就已经开始"涉猎吉他"。[11] 由于买不起自己想要的弗拉门戈吉他，他就用父母在 20 世纪 30 年代结婚时买下的餐桌做了一把。15 岁时，他的父亲—— 一位德国移民——去世了，这促使他开始认真弹奏吉他，并开始在夜总会和咖啡馆中弹吉他赚钱。1967 年，沉浸在弗拉门戈音乐和文化中的他去了西班牙，在那里，制琴师和演奏者之间相辅相成的共生关系重新点燃了他对吉他制作的兴趣。[12]

后来他留在墨西哥城上大学，并开始制作古典吉他和弗拉门戈吉他，同时还试图以音乐家的身份谋生，但却"屡屡碰壁"。他这样描述那个时期："任何一个金发碧眼、北欧长相的家伙想要像一个弗拉门戈演奏者那样登台表演，都会遇到很大很大的市场问题。"最终他发现，相对而言，做吉他带来的收入比弹吉他更多。"你猜格劳乔·马克斯①是怎么说的？"布吕内开玩笑说，"他

---

① 格劳乔·马克斯（Groucho Marx，1870—1977），美国电影演员，好莱坞著名喜剧明星组合"马克斯三兄弟"成员。

说：'我开始时一无所有，经过十年的努力，现在已经穷得揭不开锅了。'"

布吕内曾把制作蓝草班卓琴作为一项"副业"，他曾陪一位朋友去参加代顿市附近举行的一个前膛步枪集会，而在"停车场演奏"的晚间音乐会一直持续到深夜。在这次活动中，他遇到了杜西莫琴和羽管键琴制作者杰罗尔德·"杰里"·比尔（Jerrold "Jerry" Beall），他是俄亥俄州纽瓦克（Newark）人，当时正在卖他卡车里装的杜西莫琴。"杰里很吸引我，因为他特别像美国以前的成药推销商，"布吕内回忆道，"他真是个聪明人，掌握了所有的生产技术，通晓工程的方方面面，所以他才能——用他自己的话说——粗制滥造地制作出'满满一蒲式耳筐^①的'杜西莫琴。"两人成了朋友，而在 1972 年，比尔决定为弦乐器制作者创建一个组织，布吕内是头几个得知这一消息的人：

> 一天，杰里给我打电话，他说："R. E.！我要组建一个公会！""一个什么？""一个公会。我们要组建一个美国制琴师公会，"他说，"我们会发布内刊，还会向入会者收取会费，而且我们会让他们提交文章，我们会得到所有这些免费信息。这简直太棒了！"我说："哦，天哪，听起来要做很多工作。"他说："哦，我要去塔科马（Tacoma）找一些人来做内刊。"还说："我们什么都不用做！"¹³

---

① 蒲式耳筐（bushel-basket）即容积为一蒲式耳的筐子，蒲式耳是测量固体物质的计量单位，常用于计量农产品。在美国，一蒲式耳相当于 35.238 升。

到 20 世纪 70 年代早期，灵活利用社交网络来生产信息并以此谋利的想法迅速成为一项主流事业。从第二次世界大战到冷战，军事和工业研究实验室对物理系统和社会系统有了控制论层面的理解，由此促进了协作和扁平化管理的出现。20 世纪 60 年代末，正如历史学家弗雷德·特纳（Fred Turner）写的那样，"将全球视为一个单一的、相互关联的信息模式的控制论概念"在反主流文化青年中根深蒂固，他们也都渴望一个和谐的、相互关联的世界。斯图尔特·布兰德创办的《全球概览》从 1968 年一直出版到 1972 年，这份杂志表明，汇集各种学科和消费品的信息可以促进研究、教育以及创业活动。特纳使用"联网创业家"（network entrepreneur）一词来描述布兰德所具有的一种传奇般的能力，即通过会议和出版物把人们连接到"网络化论坛"中，而这个论坛之后又会产生他们自己的社交网络。[14]

同样，北美的制琴运动也受到联网创业家的积极推动。1972 年，比尔写信给《吉他手》（Guitar Player）杂志的编辑，宣告他要创办一个制琴组织，他希望能营造一个可以不断壮大的共同体，服务于那些有志向从事吉他制作的能工巧匠。20 世纪 70 年代初，弦乐器可以由手工制作的理念不再是口口相传的小众想法，而是经由全国性的左翼及反主流出版物在更大范围内传播开来。在此期间，查尔斯·福克斯在《地球母亲新闻》（Mother Earth News）上刊登了自己开办的"地球艺术"（Earthworks）吉他制作学校的广告，而迈克尔·古里安则在《最后的全球概览》上为他的吉他刊登了广告。和布兰德一样，这些制琴师们意识到，社交网络方兴未艾，无论是信息、操作指南还是物质商品，都可以在这个市场中交换。

比尔关于建立一个制琴网络化论坛的设想具有先见之明，但他认为这个论坛可以自发成长、不需要做什么工作的主张，这就属于自作聪明的夸夸其谈了。

响应比尔的人众多，18 岁的蒂姆·奥尔森（Tim Olsen）是其中之一。一年前，奥尔森开始经营自己的吉他制作生意，并在塔科马开了一家修理店。他承认："我很快发现自己有些不自量力，根本不具备相应的知识和技能。"[15] 在给内刊投稿的一篇小文的结尾，奥尔森敦促比尔"不要忘记电吉他制作者"。比尔注意到奥尔森"看起来像是一个积极能干的人"，于是便询问他是否愿意负责内刊的工作，帮助美国制琴师公会站稳脚跟。奥尔森在 1972 年接受了这个邀请。[16] 之后的 40 年，他一直担任公会季刊和其他出版物的编辑。[17]

如今，这个全球最大的职业制琴师组织，其在册会员数量已经远远超过奥尔森当年从比尔那里拿到的名单上的 40 人。即便如此，奥尔森说，公会的宗旨始终如一：

> 我们公会的使命就是创建一个信息共享体系。有趣的是，所有这些嬉皮士都有分享信息的想法，但他们其实只是想获取信息，因为当时谁都没有这类信息。所以如果有任何信息来源，你都会冲过去并试图获取信息。大家都在同一条船上，大家都在分享，你会高兴地说出任何你知道的事情，而不会只顾自己不顾他人。这就好像是说"看！还有一个做吉他的人！天啊，这太棒了！"你会倾囊相告。我们已经把这个分享过程以制度的形式确立下来了，而且这个制度现在仍然很

强大。这种做法不会出现在其他国家和文化中，因为他们一开始就有成熟的、训练有素的工匠，他们有自己的市场、客户，也有技术，对他们来说，问题在于通过学徒制和行会之类的东西来控制市场准入。但在我们这里，情况则是"大家都来加入这个派对吧，因为这太棒了！我们发现了一种类似胶合剂的东西！这太棒了！"。

这个制琴共同体早期的社会互动，与人类学家马歇尔·萨林斯（Marshall Sahlins）所说的"原初丰裕社会"有着惊人的相似之处。萨林斯所指的是小型狩猎采集群体，其中的人们在资源稀缺

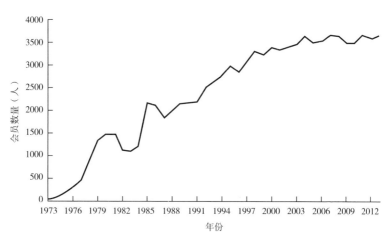

图 1-1　美国制琴师公会的会员数量（1973—2012）。从 1972 年很小的规模开始，公会现已成长为最大的国际制琴职业组织。注意，在 20 世纪 80 年代会员数量出现跌落，当时美国出现了持续的经济衰退，这一时期被公认为是原声音乐的"黑暗时代"。数据由美国制琴师公会提供

的条件下生存，需要参与所谓的"一般互惠"——也就是说，哪怕有很少的东西也要分享出去，但不期望立即得到回报。他认为，这样的社会比那些资源丰富但分配不均的社会有更高的幸福感。[18]与此类似，奥尔森说，年轻的工匠都"在同一条船上"，因为每个人都同样无知。分享他们仅有的那点儿知识，意味着他们通过集体所学习到的会比自己摸索学到的更多。在"信息贫乏"的情况下，每个人都可以感受到富足，为新发现欢欣鼓舞，并邀请其他人"加入这个派对"。

造成这种"信息贫乏"的历史环境——公开、可获得信息的缺乏以及这类信息及其产品的低经济价值——非常适合建立基于人际信任的组织。奥尔森宣称："我们渴望分享我们手里的任何信息，因为没人觉得自己有什么需要藏着掖着的。手工吉他根本没什么销路，所以也没什么需要保护的市场。没有人敢说自己站稳了脚跟，需要防着外人进入这个领域。"与那些通过限制知识和市场准入来创立社会等级的行业协会不同，该公会把自身定位成一个"信息共享体系"。

把"倾囊相告"的冲动以制度形式确立下来的努力也并非一帆风顺。从公会成立之初，改善制琴师经济状况的商业利益考量与公会肩负的教育使命之间的矛盾就初露端倪。比尔当初设想的这个组织是基于技能类别而组建的，会对学徒、熟练工和大师收取金额不等的年费。但在公会1974年的第一次"大会"上——其实就是分别在比尔的农场和奥尔森的家中召开的两次小型集会——当选主席的是布吕内，而非比尔。布吕内集中精力组织1975年的大会，而奥尔森原则上反对技能等级制度。[19]

但公会是否应该积极帮助其会员提高经济收益这个问题一直反复出现。在 20 世纪 70 年代初形成的"信息社会"中，"纯粹为了知识"而追求知识的做法也越来越难以忽视经济方面的考虑。[20] 制琴师公会的创始成员采用了一种非营利性的教育组织结构，他们希望提高手工制品的"质量"，没有考虑其市场价值，以及制作者的劳动地位。

制琴师公会各项活动的性质在 1975 年的大会上基本确立。那次大会是在伊利诺伊州埃文斯顿的西北大学（Northwestern University）举行的，为期三天的会议被宣传为"20 世纪匠人及其乐器的展览"。美国国家公共广播电台报道了这次会议，每个人都很开心，因为这相当于给这个组织盖上了一个他们热切渴望的文化合法性印章。西北大学提供场地的条件是会议必须在非假期的学年期间举行，还要向公众免费开放，而且"确保不进行任何商业交易"。[21] 大学提供的住宿条件非常符合该公会的需要。拥有 300 个座位的礼堂提供了一个舞台，可供经验丰富的会员做演讲或召开研讨会，也可以展示诸如弯曲吉他侧板、给鲁特琴雕刻圆孔花式等技术，还可以由专业音乐人使用会员制作的乐器举办音乐演奏会。

还有一间有着"木地板和聚光灯"的美术展馆用来展示羽管键琴；一间附近的学生休息室用于展示其他的乐器、工具和声木；一间可举办商务会议的会议室；自助餐厅以及大楼外的免费停车场。虽然使用学生公寓为会议参与者提供住宿并不包含在最初商定的条件内，但后来这也成了大会约定俗成的一部分。30 位会员参加了此次会议，其中有 20 位带了乐器来展览。[22] 除了规模以外，

1975 年的这次大会在所有方面都是之后会议的标杆，它包含了现已成为大会标配的所有元素，当然，一些新近增加的元素，如公益拍卖和专门评估会员乐器的讲习会除外。

公会努力将其教育使命与经济主张分开，此举一直是争议的焦点。在大学校园举行会议——这项在 1975 年业务会议上通过的永久性提议[23]，在象征意义上和实际操作中都相当于树立了一道屏障，阻绝了市场的侵蚀。尽管展览区面向公众开放，但主要的观众往往就是制琴师——这对原材料供应商来说是福音，但对任何想要销售乐器的人来说可就是缺点了。此外，大会组织者在宣传时必须小心谨慎，因为制琴师公会作为一家非营利教育机构享有税收优惠，如果把展览宣传为商业活动，就会影响其税收方面享有的便利。[24] 正如奥尔森解释的那样：

> 公会本身并没有什么。我们不搞研究或者其他什么。我们只是一个交流平台，而这也是我们唯一的目标。一直以来，人们都在建议我们扩展一下业务，例如帮助人们购买保险，或帮助大家集资购买原材料，而我们明智地避免了所有这些陷阱，我们只会促进信息的共享，这就是我们所做的全部。我们不会花钱请人为季刊撰稿，我们不评判对错，我们也不委托研究。我们期望建立一个论坛，可以让人们分享他们学到的东西，除此之外，我们什么都不做。

然而，公会不介入会员工作生活的立场令部分人感到失望，这些人指望公会能提供更多福利，比如以团体价购买健康和人寿保险，或在困难时期争取财政支援。在 1996 年第一次商业吉他展举办以前，不满的会员就明确看出公会章程所体现的象牙塔心态，这种心态与他们所面对的经济现实完全脱节。问题在于，信息共享是否与市场竞争不相容，又是如何不相容的。在 1975 年大会召开之前，理查德·布吕内在一期内刊中简述了公会首次公开活动的基本宗旨：

> 应该意识到，这次展会绝对是非竞争性的。我们组织此次活动，不是为了让一群目光短浅的评审组成的某个专家小组来给某人颁发个什么金弦枕。这完全只是一个展览，展出的是 20 世纪的制琴匠人以及他们制作的乐器。仅此而已。坦率地说，我希望看到更多的制琴师，他们可以向其他潜在的未来匠人们表明，无论是令人印象深刻的大型工坊还是多年的经验，都不是制作可靠乐器的必要条件，我还要补充一句，手工制作的乐器，在许多情况下，都无限优越于当地零售商店里的那些工厂乐器。[25]

布吕内建议，此次展览的"非竞争性"仅限于参加展览的乐器和工匠。这些乐器和工匠都不会被他人评判，至少不会被正式评判。但他们热切希望看到在手工制作的吉他和商店里挂着的工厂替代品之间能有一场市场竞争。他们不仅期望公众能认识到制作精良的手工吉他所具有的"无限优越性"，还呼吁公众反思自己对于需要什么才能"制作一件可靠乐器"的假设。虽然布吕内对"多年的经验"和顶尖工坊的不屑也许是年少轻狂的表现，但他成功地在"20世纪匠人"的劳动中，为手工艺传统的胜利重生提出了合理的解释。

在这一宣传策略中，工匠以及他们制作的乐器都被公开展出。就像那些在文化遗产博物馆中表演手工技艺的演员一样，制琴师们意识到，他们其实也是在当下为人们提供历史的一瞥。然而，与那些旅游景点不同，他们正在上演一场经济复苏。他们的生产模式历史悠久，颇负盛名，被认为是如今制作最优秀乐器的方式。本着这一精神，布吕内引用媒体对他们的报道来证明全国人民都对制琴的未来充满兴趣。他写道："毕竟，我们可是一个濒临灭绝的物种之中的最后一批了。"他暗示，在现代社会，手工匠人显得格格不入，这使他们颇具新闻价值，因为他们的坚持、他们克服重重困难仍要生存下去的决心，能够改变人们对吉他可以如何制作、应该如何制作的看法。

但公众并不是这一教化使命的唯一受众。同样重要或更重要的是人群中以及公会会员中那些"潜在的未来匠人们"。维持信任和平等交流的氛围，需要培养一种对底线之上的手工技艺的欣赏之情。公会致力于提升手工匠人的形象，鼓励其他精英机构注意到制琴师，而且可以说是有意为制琴师提供一个"合乎道德的借口"，为这一原本有些可疑的"职业生涯"辩护。[26]从1978年到1979年，史密森尼美国艺术博物馆①开辟了新领域，组织了"和谐手工艺"（Harmonious Craft）展览，展出了当代手工匠人制作

---

① 一家位于美国华盛顿特区的博物馆，隶属于唯一由美国政府资助、半官方性质的博物馆机构——史密森学会，是世界上最大的关于美国艺术收藏的艺术馆之一。

的各类乐器。现居加州肯辛顿（Kensington）的制琴师约翰·梅洛（John Mello）回忆说，在当时，这种形式的认可对他来说非常重要：

> 我是家里的第一个大学生。尽管只要有了学士学位就不愁高薪工作的说法在当时已经不太有说服力了，但多多少少也反映了实际情况。我去了奥伯林学院，我记得我在奥伯林旅馆瞥了一眼，就看到俄亥俄贝尔电话公司的那些人在上培训课。我看着他们要仔细检查的饼状图，心想："我很好相处；如果我真的只想要 1.67 台电视机和 2.4 个孩子以及一辆车，我就能得到这份工作。我可以当个中层管理人员，这样就可以了。"这些工作现在都消失了。它们要么被转移到印度，要么被低价外包出去了，但至少在当时，那样的工作的确很有前途。所以我的父母很怕我真的成了一个吉他工匠！我和我父亲谈了谈。我说："老爸，我从小就看着你动手做东西，同时发挥着自己的才智——你想要的是什么呢？"我妻子的娘家人当时也吓坏了——这发生在我们结婚之前。对我来说，当我走进史密森尼美国艺术博物馆的时候，虽然感觉不安——不是因为制作吉他——但博物馆的确给了我一些东西，好让我能对他们说"嘿，我没事儿"这样的话。[27]

有了知名机构的认可，就有底气说"没事儿"，便可安抚焦虑的父母和姻亲，这种认可也使得吉他匠人能够把学习制琴当成某种形式的高等教育，从而让他们能够免于做出循规蹈矩的职业选择，并推迟对于实现中产阶级收入的期望。为了支持这一努力，公会把非市场价值的地位高于经济价值这一世界观常规化了。作为对第二个黄金时代的叙述，这一起源故事把吉他制作描述为对文化差异的追求，这种差异来自专业知识而不是货币资产。[28] 正如蒂姆·奥尔森所说，匠人们之所以被制琴所吸引，是因为渴望做一些"酷"的事情，而不是因为他们有精明的生意头脑：

> 说到整个北美的制琴业——我很清楚，我没想过会有这样的 [复兴]。这就像是说："你是说人们想要买这些东西？哇哦！"谁知道这会发生呢？所以整件事情的根儿不是卖吉他，只是纯粹的热爱，想要尝试些什么，做点什么。真的，到现在也还是如此——我的意思是，大家已经知道要制作一些有人想买的乐器，也学会了如何足够快地制作吉他，好让自己能够以此谋生，但在这一切之下，底层根源仍然是想要做一些很酷的事情。[当吉他匠人问自己，] 我为什么要做这些？原因就是这事儿太酷了，不是因为我能卖琴赚钱。这也是一种必然。

作为制琴师公会出版物的编辑和理事会主席，奥尔森见证了公会内其他制琴师是如何甘心忍受自己工作的挑战和收入的。在解释制琴师为何要做这些时，奥尔森把"纯粹的热爱"置于所有答案之首，他所描绘的制琴师仿佛偶然成了企业家，他们的手艺已经变成市场奇观，他们对此也感到惊讶。"酷"的概念——作为地位的标志（是酷的）和有价值的实践（做一些很酷的事）——

解释了为什么会有人开始弹奏、收藏或制作吉他。[29] 同样，它也与一种共同体意识挂钩，在这种意识之下，其他人会因为你与吉他的亲近程度，以及你与吉他的深度互动而重视你。正如奥尔森所说，"酷"是乐器本身固有的：

> 比如说，你看到一把马丁吉他，然后说："嘿，这很酷。"你看得越仔细，就越会意识到它的酷劲儿。就像曼德尔布罗特集合（Mandelbrot set），那个无限的几何图形——你看得越仔细，就越会发现它的复杂。正是它所具有的无限性吸引了你。理查德·布吕内形容这个过程是从漏斗细的一端慢慢爬进去。它初看起来似乎只是一个小洞，但当你进入它时，它会变大，你走得越远，它就变得越大。我说的是我们这一代人的情况。现如今，情况完全变了，因为 [现在] 你可以 [把吉他制作] 当成一种职业，并自己决定要如何进入这个行业。这和我们当年的情况大为不同。吉他制作能否被当成一项职业已经不是问题了。现在的情况是"那儿有一个小洞，里面有什么？"在你知道以前，就会被拉进洞里，而且一切都太晚了。

这些人把 20 世纪六七十年代看作精神觉醒和自我实现的时代，当他们回忆那段过往时，语气中也流露出丝丝怀旧情绪。他们坚持认为，"酷"这种独特的精神气质与当今年轻人目标导向的职业野心大相径庭。"从漏斗细的一端慢慢爬进去"这个意象反映了一代人的真实感受，他们在密不透风的现实中苦苦寻找缝隙，透

图 1-2 蒂姆·奥尔森，身着"Take a Luthier to Lunch"（带一位制琴师吃午饭）字样的 T 恤衫，参加早期公会的一个会后派对（1977）。照片由 Dale Korsmo 拍摄，美国制琴师公会友情提供

过这些缝隙去想象和尝试新的生活可能性。原声吉他是进入反主流文化思想的一个完美切入点，它为以反常规人生为特点的意识觉醒提供了一个模板。[30] 一开始只是对另一个世界的窥探——从音孔往里看，好奇地观察吉他的内部构造——而后导向了对整个体系

的理解，这个体系"会变大，你走得越远，它就变得越大"。³¹ 对于那些以好奇心指引自己的人来说，"回头"这个选项似乎从来就不在考虑范围内。

打破模具

10 岁时，迈克尔·米勒德（Michael Millard）在康涅狄格州布兰福德（Branford）的一个船坞找到了他的第一份工作。在他父亲的帆船上，他凭借一块木头和一张砂纸，为他在暑假和学校假期时从事其他"专业、秘密"的工作提供了机会。³² 他回忆道："20世纪 60 年代是玻璃纤维和塑料时代的开端，所有的年轻人们、大学生，都认为这些是最酷的东西。"但是米勒德讨厌这些新船和它们的气味。他得到了几个"老资格"的庇护，这些老男人已经年过花甲，很想和"这个喜欢木头的孩子"分享他们的智慧。随着时间的推移，他发现自己与约翰·米勒（John Miller）志趣相投，这是一个比他大几岁的年轻人，他家也有一艘木船。米勒是一名吉他手，也成了米勒德的导师和灵感源泉：

> 一天，[米勒]带着一台唱机来到船坞，胳膊下还夹着几张黑胶唱片。很快，我就听到了加里·戴维斯（Gary Davis）、罗伯特·约翰逊（Robert Johnson）、比尔·布鲁恩齐（Bill Broonzy）、盲眼威利（Blind Willie Johnson）和所有这类吉他手的演奏。毫不夸张地说，那就像放了一个 400 瓦的

透明玻璃电灯泡［在他头顶］。感觉就是"我的妈呀！"木材加工、吉他还有音乐，所有的一切同时降临。通过这些方式，正值青春期的我就像是觉醒了一样。所以在性格形成期，我都沉浸于当地的老人和木船文化之中，而这些老人做木工活的时候是不会用很多夹具或固定装置的——全部都是在形态上不受限制的东西，他们只是努力想出制作的方法，并做得非常、非常、非常好。

米勒德的青春期顿悟恰好符合一代人在政治上的原真性（authenticity），这种原真性跨越了种族的界限，确立了足以挑战白人男子气概在规范性限定上的存在方式。无论是不用"夹具或固定装置"生产出来的高质量产品，还是非裔美国人演奏或演唱蓝调音乐时的打击节奏和质朴嗓音，米勒德和他的同伴所采用的自我实现模式不仅与现实错位，也与他们那个时代其他人的主流倾向格格不入。民谣复兴、民权斗争还有反战，这些交织在一起的情感点亮了每个人心中的那只"电灯泡"，那是一瞬间的觉醒。对于那些努力适应以种族、阶级和性别来确立自己身份认同的人来说，吉他可以成为自我塑造方面的组织原则，"所有的一切同时降临"。

与预科学校的其他同学不同，米勒德没有直接上大学。相反，他选择参与当地一位反对越战的国会议员所发起的政治竞选活动。第二年，他登记进入南康涅狄格州立大学（Southern Connecticut State University），学业却突然被中断了——他收到了入伍通知。米勒德没有以上大学为由申请延迟入伍，而是以出于良心而拒服兵役者（conscientious objector）的身份申请豁免，尽管如此，他还是获得了一份"橡皮图章"式的延迟入伍许可。他对这种分类提出申诉，认为这是一种"存在政治偏见的制度"，是对少数族裔和工人阶级的歧视。[33] 申诉信发了好几封，最后米勒德出于良心而拒服兵役的申请被驳回，他被征召入伍。后来他又拒绝在征兵委员会宣誓效忠，更多的法律纠纷接踵而至。在他收到的最后一封官方信函中，基于偏头痛病史，他被重新归类为 4F①。虽然这并非自己所期望的道德胜利，但米勒德仍然坚定地拒绝那种武断的文化分类，而他那一代的其他人则认为这种分类非常便利。

进入大学，米勒德发现自己跟牧师加里·戴维斯学习的三角洲蓝调吉他（delta blues guitar）让他"无法与其他人一起演奏"——同样的事情又发生了。他所钟爱的那种有着"不完整的节拍、独特的节奏还有切分音"的乡村蓝调，并不是校园摇滚乐手们喜欢演奏的那种"流畅蓝调"。[34] 米勒德只好选择发展自己的独奏风格，而不是加入集体表演。米勒德对"无需模具就能完成事情的整个概念"进行了反思，他观察到，对某些人来说，准备个人的拿手曲目是必要的：

> 你可以想象如威利·麦可泰尔（Willie McTell），或者盲眼威利，又或者是加里·戴维斯这样的一些街头盲人歌手，他们在街头表演时会放个帽子或杯子。如果有其他人在下个街角演奏同样的曲目，那你能设想的最好结果就是一天下来，

———————————

① 因身体、精神或品格上的原因不能入伍。

这些人的帽子里只有别人一半的钱。[对他们来说，演奏一样的曲子] 这样做是完全不行的。这些人在大多数情况下都对演奏的曲目所能呈现的效果非常谨慎。你可能用一只手就能数出——好吧，也许需要两只手——有多少人在演奏加里·戴维斯的曲目时能够像他本人演奏得那样出色。在那个年代 [20 世纪 60 年代]，几乎没有人能做到。

米勒德认为，培养一种不可被模仿的风格既能体现原创性和独特性，又能证明一个人很有生意头脑。米勒德在整个 20 世纪 70 年代以及 80 年代早期，一直以职业乐手的身份进行表演，他也认同三角洲蓝调演奏者的局外人角色。一天晚上，在马萨诸塞州的一家酒吧，米勒德遇到了一桌醉醺醺的客人，要求他一直不停地演奏感恩之死乐队（Grateful Dead）的曲目，从此以后，他决定放弃演奏，全职投入吉他制作。乡村蓝调的底色在每把"青蛙屁股"（Froggy Bottom）牌吉他琴头的青蛙图案上——吉他的牌子使人想起黑人佃农耕作的密西西比低地，那里经常被洪水淹没，如此便成了两栖动物的交配地。虽然米勒德在讲到有竞争关系的乐手时没有明确提及制琴业，但我也听过他评论吉他匠人之间的市场竞争。他认为，制作吉他的知识可以通过学习和实践来积累。但归根结底，与音乐一样，制琴知识所反映的是个人的品位和天赋，这两样都不是必须要从信息共享中获取。

毫不意外，米勒德很少参与制琴界的事务。他把那些大会和吉他展斥为"一大堆令人厌烦的闲谈"，他说他更愿意一个人或者跟密友一起"去佛蒙特州的山里"。"我不喜欢把时间浪费在满腔热情的夸夸其谈上，只是来来回回说些这个、那个和其他什么事。"他觉得没必要推销自己——他相信他做的吉他"自己会说话"——因而一直保持低调，并定期出现在杂志广告中。在这方面，米勒德清楚地表达了一种厌世的负面情绪，而且相当一部分匠人也有这种情绪，他们在制琴世界的社会仪式中并不活跃。这些匠人们委婉地表示需要保持"警惕"，他们为制琴共同体的主流起源故事提供了一种相反的叙事。

在一个爽朗的秋日，我和威廉·坎皮亚诺一起坐在他位于马萨诸塞州北安普顿的工坊里，这间工坊在一栋旧工业建筑的一楼。工作区里到处都是吉他，在我们交谈时，我就对工作区里那些不寻常的弦乐器很感兴趣。我的目光被一个犰狳壳吸引了，它被摆放在靠近天花板的架子上，后来我了解到，它将被用来制作一种名为恰兰戈（charango）的南美传统乐器。坎皮亚诺会说两种语言，也熟知两种文化，他是加勒比海地区弦乐器的权威，也是波多黎各夸特罗吉他项目（Puerto Rican Cuatro Project）的联合创始人，该项目有一个研究团队，专门收集有关夸特罗吉他的音乐和口述史资料，夸特罗吉他是一种乡村乐器，它有五组①同音弦，每组两根，共计十根。我被坎皮亚诺的热情和真诚的态度打动了，明白了他的吉他制作课程如此受欢迎的原因。我们要讨论的是他为什

---

① 夸特罗吉他是一类广泛流行于拉丁美洲的弹拨弦乐器的总称，脱胎于西班牙古典吉他，在不同的拉美国家，弦数也不同，有四弦（cuatro 是西班牙语的"四"）也有五弦，有单弦也有复弦（即两根一组的同音弦），波多黎各的夸特罗吉他有五组复弦。

么在 1972 年放弃了工业设计师的职业：

> 当时正值民谣复兴运动，新一代人崇尚的是自己动手、做自己的事——诸如此类。当时人们开始不走寻常路。当我离开工业设计领域时，也经历了类似的事情。那时候，我回到［迈克尔·］古里安的工坊，拿着一个形状怪异、丑到刺眼、皱皱巴巴的东西，只是看着有点儿像一把吉他。那是我在他的课上制作的一把吉他，但他从来没看到过，因为他几乎不怎么在课堂上出现。这把吉他的声音要么是咔嚓咔嚓的，要么是嗡嗡的，根本没法弹。我根本不知道该怎么组装，他从来没教过我们有关组装的事儿。他只是说："把琴弦安上。"事实证明，组装是一个至关重要又很有难度的过程，只有过了这一关，才能把这个木头盒子变成一件乐器。我想让他修修这把吉他，这样我就能弹了。古里安看了看我做的吉他，我猜他可能非常吃惊，因为就他教我们的那点儿东西来看，我做得已经非常好了，所以我肯定非常有动力制作吉他，于是他给了我一份工作，并说："我只能给你最低工资。"

在坎皮亚诺考虑古里安给的工作机会时，他就意识到"不走寻常路"并不能保证成功。如果说反主流文化思想使他可以"做自己的事"，那么也同样让他不得不弄清楚自己要做的是什么事，以及如何做。当时，古里安正准备从纽约制衣区边缘的格兰德大街搬到新罕布什尔州的欣斯代尔（Hinsdale），在那里他可以拿到一笔州政府发放的发展补助金，这让他有了动力。然而，并不是每个人都想离开纽约，而坎皮亚诺也明白，接受这份工作就意味着要搬到"乡下的贫民窟"。30多年后，当回忆起这个决定时，坎皮亚诺说这终结了他的"身份认同危机"：

> 我的感受是，我的的确确被排除在传统工作方式之外。我在吉他制作中找到了像诗一般美丽的东西，并彻底从之前的幻灭感中走了出来——这一过程也是相当令人痛苦的。我的身份认同危机解决了，是被吉他制作治愈的。我知道我是谁了，我的身份变成了一个吉他匠人。当然，我有时会想，这是不是一种幼稚的行为。但答案是否定的，仅此而已。我的亲戚们都说我一直像个孩子，从来没有离开沙坑，你懂吧？那句"你应该为你的家人想想"也有人对我说过。还有文化方面的问题。我发展到这个 [经济] 水平而不是另一个水平，这一事实与文化有关。我的文化价值观中，最重要的是谦逊和节制，而不是像北美扩张那类的东西。对我来说应该做的是：你不该让别人注意你这个人，你的价值应该通过你的作品体现出来。这些都是我被反复灌输的价值观。

这种被"排除"在主流职业之外的强烈感觉，也同样出现在其他吉他匠人的回忆中，他们和坎皮亚诺做出了同样的选择。他们描述了一种不合群、不善与人共事的感受——这些人说得很清楚，他们并不是在公开反抗"传统的工作方式"。相反，他们的疏离是一个"令人痛苦的"过程，也就是意识到他们的价值观并不常规。当他们的人生到达了具有非凡意义的时刻，却没有多少成年人安身立命该有的东西时，成熟起来并"离开沙坑"的告诫就一直在许多人的耳边萦绕。

坎皮亚诺证实说："过了差不多30年，我才看起来像是有了[财务上的]保障。事实上，我现在可以买车买房，所有这些中产阶级的东西，我花了二三十年才办到，因为制琴并不是赚钱的生意。它是个赔钱的事儿，只不过你会享受到快乐。"当问及生活中的榜样时，坎皮亚诺会向曼努埃尔·贝拉斯克斯（Manuel Velázquez）"脱帽致敬"，这也是一位古典吉他匠人，1946年从波多黎各来到纽约。在他眼中，贝拉斯克斯是"一个不会摆架子的同行"，一个热爱"探索知识"的人，还是一个"从不承认自己伟大的劳动者"。坎皮亚诺在吉他制作中发现的"像诗一般美丽的东西"是一首惠特曼式的"自我之歌"，其中，资本主义企业的"扩张式"价值观被"谦逊和节制"的偏好所摒弃。[35]

看起来，年轻的迈克尔·古里安的词典中没有节制这个词。手摘繁星的远大抱负明确地刻在他制作的所有乐器的标牌上："古里安作坊，地球，距离太阳第三近的行星。"20世纪70年代，古里安制作的钢弦吉他的销量迅速增长，他便通过雇佣工坊助理来提高产量，这些助理只能拿到很低的工资，但可以得到在职指导。这些雇员中的许多人后来都成了独立的制琴师，其中就包括工坊的领班迈克尔·米勒德，他于1971年被雇佣。[36]位于格兰德大街的这家小作坊里有八到十个工匠，充满了友爱的气氛，也经常会有顽皮的欢声笑语。但古里安打算搬到欣斯代尔并扩大业务的决定，导致工坊的士气急剧下降。

新厂房位于舒洛特河（Ashuelot River）附近，内战前是一家工厂。为了满足新的生产指标，古里安把工人人数增加了一倍之多，还雇用了许多当地人，包括一些高中生。米勒德回忆道："这就像赶牛一样，而我就是赶牛的人。在工作时我就是严厉的领班。"据他说，工作台摆得满满当当，甚至"工人在工作时都看不到彼此"，最高"使命就是'闭嘴，去干活'"。对工作条件的不满在 1974 年 3 月到达了顶点。古里安试图平息大家的不满，他召开了一次晨会，确定了新的制度，把之前大家享有的权利和权益都收回了。当时，米勒德和坎皮亚诺对视了一眼，当场退出了工坊。

他俩都认为，为古里安工作是一段宝贵的经历，也仍然感激古里安开启了他们的职业生涯。但二人那天的离开也强烈表达了拒绝只以生产力来衡量工作的想法。从吉他开始工厂化生产伊始，他们便把自己投入了手艺人的困境之中，二人选择的是手工匠人的独立，而不是雇佣劳动的奴役。[37] 尽管他们各自追求不同的商业模式——米勒德开了一家小工坊，而坎皮亚诺开启了单飞生涯——他们都有一个难以实现的相同目标：过一种俭朴的生活，不牺牲曾吸引他们从事手工艺的那份创作自由。他们面临的不只是为自己工作还是为他人工作的问题。他们还不得不决定是以工匠身份还是以工业制造商的身份制作吉他，这是每个制琴师最终都将面临的问题。像古里安这样有企业家头脑的工匠走的是后一条路，他准备与北美和其他地方的工厂竞争。其他一些人，如米勒德和坎皮亚诺，选择了前者，他们把希望寄托于围绕着手工吉他形成的替代市场。

20 世纪 70 年代中期，驱动手工乐器市场的是供应而不是需求。当吉他手对工厂生产的吉他感到不满意时，便倾向于购买老式吉他。手工乐器的质量在最好的情况下也是参差不齐的，而且大多数工匠发现吉他销售很难超出家人和朋友的圈子。然而，作为一项爱好，吉他制作令越来越多的艺术家和音乐家、嬉皮士和强硬保守派（hardhats）、技术极客（propeller heads）和大学辍学者感到极度着迷。坎皮亚诺非常清楚，他们之中很少有人能接触到自己所需的信息。离开古里安吉他工坊后，坎皮亚诺开始撰写他那本很有名的书《吉他制作：传统与技术》（*Guitar-making: Tradition and Technology*）。后来我了解到，这堪称一项西西弗斯式的任务。

一家侧重手工艺内容的著名出版社与坎皮亚诺和另一位古里安的前雇员乔纳森·纳特尔森（Jonathan Natelson）签署了一份合同，要出版一部制作钢弦吉他和古典吉他的指南。在个人电脑出现之前，撰写一部附有照片和简笔图解的手稿可不是一件容易的事。校对完该书的排版样后，两位作者得知这家出版社已经被出版业巨头西蒙·舒斯特收购，如此一来，出书的前景就不明朗了。幸运的是，在此次收购中，他们的权利受到了合同保护，但索回校样和胶片就没那么容易了。1987 年，当这场法律纠纷结束后，他们凑齐了各种素材，自行出版了这本书。20 世纪 90 年代中期，一家全国性的出版社从他们手中购买了该书的版权，并推出了平装版，这本书至今仍是制琴领域的主要指导手册。[38]

这算是一个成功的故事吗？坎皮亚诺可不是这么说的。他告诉我："我不知道决定写这本书会带来什么。每一页都倾注了我的心血。"他积极帮助"所有那些在追求优质吉他制作信息的过程中快要溺亡的可怜灵魂"，同时也发现自己的财务状况每况愈下：

我成了一位没太多活儿干的知名制琴师，因为我的声望只局限于制琴师圈子里。这本书给了我一个不应得的业内声望——"不应得"的意思是说，我不是一个在生意上很成功的制琴师。但我已经成了一个很不错的制琴信息分发者，还有一家小作坊和持续经营的业务。那时我的生意很不稳定——写这本书很损害生意。写这本书花了我一整年的时间，而这一年我都没做手艺活儿。我没有持续工作，也没有尽我所能或如我所愿地多做吉他。那时候，我的修理业务 [在经济上] 维持了我的生计。

与撰写手稿过程中产生的费用相比，出版商的预付款少得可怜，从版税中得到的"利润"也没多少，更多的收益还是"业内声望"。这两位作者中，只有坎皮亚诺在出版这本书后还在继续制作吉他。因此，他在制琴会议和公共领域继续担任"信息分发者"的角色。这种声望和荣誉有利有弊，突出了手工艺知识的一个基本特征：它是一种具身性（embodied）的专业知识，其市场价值与手工艺品息息相关。除了在教学情境下直接向吉他匠人支付的教学费用以外，几乎不可能给脱离了工匠实践和产品的知识定价。信息也许是"免费"的，正如互联网企业家们喜欢说的那样，但除非信息的交换能带来等价的信息，否则那些自愿提供信息的人得到的只能是声望。

坎皮亚诺的商业出版经历为工匠们敲响了警钟，使他们意识到"无形知识"所具有的风险。[39] 然而在 20 世纪 80 年代，北美产业升级，从基础制造业转向了服务业和高科技数据处理行业，对这类信息的需求反而上升了。越来越多的工匠开始把手工技术应用到流水线生产上，而主要的制造商也从制琴运动中着手寻找新的创意。这十年的尾声出现在 1979 年，当时，一台爆炸的锅炉点燃了迈克尔·古里安的工厂和锯木厂，这仿佛预示着冲突即将到来。在这场大火中，该公司所有的资料、全部的吉他和木材库存，以及大部分机器都被烧毁了。古里安尝试重新开始，但是债务和经济不景气使他在 1980 年破产。各种规模的吉他制造者即将迎来艰难的时期，他们越来越难以对市场竞争保持超然的立场。

手工艺伦理

20 世纪 80 年代，在经济持续衰退的大环境下，弦乐器的销量也急剧下滑，加州帕洛阿尔托（Palo Alto）的狮鹫弦乐器公司（Gryphon Stringed Instruments）密室里的一台弹球机见证了许多。公司合伙人弗兰克·福特（Frank Ford）说："有那么一些日子，电话铃从来都不会响。"[40] 福特和他的生意伙伴理查德·约翰斯顿（Richard Johnston）的零售和维修工坊是行业龙头，可以说，他们是站在相当有利的位置上目睹了整个行业的萧条。福特说："那段时间，我们见证了我们的 [吉他匠人] 同伴急剧减少。许多店铺、批发商，以及所有企业的工厂都在那段"大洗牌"的岁月中挂牌出售或者易主。"

马丁公司（C. F. Martin）的销售数字说明了一切。20 世纪 60 年代中期，这家公司每年生产的原声吉他超过 10 000 把，该数字在

1971 年攀升到 22 637 的峰值，之后便在 1982 年下滑至 3133 的低谷。[41] 马丁公司的情况已经很糟了，而像吉布森公司这样在非家族"企业"手中的更大的吉他公司则面临更恶劣的状况。[42] 诺林实业（Norlin Industries）——这家拥有水泥、铁路、花卉和啤酒公司的厄瓜多尔跨国企业集团——在 1969 年收购芝加哥乐器公司的同时，也买下了吉布森。一年后，在吉布森位于密歇根州卡拉马祖（Kalamazoo）的王牌车间里，工会举行了持续的罢工，为此，诺林实业把原声吉他的生产转移到一家位于田纳西州纳什维尔（Nashville）的新工厂，而田纳西是一个主张"工作权利"的州。[43] 在接下来的十年里，诺林实业有计划地掏空并出售了芝加哥乐器公司这个庞大帝国的所有子公司。最终，在 1984 年，诺林实业关停了卡拉马祖的工厂，并在 1986 年将吉布森公司卖给了出价最高的买家。[44] 美国第二大吉他制造商竟然能被如此纤细的线所牵制，这说明了一个不可思议的事实：原声音乐并非不朽。

福特将吉他行业的"大洗牌"归咎于人口结构和消费者品位的变化。他以辛辣幽默的方式描述了合谋终结民谣复兴的诸多势力，这些势力即使不是全世界众所周知的，至少也是他那一代人都耳熟能详的：

> 民谣"恐慌"正在消亡。我想我们看到了天启四骑士的出现。我们看到了迪斯科的出现——可怕！我们经历了全国性的经济衰退。我们经历了人口膨胀，我这个年纪的人开始追求其他事情，比如组建家庭。在里根执政时期，我们还对所有学校的音乐课程进行了彻底的改革。所以那段时期，音

乐是扰人的东西。大约十年前，理查德·约翰斯顿就有一个观察，他说：“这个行业的讽刺之处在于，我们年轻的时候就制作吉他并卖给我们的同龄人；现在我们都是老家伙了，竟然还在做吉他，还是卖给我们的同龄人。”毫无希望！

婴儿潮一代认为原声音乐是他们生活中神圣不可侵犯的一部分，所以他们在 20 世纪 80 年代看到“天启”的征兆，也是情有可原的。无论是华丽金属和电吉他速弹独奏的优势地位，还是音乐电视（MTV）——我想到的是麦当娜 1984 年在音乐电视《宛如处女》（Like a Virgin）中身穿全套新娘礼服的画面，越来越多的证据表明，民谣及其特有的原真性正在“消亡”。[45] 尽管如此，一旦婴儿潮一代的孩子长大，所有的收入都可供自己使用，而音乐电视又早已不再播放，这些“老家伙”就会回来复仇。但是在迪斯科时代，毋庸置疑，原声吉他的命运并没有掌握在“老家伙”们的手中。1985 年，当会计告诉福特和约翰斯顿他们的公司快要破产时，二人深信不疑。福特解释说，尽管他们俩都“对债务极度恐惧”，但为了维持生意，二人被迫承担了风险：

我们开始用贷款来购进我们需要的工具，而不是付现款，不是货到即付，而是采取 30 天、60 天甚至 90 天的延期付款计划，我们会拖欠还贷，会去借钱，还会想办法从银行获得贷款支持，反正诸如此类的事情我们都做过。在那段经济衰退的日子里，我们把我们的资产变成了负债。我们的会计跑过来告诉我们说：“事情是这样的，你们三分之二的生意都没了，只剩下初始时的三分之一，而剩下的这些也开始消失了。如果你们不卖掉手上现有的东西，然后离场，你们会一无所有的。"理查德和我都不擅长提前规划。所以，我们当时是怎么说的呢？"我们没地方可去，只能待在这里，谢谢你的建议。"会计对我们说："你们两个家伙都疯了！"我们回答："你知道这是一个周期性的行业。我们知道它还会好起来的。"会计说："是啊，那又怎样？等好起来的时候，你们都要睡大马路了。"我们说："好吧，你是在跟我们说现在就睡到大马路上！为什么要不战而逃呢？"

如果狮鹫公司成立的初衷仅仅是为了最大限度地赚取利润，那么会计的警告可能会有不同的结果。但约翰斯顿和福特 1969 年创立的这家合伙企业，承载的却是两个大学毕业生的事业追求——希望与更广泛的行业共同体分享他们对原声音乐的热情与激情。两人都是在民谣繁荣的巅峰期长大的——福特 1966 年毕业于加州大学圣巴巴拉分校，约翰斯顿 1969 年毕业于加州大学伯克利分校。二人都反对越南战争，而且都免于服兵役——约翰斯顿是出于良心而拒服兵役，而福特则是出于身体方面的原因。他们俩有一个共同的朋友，这位朋友看到约翰斯顿在史布罗广场（Sproul Hall）的台阶上用吉他弹奏拉格泰姆[①]，就把他介绍给了福特。在通往手工吉他制作的道路上，两人成了旅伴。他们的大学学费都是自己挣的，约翰斯顿靠买卖老式吉他，而福特则靠为朋友们制作乐器，

---

① 产生于 19 世纪末的一种音乐，是美国历史上第一种真正意义上的黑人音乐。

并做一些镶嵌和修理工作。福特回忆道："我们都被对方的知识所震惊，一聊起来就停不住。"

从一开始，狮鹫弦乐器公司就被构想成一项共同努力的事业。在认定"福特和约翰斯顿"这样的公司名听起来毫无特色后，他们在20世纪初制造的班卓琴上找到了灵感，以一种神话中的鸟为他们的企业命名。福特说："我们想要一种野兽，可以做珍珠镶嵌装饰的那种野兽，它需要做一些雕刻，而且要看起来很酷，很古朴，但又不会过时。"为了避免金钱上的冲突，二人同意各自规划吉他的购买、制作和修理，但会将收益放到一个"共同的罐子"里。个人使用的电动工具是根据需要自掏腰包购买的，但材料和日用品的成本是平分的。福特解释说："我们俩都不是为了钱。我的意思是，如果是为了钱，那么一般来讲，你是不会靠做吉他糊口的。"

与金钱激励相比，内在的满足感和文化上的声望是更重要的："这里的感觉就是，'这太有趣了！我喜欢用木头做东西。这不是很棒吗？我可以成为一个做吉他的酷小伙！'"在福特看来，制琴是他一直遵循的手工艺伦理的自然延伸：

> 我住过的所有公寓或房子都有个工坊。甚至在我住宿舍时，我搬进去的第一件事就是在我的桌子上装了一个机械工用的台钳，而且还备了一个装满工具的抽屉。这就是我的生活方式。我父亲过去常说："如果有什么东西能被人组装起来，那我就能拆开并修理它。"这正是我开始时的心态。就这么简单，如果有人能把一个东西组装起来，那我就能拆开并修理它。我还可以更愤世嫉俗一点，我可以说，如果一个满是

高中辍学生的工厂都能生产这些该死的东西，我也能做得一样好。因此在我的意识里，从来没有觉得[制作吉他]不是一件人们能做的、合乎逻辑的事情。我能做到吗？好吧，我不知道。我得想办法知道。

在大学时，福特以他的马丁D-28吉他为模板，制作了第一把吉他。弄清音梁的尺寸和位置是很容易的，只要在吉他里放一只灯泡，在面板上放一张描图纸，然后让房间变得暗一些。然而，这种"我能做"精神所体现的世界观，不仅仅是对流水线工人所需技能的一种"愤世嫉俗"的态度。当福特与世间万物互动之时，一种伦理主张深深影响了他。修理一把吉他，或者手工再造一把吉他，也是通过尊重乐器本身的生命力，来恢复制造它时所倾注的劳动的尊严。在制琴师对黄金时代制造的乐器的崇敬之情中，这种感觉表现得尤为明显。

福特和约翰斯顿一起，整日在乔恩·伦德伯格（Jon Lundberg）位于伯克利的吉他店厮混，获得了"二战"前后有关吉他的第一手资料。他回忆道："当时复古吉他市场的风气是这样的，乔恩不得不恳求人们把战前生产的马丁吉他修理一下，而不是把它扔掉后再去买把新的。"伦德伯格以让战后的工厂吉他重获"新声"而闻名，他会把手伸进吉他的音孔中，把里面笨重的音梁修整成合适的尺寸。和他们那一代的其他人一样，福特和约翰斯顿都认为企业制造商已经背弃了手工艺传统，而正是这一传统使得美国的吉他、曼陀林和班卓琴享誉世界。[46]在"自己动手"这种自信心的鼓舞之下，他们踏上了恢复钢弦吉他昔日辉煌的旅途。"我想我们可以做出点儿更好的东西，"福特解释说，"一些更像[马丁和吉布森]早已忘却的产品，而我们天真地以为自己投入的成本也会更低。"

事后二人才意识到，他们是在原声乐器市场变得极其动荡的时刻投身于吉他制作的。[47]正如福特所说，刚开始那几年，他们"作为工匠而奋斗，其他所有人也都作为工匠在挣扎，同时也有许多人放弃了"。到1973年，福特和约翰斯顿接到了可以让他们继续坚持一年半的订单。但是，尽管他们"尝试了一个小实验"，并假设他们的收费会翻番，可二人的预期收入仍然无法弥补开支。福特承认："事实上，我们俩都多亏了爱人的恩惠才活了下来，她们都有固定工作。"由于不愿意完全放弃自己的梦想，所以他们虽然决定停止制作吉他，但还是继续从事吉他的销售和修理工作。福特观察到，"无论是理查德还是我，都没有想完成什么使命，也没有艺术家的视野。我们真的只是在寻找一种既能挣钱又有趣的谋生方式"。

约翰斯顿和福特将狮鹫弦乐器公司改造成一家商店和修理铺，这样他们便可以将精力集中在寻找和复兴黄金时代的乐器上，这些乐器的需求量与日俱增。纳什维尔的经销商乔治·格鲁恩（George Gruhn）将这一趋势称为20世纪70年代的"复古回潮"。他强调了克罗斯比、斯蒂尔斯、纳什和杨[①]在建立战前原声吉他市场过程中发挥的重要作用，他们会带着这些吉他一同出现在舞台和专辑

---

① 四人分别指著名民谣摇滚歌手大卫·克罗斯比（David Crosby）、斯蒂芬·斯蒂尔斯（Stephen Stills）、格雷厄姆·纳什（Graham Nash）和尼尔·杨（Neil Young），四人曾成立"克罗斯比、斯蒂尔斯、纳什和杨"乐队。

封面上，而且这些吉他的价格也因为他们的购买而被推高。[48] 经营大型吉他公司的企业高管们忙于并购和收购，无暇顾及日常的质量控制工作，他们似乎没有意识到公司之前生产的老款吉他正在同新款吉他竞争。因此，格鲁恩认为，这些大企业反而促进了复古吉他市场的繁荣，并把宝贵的市场份额拱手让给了个体工匠和初创公司：

> 马丁、吉布森和芬德（Fender）在市场中占据了绝对主导地位，甚至可以说，即使他们在几年的时间里一直生产非常垃圾的产品，也不会明显影响他们的盈利。但是这一生产垃圾的过程创造了新的需求，这一新的需求使得小人物可以进入 [制琴业]。这些小人物很快就获得了比那些大人物更好的名声，于是潘多拉的盒子被打开，并且再也关不上了。如果这些公司事先就响应了公众的需求，这些小人物中的许多人将永远没有机会进入这一行。可以说，这些公司完全无视公众的需求，完全没有任何反应，亲手创造了自己的竞争者。[49]

格鲁恩讲述了制琴运动起源故事中不同寻常的转折，他呼吁人们关注市场环境，希望为手工匠人创造更多的入行机会。他没有赞颂嬉皮士之间的信息共享，而是强调了大企业在响应消费者需求方面的无能。尽管格鲁恩没有具体说明是谁释放了"潘多拉盒子"里的恶魔，但他用讲述神话的方式描绘了对消费者灵魂的争夺战。[50] 尽管手工匠人也许希望把自己看成像潘多拉那样对知识有着夏娃般渴求的人，但是格鲁恩指出，手工匠人介入市场带来了混乱和世界性的改变。促使吉他匠人挑战工业巨头垄断之力的手工艺伦理可能源于对工作的情感导向，但其动力不只是原初的天真。

1960年，十几岁的雷恩·弗格森（Ren Ferguson）开始弹吉他。大约在同一时期，他的兄弟开始对班卓琴感兴趣，两人拜访了位于加州圣莫尼卡（Santa Monica）的麦凯布吉他商店（McCabe's Guitar Shop），这是"一家小小的垮掉派商店"。[51] 他们被店里琳琅满目的乐器迷得神魂颠倒，但因为囊中羞涩，买得起的乐器的质量都不尽如人意，他们很沮丧，于是弗格森决定自己做一件。

弗格森：我买了些用来做班卓琴的硬木。我的兄弟想要一把蓝草班卓琴，我想我可以在木工店里给他做一把更好的。我试着这么做，但却失败了，失败了一次又一次。

我：制作一件乐器的灵感来自哪里？

弗格森 [对这个问题感到惊讶]：你没有过这样的想法吗？你没想过这么做吗？我是说，有些人是迫切地必须做，这和单纯只是想做不同。你会迫不及待，然后有人递给你一把 F-5[吉布森曼陀林]，接下来你的人生才真叫毁了！我总是做东西。我会削啊、雕啊、画啊、刻啊。我妈妈是个艺术家，所以在我成长的过程中，不知道有什么是人们不能做的。我认为一个人可以做任何事情。我妈妈的态度永远是"去吧，亲爱的，试试"。我也就去试了，而且我能做足够多的事情来维持兴趣。

弗格森被一种手工艺伦理所驱使，发挥想象力把想要的东西变得触手可及，因此他没有被手工课的"失败"所吓退。还在上高中时，他就在韦斯特切斯特音乐商店（Westchester Music）找到了一份工作，这是洛杉矶机场附近的一家特许经销商店。在那里，他不仅能够研究店里售卖的新乐器，还有机会察看和购买任何送到店里的受损吉他。

> [商店里的]所有东西都是时髦物件，没有什么古旧的东西。但店里有许多被机场损坏的二手吉他。机场会安排吉他的主人来找我们，让我们出具一份正式文书，为吉他的受损程度定级。我想机场肯定在拿到文书后就给这些人开支票了，因为很多人会带着钱回到店里，买一把新的吉他。我们店里不提供折价换新服务，所以我会买下那些吉他。在那些顾客离开前，我会说："嗯，我要买你原来那把吉他。"

这家店是几个主要制造商的特许经销商和售后服务中心，可以直接从工厂和其他供应商那里订购替换部件。借助这些行业关系，弗格森可以在公司商品目录上选购到一般公众无法获得的物件。看着回收来的吉他上的旧零件和订购的新零件，他很快意识到自己可以改造和转卖乐器，获得可观的利润。他回忆道："当时我就像疯了似的到处兜售吉他。"

高中毕业后，弗格森加入了海军预备役。幸运的是，他被派往日本，在一艘有铸造车间和木模车间的修理船上服役。除了有机会掌握锻造工业零件和机具的经验，他还有了一个工作空间，在那里，他会在业余时间制作班卓琴，并把它们卖给其他海员。1969 年，刚结束服役的弗格森回到洛杉矶，和一位朋友一起开了一家制琴工坊。经营初期，他就做了一项商业决策，从当时刚刚倒闭的凯伊乐器公司（Kay Musical Instrument Company）那里买了一部分资产。[52] 以相对较小的代价，他便能够获得一座宝库，里面有各类吉他制作工具、固定装置和模具，还有不少未完成的吉他，可作为即用即制的套件出售。

但弗格森很快就发现，他的生意主要依仗的是复制 20 世纪二三十年代吉布森五弦班卓琴的琴颈。20 世纪 60 年代，这些在黄金时代制造的 Mastertone[①] 被蓝草音乐大师厄尔·斯克鲁格斯（Earl Scruggs）所推崇，广受班卓琴爱好者追捧，就像古董吉他被挑剔的吉他手追捧一样。懂行的乐手不会购买新的吉布森班卓琴，因为新琴的质量不被人看好，他们会去寻找战前班卓琴的"改造版"。弗格森解释说："我会花 250 或 450 美元采购 [战前的四弦] 次中音班卓琴，然后给它们套上五弦琴颈，并以 750 或 2500 美元的价格转手。只要改造一个琴颈就能赚大钱，这真是个好生意。"

他每周会改造三四把琴，通常是应那些自带次中音琴体的顾客的要求，他还特意在班卓琴琴面上写下自己的名字，表明原来的乐器已经被改造过了。尽管如此，吉布森公司还是在 1973 年对他发出了禁止令，不允许他在自己改造的琴颈上镶嵌吉布森的标识。但直到今天，弗格森仍然相信自己没有做错什么。他说："我

---

① 在"二战"之前，吉布森公司所产的班卓琴以"Mastertone"的标识著称，象征着其卓越的品质和崇高地位。

当时在卖班卓琴，并声称是吉布森的琴，事实上的确是吉布森的琴。但我当时只有 25 岁——我被吓坏了。"从那时起，他就把自己的名字写在琴头上，并用自己的装饰图案取代了那些 Mastertone 标识上的"飞鹰"或"扁青蛙"。他的生意几乎立即受到了影响。"可能使销量下降了大约三分之二，"他估计，"因为在蓝草乐队演奏的人希望自己弹的是吉布森的琴。这是乐队品牌建设的一部分，就像乐队的制服一样，很重要。"

弗格森希望在一个艰难的市场中站稳脚跟，于是他雇用了十几个工人，开始在威尼斯海滩的一个小工厂里制造原声吉他和电吉他。可后来，一场狩猎意外加上疾病使他再次陷入困境，于是他只能工作到深夜，通过制作宾夕法尼亚长步枪的仿制品来增加收入。他很欣赏这些枪，认为正是这些工具促成了美国的"西部扩张"，他对这些枪支的制造者有一种深深的亲近感：

> 这些枪绝对是手工艺的象征。它们都很精妙，很讲究。它们不仅可用于保卫我们的国家，还能为我们获取食物，而且它们天然未经雕饰的外表堪称艺术品，只有从事枪支制作的人才能欣赏到。它们本不需要什么装饰、纹样或者雕刻，通通都不需要，但它们也的确有这些点缀装饰。这是因为工匠需要在作品上署名，以作点缀。制造枪支的人在每一处工艺上都倾注了自己的技艺，无论是锻造枪管、装配枪托、生产枪锁部件、调校这东西使其正常运作，还是打磨、雕花、刻字，都是如此。我这一辈子其实也在对很多吉他和班卓琴做同样的工作。

就像古董班卓琴上的镶嵌装饰一样，从功利角度看，前膛枪上的"点缀装饰"和枪支的使用没什么关系。事实上，在弗格森看来，装饰艺术就是工匠的"签名"——一种"手艺能力"的标志，任何人都能看懂，而不仅仅是那些弹奏乐器或使用枪支的人能看懂。在这种情绪中蕴含着对一种观念的政治性批判，即制造商的专营权会打消匠人们修复或复制一件古物的念头。有争议的其实是道德问题，即谁拥有制作文化物品所必需的知识：是拥有某个品牌的企业，还是可以为该物品的物理完整性增光添彩的工匠？对弗格森来说，答案很明确。他所认同的是一种可以追溯到中世纪欧洲的手工艺传统，认为无论是过去还是现在，匠人们都有一种熟练掌握精湛技艺的"热情"或意愿。

> 一言以蔽之，不仅是我，而是我们所有 [匠人]，都被这种热情所驱使。如果现在是一千年前，那我们所有人应该都在为某位国王或骑士或其他什么人工作。我们会身处某个封建国家，并被精心挑选出来，在城堡里工作，制作盔甲。我们会是那种被迫工作的工匠。在那个时代，我们也许会不得不为他们做事，不管愿不愿意。现如今，我们有了选择的特权。但不变的是，我们内心熊熊燃烧的火焰不允许我们原地等待。我迫不及待地想要完成一件乐器，然后就可以开始做下一件。我的意思是，我已经决定忍受此时的不完美，然后继续走下去。

弗格森断言，如果不同时代的匠人有什么共同的特点，那一定就是某种内驱力，是那"心中熊熊燃烧的火焰"激励他们去制作并做得很好，这与他们所处的具体政治经济环境无关。在他看来，工匠精神是"纯粹为工作本身"而做高水平工作的渴望，而这些工作则是由上帝或皇室因工匠内在的天赋将他们"精心挑选"出来完成的。[53] 这种匠人自主性的愿景，与自由市场资本主义所认可的企业家精神可谓完全一致。弗格森认为，今天的匠人与他们前工业时代的先辈只有一点不同，那就是"选择的特权"，这种选择权允许匠人们决定是为自己工作，还是为雇主工作。从这个有利地位来看，美国制琴师公会看起来就像是小孩子的游戏——"我想，我不需要什么讨人厌的证书"。但无休止的工作——一整年"昼夜不停地工作"，用"性、药和酒精""毁损他的身体"——最终造成了损失。弗格森承认："我疯了，我的身上有太多来自外部的影响。"1975 年圣诞节期间，他关掉了自己的工坊，抛妻弃子，到落基山脉地区过起了逍遥的猎人生活。

信息共享

20 世纪 70 年代早期，迪克·博克（Dick Boak）驱车穿越宾夕法尼亚的拿撒勒（Nazareth），前往马丁公司的工厂，在大垃圾箱中搜寻废弃的木材。他用找来的废弃木材制作乐器和其他艺术作品，也会将其作为他在新泽西开设的高中艺术课上使用的材料。博克才华横溢，创造力极强，他全身心拥抱反主流文化，陶醉于这种文化对于自我表达、原真性体验和存在主义哲学的强调。[54] 在葛

底斯堡学院（Gettysburg College）的一个大型艺术项目中，他向
《饥饿艺术家》（*The Hunger Artist*）致敬，这是弗朗茨·卡夫卡的
一部基调不甚乐观的短篇小说，写的是一位艺术家经历的贫困和
异化。

博克把自己当成了卡夫卡笔下那个马戏团表演者——这位表
演者由于表演无人问津，又吃不到可口的食物，最终被饿死了——
在学校食堂入口附近摆放了一个笼子，并在笼子里待了差不多三
天。关于做"活体雕塑"那段时间，他的描述是：那些天"是我
一生中最自由的日子"。[55] 不久他就退学了，然后去了加利福尼亚，
在那里，他建造了一些网格状的穹顶建筑，并居住在公社里。他
解释说："我是巴克敏斯特·富勒（Buckminster Fuller）和 M. C. 埃
舍尔（M. C. Escher）的超级粉丝。几乎我感兴趣的所有东西，在
某种程度上，都可以追溯到《全球概览》和嬉皮士那种回归大地
（back-to-earth）的体验。" [56]

1976 年的一天，正当博克在马丁公司的大垃圾箱里淘宝时，
车间的一位工头向他打招呼，他想知道博克收集这些木材要做什
么。博克展示了一把自己制作的吉他，之后便被邀请进入设备机
房，在那里，博克遇到了 C. F. 马丁三世（C. F. Martin Ⅲ）。马丁
对博克的作品印象深刻，建议他来公司申请一份工作。正巧当时
马丁公司正在寻找像博克这样的人——具备绘图技能、木工经验，
并很熟悉乐器——于是博克得到了这份工作。他的第一项任务是
为马丁公司生产的每一种型号的乐器绘制零件图，这是一项工作
量惊人的任务，要绘制"数万个不同尺寸、不同形状的零件"。

大部分零件规格信息都以测量数值的形式记录在了工头们的

笔记本上，但统一的技术图纸能让马丁公司为其低成本的西格玛（Sigma）吉他在日本扩张生产线，并在发生火灾或丢失重要信息时多一道保险。博克对这项任务非常着迷，而能接触到这些专有信息更令他心驰神往。他回忆道："我真的很想知道是什么让马丁公司的吉他如此出色。各个方面似乎都很关键且机密。你很难找到一家愿意分享哪怕一丁点儿信息的吉他制造商。"

博克加入马丁公司时，那里的劳资关系正遭受挑战。该公司的工会雇员在 1978 年宣布罢工。罢工之前，博克因不服从上级命令而被开除，当时他被要求修改他画的一张图纸，而他越级向老板报告了自己的担心。失业期间，他重新做回了艺术家，并画了 D–28 的"嬉皮士艺术"效果图，这张图现在还挂在马丁公司的博物馆里。后来弗兰克·赫伯特·马丁（Frank Herbert Martin）和他的儿子克里斯（Chris）注意到了博克经历的劳资纠纷，于是博克被重新雇用，克里斯比博克小几岁。马丁一家肯定了他的忠诚，并鼓励他更全面地了解公司的运营，正是在这段时期，博克越过了纠察线，于"罢工期间作为工贼"在工厂车间工作。

弗兰克·马丁负责管理公司股东和心怀不满的员工，而他的儿子则关注消费市场的最新趋势，即对复古型号吉他的强烈需求，以及制琴运动的兴起。在克里斯·马丁的支持和许可下，博克成为美国制琴师公会的一名活跃成员。他解释说："克里斯认为，让我和那些吉他匠人接触对马丁公司很有价值，尤其是分享信息。"

但是，正如制琴师们慢慢发现的那样，信息分享并不总是一条双向道路。工业制造商和工匠并不在一条船上，对于自己能够分享什么或者能用获得的信息做些什么，双方并没有统一意见。

尽管一些独立匠人和小作坊欢迎企业里的制琴师加入公会，但其他人对他们的加入仍然保持警惕。1980 年，当制琴师公会准备在旧金山艺术宫（Palace of the Arts）举行会议时，大型吉他工厂在这场制琴运动中的地位就成了一个紧要的议题。美国和亚洲的大型制造商向大会提出申请，希望以"制琴师"的名义获得免费的摊位，以展示它们生产的乐器，但公会决定，能参展的必须是工匠人数不超过两名的小作坊。

一连串的冲突随即产生，并引发了一场为争夺组织领导权而进行的旷日持久的斗争。[57]1982 年，博克当选为美国制琴师公会理事会副主席，1986 年，时任主席因厌倦内讧而辞职，他又升任主席。从实际情况看，问题在于谁有权代表公会来做决策——是推选出来的理事会成员还是领薪水的员工。蒂姆·奥尔森和他的妻子德布拉·奥尔森（Debra Olsen）以及他妻子的姐妹邦·亨德森（Bon Henderson）从公会成立之初就一直以"员工"的身份提供服务。20 世纪 80 年代之前，他们基本上可以在理事会的建议和同意下，按照自己认为合适的方式自由管理这个组织。但当奥尔森夫妇、亨德森和博克在 1986 年秋天一同被选入理事会时，情况发生了变化。前届理事会立即提出了选举无效并无限期延长己方任期的动议。[58] 在随后的乱局之中，双方都提起了诉讼，并在法庭上针锋相对。

双方在 1987 年达成和解，奥尔森和他的支持者们对法律的理解得到了法院的支持。然而，处于这场冲突核心的原则性矛盾和身份问题是不可调和的。博克和一群持不同意见的匠人跟美国制琴师公会决裂，并在东海岸成立了一个新的组织——弦乐器工匠

图 1-3　迪克·博克用点彩笔法画的马丁 D-28，1997 年。他送给
C.F. 马丁三世的版画现在依然挂在马丁公司的博物馆中

协会，该协会通常被略带讽刺地称为 ASIA。尽管诉讼双方都没有跟我讨论案件的细节，但无论是在公开声明中还是在 ASIA 的成立章程中，争论的火药味都非常明显。布鲁斯·罗斯（Bruce Ross）在当时是圣克鲁兹吉他公司（Santa Cruz Guitar Company）的合伙人，他在 1986 年写给《品丝》（Frets）杂志编辑的一封信中，捕捉到了这场纠纷的本质：

> 眼下理事会和员工之间发生这场权力斗争，其背后的深层次原因是理事会意识到，美国制琴师公会必须改革和发展。许多会员认为公会可以有更大的价值，不仅对会员来说是这样，对购买乐器的公众也是如此。……例如，美国制琴师公会应当做到如下几点：（1）与国内主要的乐器制造企业结盟，如马丁、吉尔德（Guild）、奥威逊（Ovation）和吉布森，并鼓励它们投入资源。这些公司对制琴相关的艺术和手艺的知识体系有过重大的贡献，应该鼓励它们参与到美国制琴师公会之中；（2）以合理的团体费率提供健康保险；（3）组建一个原材料采购中心，以降低批量采购材料的成本；（4）为制琴师制订相应的标准和操作指南。[59]

除了组建采购中心之外，罗斯列举的其他几点都成了 ASIA 的核心使命。[60] 该协会于 1988 年申请税收豁免时，其理事会——由迪克·博克担任主席和主编——没有采用公会的教育模式，而是将协会注册为非营利性的"贸易组织"。[61]ASIA 的使命是促进经济利益，而非获取教学或文化方面的声望。如其所示，这种模式所推崇的是商业联盟的活动，而非公会活动。尽管为创建资格认证计划和协调团体健康保险做出了不少努力，但 ASIA 旨在通过集体行动改善匠人经济状况的举措并没有成功。[62]

ASIA 在很大程度上是作为一个人际网论坛运作的，为那些对技术革新和提高竞争优势感兴趣、以商业为导向的企业家提供服务。因此，在 1991 年第二次研讨会上，ASIA（而不是美国制琴师公会）邀请吉他匠人鲍勃·泰勒（Bob Taylor）发表有关 CNC（计算机数控）技术用途的演讲。正如泰勒在 20 年后回忆那次演讲时所说的：

> 那次演讲也许让很多吉他匠人第一次窥见了他们的未来。他们现在几乎都在直接或间接地享受 CNC 带来的便利。请注意，不是所有人，但大部分人还是会用的。一些完全靠手工制作的制琴师仍然有一批追随者，只有当他们把吉他卖出去以后才能拿到所需的资金。但大多数人在现代世界中生存，还是需要现代工具的。这些工具使他们的生产能力达到一定的盈利水平，与他们顾客的赚钱方式相差无几。一个律师在电话里谈了三个小时，赚到的钱足以买下一个制琴师花三个星期制作的吉他，这是不公平的。我觉得吉他匠人应该采取措施平衡这一点，同时将自己的设计构思扩展到此前未知的世界。[63]

泰勒十分推崇在制琴中使用工业化生产技术，而这正是 ASIA 创始人希望听到并传播的信息。制造商代表作为特许成员出现在理事会中。总的来说，伴随着小公司、材料供应商和乐器经销商的崛起，的确有一批能听进意见的人愿意接受对使用"现代世界中的现代工具"的辩护。这个新组织的成员通常与泰勒一样，对客户和独立匠人之间存在的收入差异感到不满，他们与那些需要有一批狂热"追随者"才能按照古老方式制琴的匠人划清了界限。泰勒呼吁通过机器人技术和对利润理所应当的追求，冒险进入"未知的世界"，这对许多人来说都是一个诱人的战斗口号。

在一个山地居民的皮草交易集会上，雷恩·弗格森因为一根羽毛而与人发生了激烈的争执。与他争执的人同样身穿鹿皮，头戴浣熊皮帽，却低估了弗格森对美国西部的了解。当两人分析美国本土装饰艺术中一级飞羽和二级飞羽之间的细微差别时，他们越来越欣赏对方的人格力量。弗格森仍然步履匆匆，寻找生活的方向，他搬到了蒙大拿州，来到新朋友所在的小镇，并在那里遇到了他的第二任妻子。他的第二次婚姻也伴随着一次皈依的经历。他很坦率地说："我得到了救赎，并开始去教堂，而镇上也有人推断出了这一点。"一位吉他爱好者认出了弗格森，知道他在蓝草音乐界很出名，而弗格森很快也乐于在礼拜仪式中弹奏吉他，并跟随教堂的乐队一起旅行。

此后不久，蒙大拿州贝尔格莱德市（Belgrade）弗莱提荣曼陀林公司（Flatiron Mandolin）的老板史蒂夫·卡尔森（Steve Carlson）打电话给弗格森，并给了他一份工作。弗格森没怎么考虑过重拾制琴事业。除了教堂活动外，他当时还经营着一家枪械店，并在当地的步枪商店全职做安装枪托的工作。但在 1985 年 5

月，卡尔森开出了让他无法拒绝的薪水。到 6 月，他就到弗莱提荣公司工作了，负责为这家公司的 F 款曼陀林做粗雕、基本调音、包边和最后的精加工。很快，这家小工厂的生产能力就超过了它的销售能力。

卡尔森对弗莱提荣曼陀林的质量充满信心，在 1986 年 NAMM 展会① 上，他与吉布森公司的管理层接触，并提议以贴牌生产商的身份为吉布森制作曼陀林。自从诺林实业陷入困境后，吉布森曼陀林的产量和声誉就迅速下降。卡尔森不知道的是，亨利·尤什凯维奇（Henry Juszkiewicz）和他在哈佛商学院的两个同学早在 1986 年 1 月就收购了吉布森。64 当卡尔森错误地向吉布森的新老板暗示吉布森正在制作糟糕的曼陀林时，尤什凯维奇扬言要起诉卡尔森侵权。

迫于压力，卡尔森和弗格森停止了曼陀林的生产，二人随后推出了一条班卓琴生产线，并探讨了收购莫斯曼吉他公司（Mossman Guitars）的可能性，这是一家一直不太景气的小吉他工厂，位于堪萨斯州的温菲尔德（Winfield）。65 与此同时，尤什凯维奇悉心向纽约斯塔腾岛（Staten Island）曼陀林兄弟公司（Mandolin Brothers）的所有者斯坦·杰伊（Stan Jay）请教。由于诺林实业旗下的吉布森原声乐器部已经关停，弗莱提荣曼陀林成为杰伊店里的主打商品，几乎没有与之抗衡的替代品。杰伊认为，把弗莱提荣从这部分业务中驱逐出去对所有人都不利。为什么不收购它呢？66 一年后，在尤什凯维奇的领导下，吉布森出价收购弗莱提荣，卡

---

① 全美音乐商协会（简称 NAMM）展会，是世界最大的乐器展之一。

尔森也接受了。对这一系列的转折，弗格森感到很高兴，认为一个过去的错误幸运地得到了纠正：

> 20 世纪 80 年代中期，吉布森并没有大量生产曼陀林。卡拉马祖的工厂已经关了，剩下的只有在纳什维尔的那家厂子。谢天谢地，亨利 [·尤什凯维奇] 收购了那家公司！因为尽管在过去 20 年里一切都很困难——发展初期的困难，还有其他的一切——但后来有人拯救了它，这样我们就有机会回去重新做那些以前我们继承下来的、很酷的东西。当史蒂夫决定卖掉 [他的生意] 时，我非常开心能继续作为雇员在那里工作。我已经是吉布森的工匠了。我 [在弗莱提荣] 所做的一切都是为了使我们的曼陀林更符合 [劳埃德·] 洛尔的理念，更像那个时候的东西。

弗格森提到的这位劳埃德·洛尔是一位非常著名的制琴师，正是他在 1919—1924 年把吉布森的曼陀林送入了全球最有价值乐器的行列。弗格森提到这个名字，就是承认劳埃德在延续这一手工艺传统方面所起的作用，而这一传统险些落下不光彩的结局。但他所赞颂的"拯救"无疑是一种企业行为。如果没有吉布森的品牌以及合法使用吉布森之名和产品外观的法律权利，那么"回去重新做"这家公司过去所做的事情显然是非法的。然而，颇具讽刺意味的是，正是这种在手工艺技能中保存下来的非法技术，使吉布森能够重新发售其令人艳羡的黄金时代的乐器型号。

最初，为了振兴吉布森，尤什凯维奇提出的策略是优先考虑该公司最畅销的电吉他"莱斯·保罗"（Les Paul），而不是原声乐器，那些原声乐器大部分都还在纳什维尔工厂背后的仓库里。1988 年，看到弗莱提荣的产品线大获成功，尤什凯维奇将注意力转向了吉布森的原声吉他，并在蒙大拿州的博兹曼市（Bozeman）开工建造了一家专门用于生产原声吉他的新工厂。弗格森负责工厂的筹备和运营——事实证明，这是一项非常艰巨的任务。当旧的机器设备运到博兹曼时，他的心都凉了。

弗格森回忆道："我们把所有东西都整理了一遍，然后发现我们其实一无所有。根本没有吉他工厂。吉布森从一开始就没有吉他工厂。这就是他们不在纳什维尔制造原声吉他的原因。"工厂所需的大部分工具都得从头开始置办。弗格森可谓不屈不挠，他从黑德（Head）公司购置了两卡车用于制造网球拍的二手设备，把其中的铝制部件熔了，为吉布森的每个经典型号制作了弯曲侧板的模具。他意识到许多制造商正在用计算机化的切割和铣削技术取代过时的机器，于是他开始接近工业吉他制造商的交际网，以便加快数控技术的使用：

> 那段时间的前十年，所有的大制造商都在通力合作，无论是宝时华（Dana Bourgeois）、科林斯（Bill Collings）、圣克鲁兹、拉里韦、吉布森、泰勒，还是马丁公司都如此。我们紧密合作，提高吉他的制作技术。我们学到了很多，彼此之间没什么秘密。我知道没有人会——我的意思是，他可能不会不顾一切地教你，但肯定不会对你隐瞒什么。举个例子，如果你需要知道鲍勃·泰勒是如何制作琴颈的，他会把他所

用的法道（Fadal）[数控机床]上的程序直接发给你。他知道你并不打算做和泰勒一模一样的琴颈，所以并不介意分享他的技术，还会帮助你学习如何更好地完成吉他制作。

就像制琴业中没有"秘密"的信念一样，出人意料的是，源自"提高吉他的制作技术"这一自发愿望的"合作"理念也很少有人反对——至少没有人愿意在一位人类学者的耳边声称反对这一理念。然而，我们有充分的理由怀疑，在制琴共同体中，信息是否真的可以被分享，而且是平等地分享。在将数控技术应用于吉他制作的过程中，工业化制造商和小型公司进行了一定程度的合作，他们的共同目标是减少木材切割和塑形工作中的人力劳动。然而，就其性质而言，这些信息只对制作者中一部分有意愿、有需要、有资源使用这些信息的人有价值，并会加强这些人之间的社会纽带。

在吉他匠人的整个职业生涯中，制琴业发生了巨大的转变，从看重集体互惠的信息匮乏时代转向信息丰富的时代，受惠于海量信息的业余爱好者、匠人、精品店和工业化制造商进入了一个拥挤的领域。制琴运动最受欢迎的起源神话——没有信息共享就没有第二个黄金时代——强化了一种道德实践，而正是这种道德实践使制琴共同体得以持续存在。但这种叙事掩盖了从匠人作坊到工厂车间这个方向上的信息流动，也掩饰了信息价值方面的不平等，要知道利用信息的不同制造者之间的经济规模是极不相同的。

20世纪70年代末和80年代初——此时企业摆脱了工会的束缚，收缩业务规模以专注于需求量最大的产品，并部署技术以便使产能最大化——复兴手工艺品所需的知识主要还是被匠人作为看家本领保留在自己手上，而不是在企业档案、机器或设备中。如果手工制作者不具备恢复战前手工乐器传统的愿望和技术能力，那些大型制造商想重新夺回高端原声吉他的市场份额时，就会发现自己缺乏相应的知识。在这种情况下，信息交流不是免费的，也不是平等的。在制琴业知识的十字路口，吉他匠人要面对一种永远都会存在的可能性，那就是工匠们的具身性技能——以及有关这一技能的信息——可以被买卖，以增加不一定属于他们自己的利益。

第二章

制作的故事

任何乐观主义的对象都承诺保证某种东西的持久、存续和繁荣，以及最重要的，保护一种欲望，这种欲望使得这个对象或场景足够强大，能吸引人们对其产生依恋。

——劳伦·贝兰特（Lauren Berlant）
《残酷的乐观主义》（*Cruel Optimism*，2011）

在杰夫·特劳戈特（Jeff Traugott）抓住"命运的转机"之前，他走的还是一条与其他手工匠人类似的职业道路。1981 年，他在华盛顿奥林匹亚的常青州立学院（Evergreen State College）学习音乐时，就从头开始制作了一把杜西莫琴。这段经历把他对木工手艺的热爱与对吉他演奏的热情结合在了一起，使他相信自己找到了毕生的使命。毕业后，他先是在一家提琴制造商那里当学徒，之后在圣克鲁兹吉他公司找到了一份工作，老板理查德·胡佛（Richard Hoover）也借此把这家公司扩大到八个人的规模。特劳戈特还为狮鹫弦乐器公司的弗兰克·福特以及卡梅尔音乐公司（Carmel Music）的德克斯特·约翰逊（Dexter Johnson）做过维修工作。1991 年，他开办了自己的工坊，后来生意慢慢步入正轨，他依然继续开展维修业务。之后，他努力维系的这些社会关系有了回报，证明了社会学的一句格言：好运气不是凭空就有的。[1]

1995 年，《原声吉他》杂志刊登了一篇文章，介绍了手工吉他是如何制作的。早先的一篇有关吉他修理的文章——文章介绍了弗兰克·福特——曾深受读者欢迎，因而很多人都希望能再看到一篇关于制琴的文章。杂志便邀请狮鹫弦乐器公司的合伙人、知名的吉他历史学者理查德·约翰斯顿撰写相应的文章。文章重点介绍了几位匠人，特劳戈特也位列其中。《原声吉他》决定将这篇配图文章的重点放在他身上，而此举也产生了深远的影响。正如福特观察到的，这篇文章恰好出现在手工吉他市场发生重大变化的时刻：

> 他们为特劳戈特搞了一篇大文章，而他的业务也得到了实质性的大幅度提升。以任何标准来看，他都靠卖吉他赚了大钱。他的基础价码 [在 2007 年] 是 26 500 美元。这么说吧，每把吉他售价 26 500 美元，一年可以做 12 把吉他，他就是世界上收入最高的独立匠人。你计算一下，与其他领域收入最高的那些人，比如运动员或首席执行官，或者其他任何你能想到的人相比，这其实都不算一大笔钱。但人们也确实想知道，他做的吉他是怎么卖到这么高的价格的。好吧，他的情况确实表明，40 年前 [吉他匠人] 所面对的市场与现在大不相同。[2]

随着 20 世纪 80 年代的低迷让位于 90 年代的互联网热潮，手工吉他的市场骤然兴起，吸引了北美和世界各地出手阔绰的客户。在过去，如果想要卖出一把吉他，就不得不在独立音乐现场和手工艺展览上苦苦寻找几个愿意从某个不知名匠人手里购买吉他的无畏灵魂，而现在，这样的日子一去不复返了。手工吉他的地位已经大幅提高，演奏家和收藏家之类的人都公认它是古董吉他和工厂吉他的重要替代选项。还有些人，比如特劳戈特，发现他们终于可以靠自己的手艺过上体面的生活。但他和其他人所采用的策略给这个新兴市场带来了高度的不确定性。一方面，某些匠人的作品价格迅速上涨，而另一方面却没有什么可靠的指导信息能说明价格和质量之间的关系，甚至二者之间是否有关系都未可知。福特认为，如果这个市场存在一个结构的话，那它看起来就像是一个"明星"系统：

> 我们现在已经发展出一个有着不同等级的明星星系，这些明星把[知名吉他匠人的]整个概念抬得越来越高。20世纪60年代早期，我们还没有詹姆斯·泰勒（James Taylor）这样的人，他用的是吉姆·奥尔森（Jim Olson）做的吉他。在名人效应的带动下，一大批人想模仿詹姆斯·泰勒开始使用吉姆·奥尔森制作的吉他。在那之后，所有那些手艺和吉姆·奥尔森差不多的匠人也都开始被带动起来。你可以随意评价他们制作的乐器，但他们凭借与音乐明星的关系，很自然就成了明星。之后，他们便生意兴隆，挣到的钱足以使他们过上非常好的生活。

1989年，詹姆斯·泰勒买了三把奥尔森制作的吉他，奥尔森一举成名，这在制琴师中堪称传奇。如果说这种惊人的好运能发生在一个来自明尼苏达州的普通人身上，那么人们就会想，这样的事情可以发生在任何人身上。然而，为了增加胜算，很多人开始按照"奥尔森风格"——外形圆润饱满，这在当时并不完全是奥尔森所独有的——来制作吉他。[3]奥尔森那出乎意料却异常成功的策略之所以被颂扬，不仅是因为这一策略对其职业生涯有如天助的影响，还因为它让手工制琴业本身得到了认可。詹姆斯·泰

吉他匠人：工业化时代的手工艺者

勒是第一批十分明确地公开支持独立匠人所制乐器的主流艺术家之一。

在 20 世纪 90 年代初期的艺术鉴赏风气转变之前，流行音乐家们并不倾向于对他们的制琴师大加赞赏，就像他们也不太会感谢为他们做发型或设计服装的人一样。吉他匠人们至今还对深夜电视节目上发生的一幕耿耿于怀，当时约翰尼·卡森（Johnny Carson）问约翰·丹佛（John Denver）弹的是什么牌子的吉他，丹佛回答说是"伊利诺伊州的某个人"制作的，他指的是约翰·古雷文（John Greven）。没说出名字已经够糟糕了，但雪上加霜的是，丹佛甚至把具体的州都搞错了，古雷文当时住在印第安纳州。

虽然名人背书是一种营销手段，对匠人和工厂制造商都有好处，但在某些重要方面，它对独立匠人和企业的影响是有差别的。通常对大公司来说，在给它们背书的名人名单里再加上一个人，并不会对公司的形象或生产力带来什么影响，但手工匠人则不同，他们与背书人之间是一种个人联系，而且经常在毫无准备的情况下就要面对声名鹊起带来的巨大需求。成为"明星"似乎算是实现了吉佩托之梦，但也可能是喜忧参半，它极大地改变了匠人与客户、乐器，以及自身劳动之间的关系。"名人效应"所发挥的作用不仅仅关乎制琴师如何宣传他们的产品，或消费者如何看待这些产品。[4] 作为一种市场现象，它是由双方的情感利益和经济利益共同驱动的，即一位匠人的吉他如何在文化产品的视角下得到评价，以及它作为商品如何被定价。

炙手可热的匠人顶着迷人的光环，这光环也反映出他们对购买乐器之人所做出的"一系列承诺"。通过公开演讲和私人交流，制琴师们讲述着制琴的故事、制琴的方法，以及消费者可以从购买他们制作的乐器中获得什么。一方面，这些故事对他们的吉他在制作和演奏方面有实际的保证；另一方面，这些故事还传达了一种意愿，即培育顾客的潜在欲望并给予他们庇护。[5] 一位知名匠人曾提出一种诱人的可能性，即创造一件乐器来满足演奏者最狂野的梦。但实现这一承诺的障碍是巨大的。

助产士的故事

听着杰夫·特劳戈特的描述，你可能会觉得引发他成名的那件事既像是精心策划的，又像是偶然发生的。为《原声吉他》上那篇文章拍摄配图的摄影师是他的一个朋友，他们一起努力使拍出来的那些照片变得很特别：

> 我们一起拍摄了所有这些艺术照，而且还拍摄了一些工具和材料——你懂吧，我们全力以赴。要知道，杂志编辑可没跟我们说要拍什么。我们只是把整个过程拍了下来，在这个过程中，我们想出了非常独特的拍摄对象。编辑们对此也感到非常兴奋。最后呈现的结果就是杂志的封面和一篇配有 12 张照片的文章，而且是连续的 12 页，中间没有任何广告，照片都是占半个版面或整个版面的。封面是一把被夹住的吉他，用上了所有的夹具。我借助全部夹具把我做的吉他拼接起来，这是一个很特别的镜头，但是我把它上下颠倒放在了版面上，

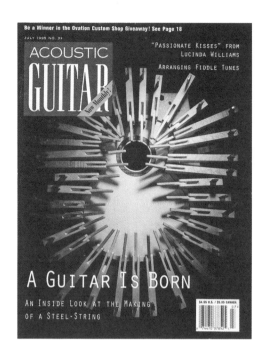

图 2-1　一把还在制作中的特劳戈特吉他的"高能镜头"，正面朝上，刊于 1995 年 7 月《原声吉他》封面

就成了高能镜头。我还呈现了一些弯曲木材的镜头，并确保镜头中有蒸汽，但其实蒸汽并不是实际工作中会出现的。所以可以说，我们最终呈现的是制作一把吉他的工序，而一般的说法应该是"吉他的弯度是这样做的，然后音梁要这样粘上去"，但理查德·约翰斯顿却是这么写的："杰夫·特劳戈特这样做，杰夫·特劳戈特用这种方式制作吉他。"所以，那篇文章刊登出来以后，后面的事情大家就都知道了。在此之前我一直都有订单，已经很忙了，但文章出来后，我的订单数就一路飙升。[6]

《原声吉他》上那篇文章的题目是《一把吉他的诞生：一次对钢弦乐器制作的深入观察》，使人联想到好莱坞电影《一个明星的诞生》（*A Star Is Born*）。在标题页的照片中，在一个"精心营造氛围的房间"外面，透过玻璃门和窗户，我们可以看到特劳戈特的身影。房间内部光线明亮，与房外的阴暗区域形成鲜明的对比，房间外面立着几件电动工具。在开篇，读者就被定位成一个旁观者，观察着一个有限的空间，那里正发生着再生产劳动（reproductive labor）—— 一次"分娩"。理查德·约翰斯顿将这一制作场景理解成当代制琴业的一幅"写照"。他写道："我们现在正处于原声吉他的黄金时代。自 20 世纪 30 年代以来，还没有出现过这么多伟大的吉他——都是新的，就在货架上。"匠人们在一个"高需求和持续创新的健康氛围"中生产吉他，而钢弦吉他"在流行音乐中占据了主导地位"。他还写道，所有这些都证明制琴业正处于一个革命时期：

> 20 世纪 90 年代，出现了一种新型的吉他匠人，他们可以一次制作几件乐器。今天的匠人比他或她 20 年前的同行拥有更多的特殊工具。当然，你还是可以去一趟五金店，花一大笔钱做一把吉他，但除非你成为一个熟练的工具制作者，否则你每次大概率只能制作一把吉他。在过去的几年里，大量专门的、精确的工具和制作知识变得唾手可得；当这些新资源与人的经验和技艺相结合时，吉他弹奏者就能同时从精确生产的有规则标准的世界，以及独立匠人的想象领域中得到好处。这篇配图文章正是吉他制作新时代的写照。[7]

约翰斯顿肯定了制琴运动的起源故事，同时也呼吁人们关注随着"吉他制作新时代"而出现的"专门工具和知识"。因此，他号召读者见证的不是一次而是两次"分娩"：特劳戈特工坊里的吉他制作，以及一种"新型"制琴师的出现。约翰斯顿认为，今天的匠人与过去的匠人大为不同，今天的匠人是在最先进的车间里同时使用"现代"和"传统"的生产方法。正是"个人想象力"和"精密测量"的结合引来了作者的赞美，甚至连相机的镜头也被呈现出来的技艺所折服。视觉呈现和文字表述之间的对话，在"过去"和"现在"的不同操作方式之间创造了一种张力，使得公开展示的实践做法成了未来矛盾的标志。

特劳戈特在加热管上预弯吉他侧板的画面堪称"艺术照"，不仅因为它是艺术性的创作，而且因为它很容易被认为是在展示制琴艺术——也就是说，比起现在更常见的将侧板放入折弯机的做法，特劳戈特使用的方法要更具艺术性。对于那根加热管——从背后打来的光线戏剧性地呈现了蒸汽从潮湿木材上升腾的画面——约翰斯顿的观察让人捉摸不透，他写道："许多制琴师仍然以这种古老的方式弯曲木材。"让人不清楚这到底是在说这些制琴师落后于时代，还是说那些使用机械的人抄了近路。但两种技术并列出现在杂志的对开页上，这就说明了一切：特劳戈特，他是同时掌握这两种技术的大师，他一只脚踩在旧世界，另一只脚踏入了新世界。

当展示特劳戈特手工雕刻吉他琴颈的场景时，约翰斯顿观察到"一种明显老派的做法，却出现在如此现代的车间里"。为了解释这一悖论，他说特劳戈特正在设计一种固定装置，不久之后，

图 2-2　杰夫·特劳戈特在加热管上预弯侧板，载于《原声吉他》上的文章《一把吉他的诞生》。照片由 Pail Schraub 拍摄

特劳戈特就可以先用机器进行粗加工，然后再手工完成最后的琴颈打磨工作。当描述特劳戈特用燕尾榫——这是黄金时代原真性的经典象征——连接琴身和琴颈时，约翰斯顿指出，燕尾榫的两个部分都是"在一个刨槽夹具中切割的"。当展示特劳戈特手工制琴的最后一步，即用手刨和凿子给音板"调音"时，约翰斯顿强调了特劳戈特在音梁设计上的原创性。在描绘特劳戈特用玻璃纤维胶带将镶边"固定"到琴身上时——这是一种工业化的方法，代替了过去手工"用绳捆住"琴身的做法——约翰斯顿将关注点放在了严丝合缝的匹配和最后的精细加工上。在各个环节，对"传统"的依赖必须找到合适的根据，而对"现代"的求助则被视为理所当然。

新"黄金时代"这一充满矛盾的理念——它所主张的卓越标准既重演过去，又拒绝过去——在全球经济中把制琴师定位为合格的现代主体。这关系到北美的吉他匠人是否有能力参与国际市场竞争，要知道国际市场迎合的是世界性的口味，它优先考虑的是技术的复杂性，而不是被认为"落后的"乡土艺术和工艺。[8] 作为一种营销手段，黄金时代的概念为潜在买家提供了保证，即今天制作的吉他——无论是出自工业化制造商还是出自手工匠人——其音质已经与战前的乐器别无二致，同时也符合更严格的高新技术生产的标准。[9] 在这种表述中，"传统"的施工方法只在被用于"现代"的目的时才有价值。

将传统转化为对"最先进"质量的保证，这个转变是通过将手工劳动作为一种个人服务而不是生产模式本身来完成的。《原声吉他》所讲述的吉他制作故事，本质上是一个助产士的故事。

它所记录的"分娩"是由特劳戈特代表客户——引申开来，就是杂志的读者——来呈现的，这些客户想要拥有一把吉他，并将自己代入吉他的制作过程中。对于他人所渴望的对象，制琴师充当一位助产士，参与一个集体合作项目，他们将观众的渴望变成了一个事件，也变成了一件所有物。这样一来，一位匠人的"品牌"就成了一张本票，其中专门规定了客户支配下的个人服务。特劳戈特愉快地承认，消费者委托他来制作吉他，很大程度上是冲着他这个人来的。

> 特劳戈特：我们销售的一部分内容就是我们自己。我有一样东西，而人们想要那个东西，那样东西就是我自己。
>
> 我：你意识到了这一点——你就是你自己的品牌？
>
> 特劳戈特：是的，我已经给自己打上了品牌的烙印，实际上这已经持续很多年了，完全是有意为之。
>
> 我：你会如何描述这一点呢？
>
> 特劳戈特：呃，[大笑]外人不会知道这个，这不是——[微笑]对我来说不是秘密。
>
> 我[换了个问法]：那你怎么描述这个品牌呢？
>
> 特劳戈特：这个品牌——努力不在质量上妥协，努力坚持我认为的正确审美，努力专注于音质和把玩体验，向最好的过去致敬，同时仍然努力向最好的未来发展。

正如上述谈话的尴尬时刻所体现的，将自己打造成品牌既是"完全有意为之"的，也是"外人不会知道"的——既是一种营销策略，也是一种印象管理。特劳戈特的"自我呈现"中值得注意的是他所践行的"戏剧表演纪律"，他会注意区分自己的哪些方面可以用于公共消费，哪些不可以。[10]事实上，对于大部分匠人来说，向公众销售手工吉他的挑战在于既要让公众接触到一定的制作场景，又要保有一定的隐秘空间，这是一种复杂的平衡。为了满足客户的愿望，他们必须允许但又在一定程度上限制客户进入"后台"去观看制作的场景。

在与客户打交道时，对丁如何管理隐秘区域，以及对人际关系设置何种条件，每个匠人的处理方式不尽相同。但是，潜在的买家之所以选择手工吉他，正是因为获得了可以进入生产现场的承诺，而且还会有一个熟练的专业人员专注于为他们的个人需求和愿望提供服务。毫不奇怪，当吉他匠人谈到他们所提供的服务属于何种文化模式时，他们最常提到的就是裁缝和疗愈师。后者引起了特劳戈特的共鸣：

> 拥有一把为你而做的吉他，这本身就是一种疗愈方式，因为乐器一直是一种特殊之物。音乐是一种无法解释的东西，它能让你哭泣，但你不知道为什么。它只是让你感受到那种狂野的情绪，而你并不确切地知道是为什么。拥有为你制作的某种东西，这东西是用旧世界的风格，以最好的材料制作的，如此便形成了特殊的关系，这不是说你在用手工做什么，本质上说，从和客户交谈的那一刻起，到整件乐器完成之时，你都在小心地照顾这个人。你[从大多数消费产品那里]都得不到这样的体验。有吗？我不管你想在电脑上花多少钱，你

是永远无法得到那种体验的。无论苹果公司如何大肆营销他们的产品，那些产品仍然是在中国台湾制造的，你拿到它们后，它们一旦出现故障，你便会感到沮丧，史蒂夫·乔布斯可不会来到你家并说："哦，对不起，让我稍微调整一下。"但我会这样做。

独立制琴师以多种方式"照顾"他们的客户，其中最主要的方式就是努力满足客户的一个愿望，即参与到为他们制作吉他的生产过程之中。通过电话、电子邮件或面对面讨论，客户可以同制琴师确定吉他的具体物理规格和审美需求。制琴师也允许客户参观车间，以便他们在生产的各个阶段都能进行观察，如果无法安排参观，也可以留下照片日志，或以电子邮件形式向客户发送最新的进展。吉他的装配将根据主人的演奏风格进行个性化调整，而在乐器离开工坊后，只要有需求，制琴师就会提供"微调"和常规检查服务。

但是，商业关系与对个性化服务的期望在一个重要方面是相悖的。与一套量身定制的正装或一次心理疗愈课程不同，定制的吉他依然能"像新的一样"重新进入市场，如果一把吉他被打上一个明星匠人的商标，那么卖家获得的利润会比匠人得到的更多。许多制琴师在收到客户定金时就同意锁定吉他的价格。如果找一位每年平均提价 10%—15% 的匠人下订单（在 20 世纪 90 年代中期到 2008 年经济衰退之间，这是很常见的情况），而且这位匠人手头的订单都排到了两三年以后，那么客户就有动力继续等待：交货时，他们所支付的价格将低于同水准乐器的市场价。

　　理论上，这个体系似乎足够公平。客户感觉他们的投资会保值，甚至随着时间的推移还会增值，而匠人们可以提前预测自己的收入，减少在其他不可预测交易中的不确定性。然而，到了 20 世纪 90 年代末，实际情况就不一定这么理想了。那个时候，一群精英制琴师成了明星，在互联网论坛上，人们对他们的作品赞不绝口，他们所做乐器的照片在经销商的网页上出现不久就会被打上"已售"的标记。当这些匠人们的客户要等五六年甚至十年才能拿到吉他时，锁定价格的做法就会给匠人们造成困扰。在合同或声誉的制约下，他们不能提高那些积压订单的价格，而当那些没有这种顾虑的客户转头就把新到手的吉他放在易趣网（eBay）上拍卖时，匠人们只能无奈地看着。

　　由于《原声吉他》上那篇文章的宣传效果，以及客户的好评在互联网上引发的热议，吉他订单开始源源不断地涌向特劳戈特，之后可以说是像洪水一般袭来，仅在一个月内就达到了 31 份的峰值，直到他发现自己的订单已经排到了 11 年以后。他注意到，人们"炒"吉他的价格要比他卖吉他的价格高出许多，于是他决定提高价格并停止接受新订单，直到他能把订单排期的时间缩短到 4 年。正如他解释的那样：

　　　　现在的情况是，有些人会以难以置信的价格出售我所做的吉他，比我的卖价要高得多。比如有个人花 3000 美元买了一把我做的吉他，最后以 28 000 美元的价格卖了出去！所以现在每个人都认为他们可以倒卖我的吉他。[价格] 大涨了一阵，现在又回落到比较公允的水平。因此，如果你今天从我这里以

26 500 美元[11] 的价格订购了一把吉他，而又想在一周之内卖掉它，那你可能要失望了。我这样做实际上是在告诉人们"别搞这种投机"。因为价格是存在天花板的——超过我所定价格范围的吉他一般都是古董乐器，其他吉他想要超过这个价格并不容易。而且我认为突破这个天花板会很困难，因为现在好的匠人是如此之多。

特劳戈特将他的要价提高到卖家能在二级市场上标定的最高价格，于是在这场与投机者的博弈中，他取得了胜利。然而，以制作高价吉他为人所知，这样的名声也颇为引人疑虑，1998—2008年间，他一直在努力控制这种名声造成的不良后果。2008 年，特劳戈特在蒙特利尔吉他展（Montreal Guitar Show）上做了一次演讲，题为《从匠人的角度寻找下一把"最棒"的吉他》。尽管他演讲的题目似乎支持了业界所称的"吉他收购综合征"现象，但演讲本身所传达的信息却完全不同。面对满满一屋子的吉他爱好者，他表示乐器只会随着年头的增长而变得更好，他鼓励在座的人选一把吉他，一旦找到他们喜欢的，就"一直保留它"：

> 我正试图改变人们对购买这种乐器的看法。我想让你花 26 500 美元买一把，而不是买十把。我正努力以为你省钱的方式推销我的吉他。买一把；是的，它很贵，但也许这一把就够了，也许你只用这一把吉他就能让你的琴技不断精进。这是一把受用终生的吉他。这样的吉他，即使在百年之后，仍会有人来弹奏它。这把吉他就是为了这样的目的而制作的。

> 吉他做得很轻，却经久耐用，它可以被拆开重新加工，这样
> 一代又一代的人都可以从它身上获得快乐。这就是全部——
> 这就是我们［制琴师］想要的。我更喜欢这样，而不是让投机
> 者来买我的吉他。[12]

在这种类似"一夫一妻制"呼吁的背后，有一种奇怪的渴望。特劳戈特认为，与许多消费品不同的是，手工制作的吉他是可以在几代人之间传承的。如果买家能够欣赏吉他的内在价值，而不是市场价值，他们就能成为更好的演奏者，并得到一辈子只弹奏一把吉他所能获得的回报。特劳戈特希望人们对他制作的吉他有不同的看法，这其中隐含的意思是，他希望人们能够认识到制作这些吉他时所付出的特殊劳动，并能因此重视这些吉他，这正是"投机者"可能无法做到的。然而，更高的价格是否能改变人们的心态，仍然是个未知数。特劳戈特和其他人在给乐器定价时已经考虑了投机的逻辑。匠人们回忆起不远的过去，感叹如今的市场已不再像过去那样——认为吉他是用来创作音乐的工具，而不是用来赚钱的商品。

重生

1968 年，詹姆斯·奥尔森（James Olson）高中毕业，那时的他还没有明确人生的方向。他自称嬉皮士，却从来没有远离过他成长的地方——位于威斯康星州，靠近明尼苏达州双子城（Twin

Cities）的一座小镇。他想要探索自我，便在摇滚乐队中当吉他手，尝试药物和了解东方宗教，还会用木材制作家具和艺术品。20世纪70年代初期，奥尔森说："我会把萨尔瓦多·达利的画作粘在松木板上，然后烧掉边缘，做成装饰壁挂，我还懂得线绳艺术（string art）。任何东西，我都能找到办法拿来搞创造和制作。"[13]尽管他在上初中时学过一门手艺课，并赢得了学校的"未来美国工匠奖"，但他的木工技能主要是靠自学——或者正如他所说的，"只是看样学样。但如果连'看'都做不到，那就是瞎胡闹"。

他迷恋吉他，他会为自己和朋友的乐器做些修理、修饰和镶嵌的工作。21岁时，他有了亲手做一把吉他的想法，但如何弯曲侧边的问题一直困扰着他。在母亲的催促下，他在圣保罗的一所职业学校报名参加了柜橱制作课程，希望通过学习一门手艺来取悦母亲，同时，他也希望能在学习过程中找到制作吉他的方法。然而，令他沮丧的是，课程的重点是"富美家防火板和刨花板"，而不是他渴望学到的高级技能。更令人沮丧的是，他的指导老师完全不懂与制琴有关的知识。奥尔森给这位老师看了一把吉他，但老师却推测说侧边是用一块实木切割出来的。奥尔森回忆道："就连我也知道那是不可能的。这从木材的纹理中就能看出来，所以他根本不懂。"奥尔森对正规教育感到失望，离开职业学校后，他找了一份"照常打卡上下班"的工作，在一家步入式冰箱①制造公司当木匠。

此后不久，他的妻子恰好看到了两本书，欧文·斯隆（Irving

---

① 一种超大型冰箱，容积基本相当于一个小型冷藏间。

Sloan）的《古典吉他构造》（*Classical Guitar Construction*）和阿瑟·奥弗霍尔泽（Arthur Overholtzer）的《古典吉他制作》（*Classic Guitar Making*）。[14] 借助这两本操作手册，奥尔森做了一个用于弯曲侧边的铁具，并制作了第一把吉他，后来以"几乎白送"的价格将其卖给了一个朋友，之后他就开始渴望再制作一把吉他。他告诉我："事情就是从那时候开始变糟的。"他又做了十几把吉他，以很低的价格卖给那些想要的人，还凑钱购买了更多的工具和材料。他试着把那些吉他卖给乐器商店，但发现没有商家愿意承担销售手工吉他的风险。奥尔森观察到："那时候，市面上仅有的就是马丁和吉布森，以及几款从日本进口的吉他。如果琴头上没有这些品牌名，就没人愿意买。"

有几家商店同意寄售他的吉他，但过了几个月，当看到自己做的吉他还挂在墙上吃灰时，奥尔森意识到，即使有 10%—20% 的佣金，比起那些以批发价进货、可以加价 40%—50% 出售的吉他，经销商并没有动力去推销他做的那些吉他。我问他为什么把吉他制作称作一种"疾病"。

> 奥尔森：做吉他这事儿在经济上没有任何前景可言，甚至没有任何可行性。制作所耗费的时间太多了，这就使得它们过于昂贵，远远超过了材料 [的成本]。你根本卖不出去。
>
> 我：那是什么驱使你去制作吉他？
>
> 奥尔森：是过程。产品并不如过程那般重要。那是对创造的渴望。比如说，我工作的地方有一个小伙子，他是一个相当不错的吉他手，他说："为什么你想要做一把？你可以买。

你真是疯了！你想做一把用来干吗？"最后做出来一把吉他当然是目标，但即便你实现了这个目标，那也不是终点，而仅仅是个开始：你会想再做一把更好的、不同的。然后，在开始制作下一把琴的过程中，你已经在想：哇哦，我想知道如何做一个缺角，我想知道如何把那颗珍珠装饰在面板上！所以你每天都会为完成某项工作而感到兴奋，这样你就可以到地下室再做一些工作，正是这样的过程驱动着你前进。

奥尔森默默地接受了他的朋友认为手工制琴"不合理"的看法，承认购买一件工厂生产的乐器要比从头开始制作一件乐器更容易，也更便宜。按照这种逻辑，工厂吉他的价格就成为他判断自己劳动价值的标准。他认为，要使他付出的努力在经济上变得可行，他所做的吉他就必须卖得更贵，贵到足以支付材料成本和制作的时间成本，而在 20 世纪 70 年代，人们并不愿意接受那样的价格。考虑到这些情况，可以说，他的"创作欲望"已经不能简单地用经济理性来解释了，而结果就是，他所付出的无报酬的劳动被嘲笑成是在浪费时间。为了逃避这种逻辑，奥尔森转而强调劳动过程本身的"驱动力"和体验式探索的固有乐趣。有一种需求是不可阻挡的，那就是渴望掌握知识和工艺——"这就是一种瘾，一种痴迷，是一种你无法控制的驱动力"。

认为吉他制作是制琴师因感受到某种驱动力而去做的事情，这并非是奥尔森独有的想法。许多人会用身体和心理的疾病做类比，如酗酒和强迫症行为，来描述在钱很少或根本赚不到钱的情况下还会选择做吉他的强烈冲动。如果说客户那种难以抑制的、想要购买吉他的冲动是一种"男子气概缺陷"，那么在匠人身上所体现的类似缺陷就是他们自称的，无论何种经济结果都要制作吉他的迫切需要。[15] 虽然这种男性生成性（masculine generativity）可能不会像不受约束的性冲动那样遭人非难，但二者背后有着共同的基础——无节制的性驱力。其他匠人们通常都是这种忏悔的目标听众，因为他们是少数认可非传统工作伦理的人，旁人可能会认为他们都是"疯子"。

在整个吉他世界，承认自己对吉他有过度的欲望也会得到同情。无论好坏，这种过度的欲望相当于一种通用语，将所有共享着"失控"爱好或职业的人团结起来。说起早年制作吉他的经历，奥尔森将自己类比为一个每天无休止地练习，只为"在咖啡馆里得到一些小费"的音乐家。正如他所说的，"尽管经济上并不成功，但继续制作这些吉他的需要是不会消失的。这就像那些音乐家一样——他们想要再写一首歌曲，心中也总有一首更好的歌曲。我心里也一直有一把更好的吉他"。按照这种逻辑，那些用于磨炼创造性技艺所付出的时间，不能仅仅以经济回报来衡量。技艺和审美感知能力的成熟本身就有价值，这完美地反映在了手工艺品本身的质量上。

把制琴描述成"瘾"，为这种在经济意义上缺乏效率的活动找了一个借口。即使没有经济上的回报，那些纯粹为了制作吉他而不懈劳动的人也可以声称自己具有一定的道德品质。但是，冷峻的现实使得这种情感赌博所体现的绝望变得更加明显。20世纪七八十年代，手工匠人们在很长一段时间里都忍受着几乎没有利润或收入的悲惨生活。正如熬下来的幸存者常说的那样，如果能够"收支平衡",从他们制作的吉他上赚到的钱足以支付生产成本,那只能说他们足够幸运。需要一个有工作的妻子或其他收入来源,这是很常见的一种自嘲式幽默:

> 问:你会怎么形容一个歇业的制琴师?
>
> 答:一个离了婚的人。
>
> 问:如果一个制琴师中了彩票,他接下来会干什么?
>
> 答:他会继续制作吉他,直到把钱花光为止。

这种玩笑话背后的情感基调很少是完全喜悦的。在制琴界,这些"玩笑"可以说是共识。在回答经济方面会遇到什么挑战这类问题时,匠人们会说:"你听说过那个在妻子离开之后就破产了的制琴师吗?好吧,很多时候情况都是这样。"那些已经摆脱这种困境的人会坦率地承认,他们的成功要归功于一位认可自己的生活伴侣所提供的支持。那些还在依赖父母或配偶慷慨解囊的人,往往更讳言于此,于是,笑话和成瘾这类描述就派上了用场。尽管在中产家庭,男性失业的现象已经不足为奇,但未能履行养家糊口这一职责的男性仍然过得很艰难,他们很难让那些至少在抱负上无法从创业角度证明其合理性的活动具备正当性。[16]

奥尔森决心在吉他制作方面有所作为,他在 1977 年辞去了冰箱厂木匠的工作,进入了一家羽管键琴匠人开设的小作坊,依靠妻子当小学教师和兼职服务员的收入来支持他们不断壮大的家庭。1979 年,一位销售代表找到他,提出通过中西部的一个连锁音乐商店推销他制作的吉他。根据合同条款，他制作的那些吉他会以每把 895 美元的价格出售。奥尔森在交付时会获得售价的 50%，而商店和代理人会在乐器售出时分别获得售价的 40% 和 10%。为了能在每家店里同时投放吉他，代理商希望在开始销售之前至少有 50—60 把吉他的现货。

在此期间，奥尔森不得自行销售任意一把吉他。尽管知道以每把 447.5 美元的价格交付吉他赚不到很多钱，但他还是选择接受这份合约，希望这会是一个更好的尝试。在接下来的两年半时间里，奥尔森夜以继日地工作，生产了七八十把吉他。他的妻子"打理好了一切"，他对此颇为坦诚，因为他每周要工作 70 个小时，同时制作 6 把吉他，他很少能见到家人。他说："那是一段非常非常艰难的时期，但也很令人兴奋，因为我觉得自己正在做些什么。"

1980 年，奥尔森制作的吉他终于被摆进了商店——同时也积压在商店。"根本没卖出去，"他说道，声音中仍能听出失望，"冬天来了，这些小商店都干燥得厉害，有些吉他都开裂了。"连锁商店以 400 美元的成本价或更低的价格甩卖了这批吉他，并在 1981 年解除了与奥尔森的合同。这些吉他最后还是卖完了，但因为还有维修义务，奥尔森不得不与排着长队希望他免费修理乐器的客户打交道。回过头来看，当得知迪斯科在 10 年时间里全面扼杀了吉他的销售时，奥尔森也没有感到些许安慰。他认真思考后说道："我的生活，在许多方面，都在分崩离析。"他的妻子加入了一个小型的福音派教会，而当奥尔森在困难岁月里开始和妻子一同参加教会活动时，他在基督的福音中发现了一些新朋友，也有了一种重获新生的感觉："我在 1980 年将我的生命交托给了上帝，而此后一切都变了。"

　　远离"吸食毒品"的社交生活，奥尔森转而努力为神圣的使命服务。他说："我不在乎自己是生是死，我只想感受到我与上帝在一起。"教会当时刚刚在东圣保罗（East St. Paul）购置了一栋商业建筑，奥尔森受邀在那里开设吉他店，教会免收租金，作为交换，他要参与该建筑的装修工作并承担照管服务。很快，他就有了一定收入，而在接下来的几年，他把时间用在了制作吉他、清洁厕所、吸尘、摆放桌子和安排主日学校教室上。关于他精神上的重生，奥尔森说："我的内心发生了一些变化。"但他不愿意描述这种变化所涉及的内容，因为他发现向别人"解释这种变化是徒劳无功的"。

　　奥尔森：我有一种感觉，我可能仅仅因为提起这件事就疏远了自己。

　　我：没有，完全没有。我认为，这显然是你生命中一个非常重要的转折点。

　　奥尔森：这是一个令人难以置信的转折点，我相信它是命中注定的。你每天早上醒来，有一扇门或一条路在你面前，你要么继续走脚下的那条路，要么就选择另外一条路。对我来说，这可真是一个巨大的抉择，因为我知道继续走脚下的那条路将会花很多钱。

　　我：似乎它就在你失去希望之际出现了。

　　奥尔森：我确实有所意识，当我半夜醒来，走进浴室时，不知道自己是怎么了，也不知道自己要去哪里，更不知道自己在做什么。我意识到一件事：我并非不朽，在某个时刻，我会被追究责任。法庭甚至找不到足够的证据来给我定罪，因为我——我的意思是，我认为我是一个好人，但是我没什么立身的东西。

奥尔森所描述的转变——从一个任性的青年变成一个认识到死亡并致力于道德目标的成年人——也是其他吉他匠人都经历过的，当然，他们谈论的角度各有不同，有的是世俗的，有的则是精神层面的。这一成长的课业其实颇为复杂，因为制琴这个职业缺乏公众认可，也没有制度化的职业晋升标志。匠人们只能通过吉他的经济价值来衡量自己付出的努力是否值得，而这非常容易受到市场变化的影响。因此，当奥尔森预想自己出现在神圣的"法庭"，由上帝充当至高无上的法官时，他担心自己不够好，会因没有任何的善而被"定罪"。

他付出巨大牺牲而制作的吉他，最后却卖不出去，还在中西部的音乐商店里开裂，这无疑强调了他基督教觉醒（Christian awakening）的谦卑性。在改革宗神学的指导下，奥尔森意识到，宗教救赎并不取决于他在世俗世界中工作的价值，救赎是上帝恩赐他的礼物，尽管他有种种个人缺陷。[17] 依据这样的道德思考，他开始将自己的劳动看作对救赎恩赐的回应，而不是通过劳动获得救赎，同时还有效地将他的自我价值与市场判断分离开来。

做照管员时，奥尔森每年制作十几把吉他，以 500—600 美元的价格卖给教友和朋友。到了 1985 年，他的命运开始出现转机。基督教音乐界的新星菲尔·凯吉（Phil Keaggy）买了一把奥尔森制作的吉他，并在录音室和音乐会上用它进行演奏。订单开始从其他州传来，而奥尔森也得以稳步提高售价，到 1989 年他遇到詹姆斯·泰勒时，奥尔森制作的标准型号吉他已经卖到了 2195 美元。1992 年，教会发展壮大，需要收回他之前的店铺，于是奥尔森找到了一栋独立建筑，对于他现在正蓬勃发展的吉他业务来说，这是个理想的地方。他观察后说道："我相信一切都由主来指导。几乎所有的一切都是主精心设计的。这就是我应该来的地方。"在新店安顿下来后，他描述的那种命运感仿佛被证实了，电话开始响个不停。

从"以成本价"销售吉他，到加快速度制作以满足需求，奥尔森花了 15 年的时间。1995 年，他的基本款吉他售价是 3295 美元，而且已经收取了 160 张吉他订单的定金，每笔定金 1000 美元。他每周工作 70—80 个小时，等琴的人都排到了 3 年半以后，但电话还是不断地响。他回忆道："人们一直在打电话，想要来参观，人们带着吉他来修理，而外地人只是想看看吉他是如何制成的。我都快崩溃了。"一天晚上，他工作到很晚，想确保第二天能将一把吉他运往英国，那天夜里，他站在抛光轮前对吉他做最后的打磨收尾工作。突然，吉他被抛光轮卡住，又瞬间从他手中飞出，摔得四分五裂。他把日程安排得密不透风，根本不知道要如何弥补失去的时间。他彻底感到不知所措：

> 我进屋冲了个澡，哭到崩溃。我反复念叨着："我接受不了，一切都完了。"我想我当时肯定是精神崩溃了。我的妻子说："我很担心你，你这样很伤身。"我还经历过一次事故，

差点儿让台锯要了我的命。一块木头被刀刃卷了出去，那是一个楔形的琴头，正好从我的头顶飞过，速度和力度都很惊人，最后卡在了 18 英尺 [高] 的天花板上。如果它打中了我的头，我可能就死了。我收了超过 16 万美元的定金，这些钱已经用在了购置木材和工具上，还买了一台新的数控机床和一台激光器，如果我受了重伤，那就真的要负债了。这等于我向这些人借了钱，还欠着他们的货。可以说这些人都是我的老板，他们每隔三周就会给我打电话。我们为之祈祷。再有人打电话过来时，我相信我的回复会是："对不起，我不能再接新单了。"我想以我能给出的最低价为每个人都做一把吉他。但我意识到，不能再这么做了。

从那天起，他拒绝再接订单，直到完成他未完成的那些订单。当潜在客户打来电话或发电子邮件想要订购吉他时，奥尔森就请他们给自己寄封信，承诺日后他重新接单时就会与他们联系。令他惊讶的是，他积攒了 500 多封信件，这些写信的人都希望能挤进他的排队名单。

与此同时，在易趣网和其他小互联网卖家那里，我看到奥尔森吉他的价格比起我的卖价已经翻了一番，有时甚至达到原先价格的 3 倍。市场变得疯狂了。没法从我这里买到吉他的人都开始买二手的了。600 美元买的吉他，转手能卖到6000 美元。人们会说："你在开玩笑吗？我要把这把琴卖了！我根本不弹。"因此，现在有许多二手的奥尔森吉他涌入市场。我开始在网络论坛上遭到抨击："他以为他是谁啊？你知道吗？他做的吉他卖到了每把8000、10 000甚至是11 000美元。它们根本不值这个价。"诸如此类。

奥尔森在接受定金时已经锁定了售价，因此，互联网上那些强烈的反对声给他带来了更深重的痛苦。换句话说，在整个20世纪90年代，奥尔森让客户仅用3000美元就买下了一把吉他，却要看着他们在一场疯抢的狂欢中赚得盆满钵满。他的思绪回到了一个特别令人不安的事件上。20世纪90年代中期，南部一个教会的敬拜主领联系奥尔森，说他梦想拥有一把奥尔森吉他，但却买不起。奥尔森被这个年轻人的真诚打动，与他达成了交易，以最低价卖给他一把吉他，还免费为他在指板上增加一个缺角并镶嵌了一个鸽子图案。过了三年，就在交付这把吉他后不到一个星期，他接到一个电话，打电话的人在易趣网上看上了一把以12 500美元价格起拍的奥尔森吉他。琴上的鸽子图案让真相暴露无遗。

于是我给那个年轻人发了一封简短的邮件："恭喜啊，你在这把吉他上赚到的钱差不多是我赚的四倍。"他回信说："我很抱歉，我其实希望你不会发现。自从订购了这把吉他，我的生活发生了许多变化。我结了婚，还买了房子，我再也买不起你的吉他了。但我不想取消订单，就不得不用VISA信用卡借款，以便从你那里先把吉他拿到。"他说："请原谅我，但我没办法，只能把它卖掉。"这时，主与我的联系更加强烈了。主说："看，你接下他的订单时很高兴。你接了单，完成了工作。那个人用它做什么并不重要。随他去吧，你只要处理好你需要做的事情就行了。"于是我就照做了。我试着不让这件事影响我，但事与愿违，类似的事情不断发生。

奥尔森于 2000 年再次开始接单，这时他把吉他的价格提高到 12 500 美元，以便与二手市场的售价保持一致。10 年后，他的价格还是不变，吉他预订量可以稳定保持在每年 20 把左右，工作流程可控。但价格的提高引发了潜在客户极大的愤慨，他们写信给奥尔森，希望能以每把 3295 美元的价格进入排队名单。有人暗示他现在定的价格太不体面，这极大地刺痛了奥尔森，后来他采取了一种颇具哲学性的理解：

> 即使我把价格从 1195 美元提高到 1395 美元，也会有人说："你定的价太高了，我根本买不起。"所以，无论你定什么价格，总会有人说自己买不起。你知道无论如何都会发生的是什么吗？这就是经济学的基础课。无论我怎么做，最终得到产品的仍然是有钱人。如果我把这些吉他卖得便宜点儿，它们最终的售价会是多少？[是]11 000—12 000 美元这个价格区间。你去看吉他坊网站（Guitar Gallery）和制琴家收藏网站（Luthier's Collection），去看看那上面售卖的二手吉他。这些网站都以 8000 美元以上的价格起售。最后谁买走了这些吉他？当然是那些买得起的人。所以还是有钱人买到了。

奥尔森表示，如果市场已经注定手工吉他只是富人才能买得起的东西，那么无论制琴师以怎样的价格出售吉他，都无可厚非。然而就在不久之前，市场还没像现在这么疯狂的时候，他，还有大多数匠人，都对一种观念感到很恼火，即他们的劳动产品只能作为商品——其价值和社会命运取决于人们愿意支付的价格——来估价。更重要或者说尤其重要的是，当制琴师们几乎是把他们的吉他白送给别人时，他们对这些乐器的"社会生命"是怀有希冀的：作为几乎没有市场价值的"礼物"，吉他可能会摆脱"商品情境"（commodity situation），找到合适的主人，新主人会珍视吉他的内在品质，并且会从制作吉他所使用的手艺中获得启发。[18]

可以肯定的是，买得起最受欢迎的乐器的客户也会看重这些乐器的独特性，并且会让这些乐器从市场流通中脱离，用一辈子的时间去欣赏，并将它们传承给下一代，或作为礼物赠予年轻音乐家或博物馆，如此一来，他们也去除了这些乐器的商品属性。[19]但是，当乐器成为市场上的奢侈品时，这种手工艺品随时都有可能被转换成一种比原始投资价值更大的货币价值。尤其是当一把吉他因其主人的名声和社会地位，或因同一名匠人打造的其他知名吉他而显得出身不凡时，那么比起他们与乐器及其制造者之间的情感联系，消费者更可能被兑现好运气的诱惑所吸引。

当奥尔森得知那个敬拜主领的所作所为时，他感到的痛苦与其说是对那个年轻人出售吉他的反应，不如说是对客户明显不重视这份"礼物"的反应。这个年轻的客户，以及其他像他一样的人，想获得比奥尔森本人所获利润更大的回报，因此他们便扮演了理性的经济行为主体——他们将奥尔森制作的乐器再度商品化，并在市场以及奥尔森在市场中的地位上押注，进行投机。竞卖的文化形态——无论其表现为股票市场上的竞争性交易，还是易趣网或某个乐器交易商的网店——可以说是资本主义社会最壮观的"游戏"。[20]

和人类学家克利福德·格尔茨（Clifford Geertz）研究的巴厘岛斗鸡一样，这种竞卖会使吉他的买卖双方感受到一种情感强度或做"深层游戏"（deep play）的感觉，这为他们提供了一种仪式化的模式，用于理解我们身处的政治经济生活，并与之互动。[21]巴厘岛上参与斗鸡的人，他们在让禽鸟准备战斗、下赌注，以及经历输赢时所展现出的激情强度提醒我们，无论赌注是什么，市场竞争永远不会缺少情绪性内容，最终也不会只关乎金钱。真正重要的是深度游戏所具体呈现的"情感表达手段"，这让参与者切身感受到，"在一个集体剧本中，[他们的]文化气质和私人情感被详细阐明时会是什么样子"。[22]虽然手工吉他市场以及使其变得合理的制作故事看起来与斗鸡这个血腥运动相距甚远，但它也的确是一个竞技场，能让我们体验到资本主义的痛苦和欣喜。

论创造性

或迟或早，所有的吉他爱好者都会到宾夕法尼亚州的拿撒勒，去马丁公司的工厂朝圣。马丁公司是至今仍在美国经营、历史最悠久的原声吉他制造商，而且它还有一个特点，那就是这家公司是由同一家族的几代人经营的。我在城里一家维多利亚式的家庭旅馆住了一晚后，决定上午先去"老"厂转转，晚些时候再去"新"厂会见马丁公司的艺术家关系总监迪克·博克。老北街工厂是老查尔斯·弗雷德里克·马丁（Charles Frederick Martin Sr.）在1859年开设的车间，而早在1833年，老马丁就在纽约开创了自己的生意。[23]如今，这个曾经规划杂乱的建筑已经被精简为一座两层的商业楼宇，其中有一个发货仓库，还有"吉他匠人之家"（Guitarmakers Connection）——一个售卖吉他制作工具和修理用具的零售经销店。这座红砖建筑坐落于绿树成荫的居民区街道上——墙面装饰有大写印刷字体的"C. F. MARTIN & CO. INC"字样——看起来就像是世纪之交的老照片。

前门打开后，我闻到了进口木材的刺鼻气味混合着建筑本身的老木材味儿。正前方是几排金属货架，上面堆放着预先切割好的吉他部件，以及各种小零件和配件。阳光透过工厂的大窗户，让我仿佛置身于舒适的图书馆，周围满是迷人的藏书。我太着迷了，甚至当一名年轻女子走近我，询问我是否需要帮助时，我竟然说："我在考虑做一把吉他。"

她高兴地说："好吧，你来对地方了。"然后把我领进隔壁的房间，这里的面积更大，还有一排玻璃陈列柜专门用于展示制琴工具。她递给我一张清单，列明了我所需要的东西，然后问道："你想做哪种吉他？"

我有些惊慌，猛地向后退了几步，然后拿定主意，认为此时最好坦诚相待。我结结巴巴地说："实际上我感兴趣的是，如果有人要做一把吉他，他需要知道些什么。"她看着我，面带困惑，于是我又重新问了一次。我说："我在写一本关于制琴的书，我想了解用工具套装制作一把吉他——如果可能的话——都需要做些什么。"

她让我稍等一下，然后给销售经理打了一个电话。几分钟后，一个戴着眼镜和红色棒球帽的瘦高男子走进房间。聊了一会儿后，我发现这个名叫丹尼·布朗（Danny Brown）的人在制作吉他方面非常精通，他不仅知道如何用工具套装或从零开始做吉他，还在马丁公司的生产线上摸爬滚打了好多年。他同意接受访谈，之后我们爬了两段楼梯，到阁楼上他那间乱糟糟的"小公室"里交谈。

布朗在拿撒勒长大，从小就住在马丁公司主厂房那条街对面的房子里。尽管他可以透过自家卧室的窗户看到工厂，但此前从未认真考虑去工厂工作。直到高中毕业几年后布朗才明白，他需要其他收入来源来支持自己弹吉他。1987 年，他开始在马丁公司的运输部门工作，然后转到生产部门，只要熟悉了自己正在做的工作，他就开始争取做其他新的工作。凭借出色的出勤记录和高涨的工作热情，布朗最终对工厂的各个岗位都有了大致了解。他对制琴的浓厚兴趣得到认可，并受聘成为研发部的一员，公司还鼓励他参加 1999 年的希尔兹堡吉他节（Healdsburg Guitar Festival），并将此作为一项工作任务，这样他就能参加讲座、与人结交，以及尽可能地学习。一到那里，他就开始和独立制琴师们交谈，也因此知道了自己对吉他制作到底懂多少。"我记得当时在离家 3000 英里的地方，"他说，"我给妻子打电话说：'你知道吗？我知道怎么做吉他了！'"24

受到威廉·伊顿和弗雷德·卡尔森（Fred Carlson）创新作品的启发，布朗开始制作一些不同寻常的吉他：

它们给我留下了很深刻的印象——在当时，这是很震撼的——那不仅仅是一把吉他，还是一件可以正常使用的艺术品。好吧，我们所做的只是一个美化过的盒子。基本上，可以把它想成一个矩形或半圆不圆的正方形。这些吉他真的使我想到"没错，做点不一样的东西"。所以我做了一些非常与众不同的吉他。看到它们的人要么会很喜欢，说"哇，这太酷了"，要么就会说"这太蠢了"或者"你为什么要这样做"。那些吉他挑起了一种抵触情绪，但这不是什么大事，离开 [希尔兹堡] 展会以后，我记得最清楚的还是那些努力让自己的设计富有创意的人。

布朗制作的吉他有着类似电吉他的不对称外形，面板上的音梁结构也不复杂，还结合了开放的原声音箱。他手边正好有这样一把吉他，它的主人在遭遇一次车祸后把它送来修理。布朗从旁边架子上的一个盒子里取出了那把吉他，吉他的面板已经损坏，一些镶边已经脱落，但当他把吉他放到地上，让我从上方观察时，我立刻看出了这把吉他富有创意的轮廓，它看起来就像一块没有蛋黄的煎蛋。他轻轻地把吉他收起来，我表达了自己的惊讶——马丁公司竟然会鼓励他在独立制琴的职业生涯中有所建树。除了制作属于他自己的乐器，布朗还在当地开设课程，向人们展示如何使用马丁工具套装制作吉他。他如此使用这些专有信息，难道马丁公司不担心吗？布朗摇摇头说：

我可以最大限度地复制一把马丁吉他，但我的吉他永远不会有马丁吉他的价值或价格，所以这没关系。他们开的是一家大公司，我是说，我一年才做两把吉他，不可能真正损害到他们。我很幸运，能成为[制琴行业]的一分子，这要归功于他们。所以，我很信任马丁公司，尤其是克里斯[·马丁四世]，因为他原本很有可能成为那种[专享信息的]人，但他没有。但我也为这家公司尽心尽力。我的确相信我们制造了一种非凡的乐器。我相信我们的文化非常独特。经过了这么久，这家公司还一直掌握在同一个家族手上，这个事实非常重要。

布朗渴望创造属于他自己的乐器，但又忠于自己的雇主，可以说，他提供了一个有趣的视角，使我们得以窥见手工吉他和工厂吉他在发展过程方面存在的差异。进入市场时，他以自己名字命名的乐器与他作为马丁公司员工所制造的那些乐器，在起源和创意概念方面有着截然不同的痕迹。针对它们各自的"价值"，必须追问这样一个问题：制造这些吉他的设计理念和劳动为谁所有？布朗承认，即使他想要以独立匠人的名义"复制"一把马丁吉他，这把吉他的"价格"也不会和他作为马丁公司员工制作的吉他一样，因为他并不是获得授权的复制品代理商。他承认"知名的音乐家不会排队去等着弹丹尼·布朗吉他"，而且也怀疑这种事永远也不会发生。尽管那些音乐家会弹奏他在工厂里制作的某把吉他，但布朗并不会声称他是那把吉他的制作者：

　　　　那是马丁吉他，是他们的设计，只不过碰巧是用我这一双手组装的。如果这是我的吉他，是我设计的，那我就会很自豪地告诉你们。但既然这是一把马丁吉他，那就只能算是他们的吉他，而不是我的。就像你看到的那把奇怪的吉他，你永远不会说那像是一把马丁吉他。我有意不去做马丁吉他的克隆版。我会用他们的琴身，但不会做一个普普通通的D-45复制品。我不会那么做的。如果你想要那样的吉他，直接去买一把马丁吉他好了。

　　仅仅成为工人集体中"组装吉他"的"一双手"，并不意味着取得了所有权。这项权利在法律上是被授予企业这个"人"的，企业拥有吉他设计方案的所有权，同时拥有它所雇劳动力制造的商品。[25] 布朗意识到，要想使一件乐器真正属于他，他自己必须发挥聪明才智，设计新的方案——而且设计"越古怪"，他的吉他就越具有"原创性"，也越不会被人误解。从这个意义上说，制作一把"克隆版"吉他就是复制了错误的DNA——知识产权是公司的，而不是他自己的。

　　2006年，布朗受邀在罗得岛纽波特举办的第二届纽波特吉他节（Newport Guitar Festival）上展出他制作的吉他。他很高兴能有机会加入独立制琴师"同业"之列，他花了七个月的时间，利用晚上和周末，制作了三件展出的乐器。他花了很多时间为这次展览做准备，他的妻子甚至都准备"杀了"他。布朗说："但最后，她发现这一切都是值得的。"我问他这在什么意义上是值得的。

　　对我来说，意义就是展示这些吉他，成为同业的一分子。

加入马丁公司，我已经是 [制琴师] 中的一员了，但我觉得——
该怎么说呢？我觉得我像是在欺骗他们 [其他匠人]，也在欺
骗我自己，因为我在一家大公司制琴。我对马丁公司的尊重
和对这些小型手工制造商的尊重一样，因为我知道他们正在
经历什么，我也在经历这些。所以不言而喻，这里面有一定
程度的尊重。因此我觉得我必须参加那个展览，向他们证明
我有资格成为他们那个群体中的一员。我知道这听起来很奇
怪。但这对我来说很重要。我想要向他们证明我的价值，证
明我不只是企业里没什么个性的人。

布朗表示，在纽波特的展览上，他凭借自己的能力获得了身
为一名制琴师的认可。只要他还仅仅被认定为马丁公司的雇员，
那么他所声称的手工上的"原创性"就会使人觉得不真实——就
好像他在"欺骗"制琴师这个共同体，试图用一件由企业生产的
产品冒充自己的作品。令布朗非常高兴的是，他在这次展览上以
2500 美元的价格将一把吉他卖给了一位神经外科医生。在一个满
是吉他匠人的地盘，有一个完全陌生的人走到他的面前，买下了
一件他制作的乐器，这是对他"价值"的极大认可，也是对他在
这个男性同侪群体中所处地位的极大肯定。制作吉他已经成了一
场赌博，因为制作吉他时布朗并没有预先考虑过是否有潜在的买
家——他笑着承认，尽管如此，做吉他时他也幻想着多利·帕顿
（Dolly Parton）① 可能会想要他做的吉他。布朗算了算他在材料上

---

① 美国女歌手，有"乡村歌坛第一才女"之称。

支出的费用，再加上制作所需的时间，最后算出来他每小时才赚了3美元。但当吉他卖出去之后，他说："我真的很开心，那个家伙也很喜欢它，所以这对我来说很重要。"无论市场价值几何，手工劳动都有其可取之处，那就是这份劳动完全归属于付出劳动的人。

在开车前往主工厂的路上，我思考着马丁公司"文化"的独特性。这家公司在同一家族的治理下延续了六代人之久，这很引人注意，尤其是考虑到该公司自20世纪70年代以来一直信奉自由市场的意识形态。1977年，一场旷日持久的罢工引发了人们对严格限制工人自主权的新管理政策的不满。[26]20世纪80年代中期，由于兼并和收购而产生的债务又把公司逼到了破产的边缘。在危机年月执掌这家公司的是马丁家族德高望重的长者克里斯蒂安·弗雷德里克·马丁三世（Christian Frederick Martin Ⅲ），他是现任首席执行官克里斯·弗雷德里克·马丁四世的祖父。有人说，马丁三世抵押了自己的房产，挽救了企业；也有人说他发誓要坚持到底，直到他的股票一文不值。就像常见的企业传说那样，这种老派的、对家族企业"孤注一掷"的投入，使得马丁公司与同时期陨落的其他企业颇为不同。[27]2008年，该公司庆祝了它走过的第175个年头。

开车进入工厂停车场时，眼前的一幕似曾相识：在一栋向两边肆意延伸的单层制造厂房的正面，有一个新近建造的外立面，分毫不差地再现了老工厂的正面。红砖更加明亮，石板色的房顶只能覆盖局部，但两排窗户和用油漆书写的"C. F. MARTIN & CO.

图 2-3　马丁公司工厂及博物馆的新立面和入口，2007 年。照片由作者拍摄

INC."则完全一样。唯一随性的表达似乎是每扇窗户里的弧光灯。

　　在靠近外立面右侧的入口，我注意到一楼的窗户纯粹是装饰性的，并从后面用墙隔开。为了开启自动感应门，我踏上了一个嵌在水泥地上、有点像马丁吉他琴头的东西。之后我穿过玻璃门，走在一条看起来像是吉他指板的地砖路上，看到了坐在一张圆形桌子后面的接待员。向头顶望去，我看到天花板上的拼贴瓷砖呈现出一把 D 型吉他琴身的形状。我终于明白，我走进了一把虚拟吉他，那位接待员——她的身后有一面弯曲的墙，墙的上方还有马丁吉他的图像——所坐的位置正是音孔。我忍住不笑，故作严肃，告诉她我是来见迪克·博克的。

　　我环视接待区，断定只能用"做作"这个词来形容这里的审美趣味，或者说有种"故作严肃而不成的感觉"。[28] 我想不到其他的词了。无论是模仿吉他侧边的那些曲面墙壁，还是模仿玳瑁吉他护板的棕褐色半圆形地砖（护板本身就是在模仿真正的玳瑁壳），整个空间都充满了滑稽的戏剧性。我向礼品店的弧形玻璃墙望去，心想这样的装潢也许会让那些没什么戒备的人注意到马丁公司售卖的婴儿围嘴、高尔夫雨伞、毛绒玩具吉他，还有 D-45 吉他外形的挂钟。但是，参加工厂一日游的大批游客会对这样的装潢做出怎样的反应，就是另一回事了。[29] 克里斯·马丁主要是为了迎接这些游客才重修了接待大厅，建了新的外立面，还创建了公司的博物馆（于 2005 年开放）。1998 年，伴随着雄心勃勃的扩张计划，工厂的规模扩大了一倍，这表明公司对未来极为乐观。[30] 接待大厅那把"步入式吉他"则展现了马丁公司对原创性的一种专横的主张。那个鲸鱼大小的 D 型吉他暗示，你所进入的是这家企业的身体，而马丁吉他就源自这里，这里既是一个用于生产的实际地点，也是创新设计的历史遗迹。

　　博克走出这把"吉他"琴尾踵附近的电梯，大步走来跟我打招呼。他头发灰白，戴着黑框眼镜，身穿黑色的宽松长裤和圆领衬衫，这是一种休闲风格的职场穿搭，看起来十分时髦。他提议先带我去参观博物馆，然后再去吃午饭，最后游览工厂，我欣然同意。博物馆位于新外立面后的主入口左侧。除了博物馆陈列柜的照明以外，整个空间比较昏暗，很吸引人，明显是由专业设计公司打造的。我停下脚步，看了看入口处墙上牌匾的题词，上面引用了埃里克·克莱普顿（Eric Clapton）[①]的话："如果我可以选择让什么重新流行起来，那一定是马丁OM-45。"我对博克笑了笑，他也对我笑了笑，然后我们开始参观第一个展区。

黄金时代

虽然博克此前曾多次带领游客参观这座博物馆，但他依旧对每一件展品充满热情，似乎总能在现场获得新的灵感。他本人对博物馆贡献颇多——正是他组织、标记并安装了这些乐器藏品，也正是他在那个旧工厂的阁楼里找到了旧时的工具、模具、图纸、琴箱和其他有纪念意义的物品，丰富了早期乐器展览的藏品。博克为这家公司工作了30多年，谈到马丁公司的历史时，我印象最深的就是他很习惯于在大大小小的事情上为公司说话。一名中年男子和一名中年女性在一旁聆听他的讲解，询问是否可以跟着我们一起参观。博克很随和，我们结成了一个小队伍，在各个展柜之间游走，耳边响起的是卫星广播电台的经典民谣音乐。

前四个展区的时间跨度是133年。从1796年老马丁在德国的马克诺伊基兴（Mark Neukirchen）出生，一直到1929年的股市崩盘，展览突出强调了其间的一系列事件：1887年，小马丁的作坊实现机械化；1896年，弗兰克·亨利·马丁（Frank Henry

---

① 英国音乐人、歌手、吉他手，曾获得18座格莱美奖，是20世纪最成功的音乐家之一。

Martin）推出了瓢型曼陀林，1907 年推出了尤克里里；以及 1912 年到 1922 年间从肠线弦到钢弦的转变。这些展柜里装满了珍贵的老式乐器：一把 1820 年左右的吉他，由制琴师约翰·施陶费尔（Johann Stauffer）制作，他是小马丁在维也纳做学徒时的师傅；1839 年到 1873 年间出现的各种客厅吉他①；曼陀林、夏威夷吉他和尤克里里等各式各样的藏品。

　　博克指出，"最有价值"的尤克里里是马丁三世为他的妻子黛西制作的；另一把名贵的尤克里里——上面有北极探险家理查德·伯德（Richard Byrd）、飞行员查尔斯·林德伯格（Charles Lindbergh）、美国前总统柯立芝（Calvin Coolidge）等人的签名——是第一把"飞越北极圈"的琴。[31] 我想，这些乐器背后的故事太多了！和这些乐器一同展出的还有许多巨幅照片，上面都是一些演奏者——维多利亚时代一群拿着吉他的年轻女士，还有从 20 世纪早期开始出现的一些吉他社团和曼陀林管弦乐队，这些组织里有男有女，照片描绘的是他们社交的场景。此外，另一些极富吸引力的展品还包括一个工作台和来自北街工厂的一些手工工具，这些展品简单而清晰地展示了在车间设备还是由蒸汽引擎驱动的时代，吉他是如何制作的。

　　然而，当我们来到名为"黄金时代：1930—1945"的展区时，与马丁乐器的历史及其体现的社会生活之间的有形联系消失了。不仅展柜里没有任何老物件，与这一展区配套以及随后展出的巨

---

　　① 客厅吉他（parlor guitar），小体型吉他，最早放置于客厅供宾客娱乐使用，因此得名。

幅照片也都不再是演奏团里的无名音乐家，而是名人的棚拍照片，一些照片上还有名人字迹潦草的签名。在这个展区，有两张照片占据了主要位置。一张是佩里·贝克特尔（Perry Bechtel）的照片，在"咆哮的二十年代"，他是一位班卓琴演奏者；另一张是电影明星吉恩·奥特里（Gene Autry）带着一把珍珠镶边的 D-45 吉他与一匹马的合影。

与这些名人有关的吉他正是马丁公司最受欢迎的产品，即所谓黄金时代的"原型"：长弦长的 OOO 或 OM（即"管弦乐队型号"），还有 D 型吉他。[32]1929 年，马丁公司调整了十二品的 OOO 型号，开发了新的十四品 OOO 型号，专为贝克特尔设计，这款琴有着更长的弦长——这也是首批专门为钢弦设计的吉他之一。[33]弹奏者们很快就接受了较长的琴颈，马丁公司也很快在所有的型号上都使用了十四品的设计。贝克特尔使用的型号之所以重要，不仅仅是因为 OOO/OM 在当时很流行，还因为克莱普顿在 1992 年的 MTV 不插电现场中，弹奏的正是一把 1939 年款的 OOO-42。

1916 年，马丁为迪森公司（Ditson Company）开发了一款以 D 型吉他为原型的新琴，并于 1931 年用自家品牌以新型号推出。[34]作为以无畏号战舰①命名的系列，D-18 和 D-28（分别用桃花心木和玫瑰木制成）在当时也是前无古人的大号吉他。音乐家们一直都想要体积更大、声音更响亮的吉他，但过了一段时间，D 型吉他才开始流行，因为随着大萧条的加剧，排队领救济的人也越来越多，

---

① D 型琴以世界上第一艘现代意义上的战列舰——英国无畏号战舰（Dreadnought）命名。

普通人不会考虑买新吉他。碰巧，好莱坞明星是买得起新吉他的群体之一。1933 年，吉恩·奥特里下了一份特别的订单来定制自己的 D–45，琴上还有马丁公司愿意承接的最精致的珍珠镶嵌装饰。这件有着顶级装饰工艺的作品被慕名前来下订单的其他牛仔歌手[①]称为 Style 45，虽然他们并不需要珍珠镶嵌，但也想和奥特里一样把自己的名字镶在指板上。

博物馆中既没有展出贝克特尔的原版 OOO，也没有奥特里的 D–45。贝克特尔的吉他下落不明；它可能是在 1936 年的一场大火中被烧毁了。奥特里的吉他则在洛杉矶的奥特里西部遗迹博物馆（Autry Western Heritage Museum）中展出。博克告诉我，那把吉他是"史上最有价值的吉他，有人出价 150 万美元购买，但被 [奥特里] 拒绝了"。因此，这一展区的特色不是过去的人工制品，而是对于这些吉他款式的当代纪念。20 世纪 90 年代初，马丁公司限量推出了两款吉他，都是"签名系列"的经典复刻版—— 一款复刻的是 1993 年推出的佩里·贝克特尔的 OM–28（签有克里斯·马丁和佩里·贝克特尔遗孀的名字），另一款复刻的是 1994 年推出的吉恩·奥特里的 D–45（签有奥特里的名字）。[35]

博克一直负责这两款和其他特别版本吉他的销售协商工作，而且对自己在"签名系列"的第三把吉他上所做的工作颇为满意，那是几款埃里克·克莱普顿签名款吉他中的第一把，也就是他那把 OOO–42 的复刻版，在 1995 年的 NAMM 展会上不到一天就售

---

① 吉恩·奥特里在好莱坞以"唱歌的牛仔"（The Singing Cowboy）的形象著称，他同时也是一位乡村音乐歌手。

出了。[36]同年，马丁公司开售一把 D-18 型号的黄金时代吉他——1937 年 D 型吉他的复刻版——创造了另一项令人印象深刻的销售纪录。有一点越来越清楚：未来的浪潮其实是对过去的回归。1996 年，马丁公司推出了复古系列（Vintage Series），这是黄金时代吉他型号的特别再版产品线。

黄金时代展区有一个专门用来展示大萧条时期物品的展柜，展览标签说明上写着，工厂当时的工人数量减少到了 30 人。虽然展柜中还挂着几把老式乐器——马丁公司并不成功的拱形吉他，于 20 世纪 30 年代发售，40 年代停产——我却无心好好欣赏它们，因为当时我正在想别的问题：是什么使得黄金时代的乐器如此伟大？为什么马丁公司决定不再生产它们了？

这座博物馆最大的展区涵盖的时间段从 1946 年一直延续到 1969 年，但我没找到有关"二战"或它对生产有何影响的相关信息。展馆的一角被一张猫王的照片所占据，照片上，他岔开双腿，把麦克风对着脸，弹奏一把包有压纹皮套的 D 型吉他。一把有着相似皮套的吉他陈列在展柜中。博克指着那把吉他，告诉我它出自哪位匠人之手，还特别提到有许多人都想要猫王那样的吉他皮套，即使这会牺牲音质。然而，我仔细看了看，发现这不是照片上那把吉他，皮套也对不上。所以为什么要将这把猫王从来没碰过的吉他摆放在这里呢？

这是一把猫王限量款的 D-28 吉他，配有可选的皮套。我一开始没有注意相关的说明，但最终还是意识到，博物馆这部分展出的所有型号的吉他目前都是在售状态。实际上，这些乐器里没有一件是与历史上的某位艺术家有关联的。它们都是过去 20 年里发

售的限量版新款吉他，由在世的吉他手代言，或是为了纪念某位
离世的吉他手而以其名字命名。

接待大厅那种浮夸、壮观的感觉在整个博物馆里弥漫开来。
每款吉他都配有一幅颇富戏剧性的照片，照片中的吉他弹奏者都
有一张满怀情绪却不甚自然的脸——除了约翰尼·卡什（Johnny
Cash），他很冷静地站在那里，手里握着他那把黑色 D-35 吉他的
琴颈。即使是现代工厂工作站的展区——夹在埃里克·克莱普顿
和约翰·梅尔（John Mayer）之间——也有一种滑稽的戏剧性。你
在这个展区看不到任何使用计算机技术的痕迹，事实上，这里描
绘的是流水线上的一步单一工序。然而这步工序是什么依然是个
谜，因为工作台上什么都没有——但一条车间用的围裙得意扬扬
地挂在一边，好像有工人刚刚离开去吃午饭一样。

也许我期望博物馆里的展品都是历史文物的想法有些不切实
际。然而，知道自己正在看的是知名乐器的复制品，这微妙地改
变了我与所见之物的关系。不可否认的是，这里重点呈现的艺术
家都是马丁公司历史的合理组成部分。他们不仅弹奏马丁吉他，而
且弹奏的音乐早已融入美国人的生活。举例来说，我喜欢看琼·贝
兹（Joan Baez）和鲍勃·迪伦（Bob Dylan）的照片，还有克罗斯
比、斯蒂尔斯和纳什一起坐在红色旧沙发上的那张专辑的封面照。
这些人做的音乐伴我成长，因此，我买的第一把吉他也必须是马
丁吉他。但这一路走下来，吉他制造的历史和用名人乐器做营销
之间的界限变得模糊了。仿佛魔法一般，博物馆突然变成了一家
高端的吉他商店。在我看来，魔杖在黄金时代展区附近挥动并不
是巧合。

因为对马丁公司来说，战前时代只有在回顾时才可称为"黄金时代"。博克和我站在金斯顿三重唱（Kingston Trio）的宣传照前。博克告诉我："当他们的音乐流行起来的时候，他们弹的就是马丁吉他，而在普及马丁的 D 型吉他方面，他们确实比其他任何乐队做得都多。"大学生们组建过许多类似金斯顿三重唱这样的乐队，而 D-28 和 D-18 的订单也"爆了"。我问他，当时北街的工厂是否做好了应对需求激增的准备。

博克：唉，还没准备好。结果就是我们的订单延期了四年交付。弗兰克·赫伯特·马丁，[照片中]那个留着胡子的家伙，他有点儿败家。他是马丁三世的儿子，当时还是个年轻人。建新工厂满足需求正是他的主意，他还砍掉了大部分型号的生产，只留下 D-28、D-18 和 D-45。其他的都没了。产能就这样提升了。建新工厂是个好主意，但也引发了诸多问题，最后我们遭遇了工会罢工，差点儿就垮掉了。他也是受害者，最后离开了公司。后来，他父亲继续担任董事会主席，当时还是个孩子的克里斯进入了销售部门。通常认为，20 世纪 60 年代早期的马丁吉他并不是我们最好的那批。

我：你认为为什么会这样呢？

博克：原因很多。吉他在战前达到了一个巅峰，一个被称为"黄金时代"的巅峰。[起初]我们还没这么叫，因为我们甚至还不知道那是一个"黄金时代"，直到有音乐家说："嘿，你们去掉了扇形音梁；你们抛弃了所有把吉他做得完善的那些特殊设计。"巴西玫瑰木很难买到，所以我们换成了印度玫瑰木。我们很难找到阿迪朗达克（Adirondack）地区的云杉木，所以我们换成了锡特卡（Sitka）地区的。扇形音梁会抬高面板，所以我们抛弃了扇形音梁并加了一个大的琴桥板。琴头上的边角开始变得更圆，因为固定装置慢慢都磨损了，但也没人注意，这只是些小细节。所以当克里斯·马丁掌舵时，他在很大程度上回归了战前的制琴规格，并迎合人们在大萧条时期的想法而扩大了产品线，当时马丁公司专门制造普通人［买得起］的吉他。

我透过玻璃凝视着那位"败家子"的照片。戴着一副厚重的黑框眼镜，蓄着八字胡，留着山羊须，头发全部向前梳，盖过秃头——弗兰克·马丁看起来真是太"70年代"了。他做了很多事情，因而享有一个单独的展区——"收购与多元化：1970—1985"，该展区在一个由吉他盒子组成的岛上，转过拐角的游客很容易被名人吉他墙所吸引，从而错过这一展区。弗兰克·马丁是个特立独行的人，先后担任公司的副总经理和总裁，其间，怀抱着将马丁公司打造成乐器帝国这样一种不算太离谱的愿景，他利用公司资产收购了其他公司。然而，对马丁公司的历史颇有研究之人对他可就没那么友好了，他们含沙射影地说弗兰克·马丁其实是把公司当成"摇钱树"，想搞一些高风险的投资，以维持自己奢侈的生活方式，包括酗酒、开跑车，以及四次婚姻。[37]

弗兰克·马丁成了那段经济时期的不良后果的替罪羊，毫无疑问，对那些倾向于责怪信使而非信息本身的人来说，这种解释很有说服力。在他掌舵的那些年里，全球资本主义正处于巨变的阵痛之中，当下在企业界占主导地位的新自由主义意识形态，正是类似他做出的这些"混乱"实践的直接结果。[38] 我们可以更公平地探讨一下黄金时代终结的责任。马丁公司有关战前吉他的关键变化实际发生在马丁三世执掌公司期间，当时美国加入了第二次世界大战。战时原材料短缺，需求疲软，熟练工人流失到军队中，这些因素都促使他决定简化乐器的构造，取消人字纹装饰和花哨的珍珠镶嵌。更重要的是，正如博克所观察到的，稀缺的木材被更容易获得的其他木材代替，吉他用上了更厚的音板、音梁和琴桥板，以减少保修期内的维修服务。[39]

"二战"结束后，这些节省劳动力的举措得到了加强，以满足20世纪五六十年代激增的需求。尽管 Style 45 在 1969 年又被重新推出，人字纹装饰和扇形音梁也在 1976 年回归，但直到克里斯·马丁在祖父于 1986 年去世后当上了公司的首席执行官，公司才开始有意识地对老款吉他进行全面改进。为了像"激光打在平面吉他上"一样聚焦，焕然一新的马丁公司增加了乐器的数量和种类，推出了很多更高端和更廉价的吉他。[40] 它将最廉价型号吉他的生产转移到了墨西哥，而且在 1999 年还以"新创造的黄金时代"为概念，为一个高端吉他系列注册了商品名。[41]

在工厂附近的一家餐厅里，博克一边吃着比萨，一边告诉我，马丁公司已经发售了 120 种签名款吉他。考虑到马丁三世不愿奉承名流是人尽皆知的事——传说他曾拒绝鲍勃·迪伦想定制一把特殊吉他的要求——公司对艺术家代言的关注可谓有了一个显著的转变。博克解释了这一营销策略背后的逻辑：

这可以使品牌更加可信。孩子们翻阅音乐杂志时会看到克莱普顿或某个他们崇拜的人拿着一把马丁吉他。他们会想要学一首约翰·梅尔弹奏的吉他歌曲，"哦，看啊，约翰·梅尔弹奏的是马丁吉他。"老实说，我不认为名人代言是人们购买吉他的主要理由。如果他们只是弹 D-28——我真的不知道有多少把 D-28 是因为尼尔·扬（Neil Young）弹过而卖出去的。名人代言的效果是没法量化的，但我知道这肯定有价值。如果你可以与一名优秀的乐手联系在一起，这肯定对你的生意有帮助。理论上讲，如果你能够与两名优秀的乐手联系在一起，那么比起只与一个乐手建立联系，你的生意会得到更大的助益，以此类推，如果你能够与 150 名优秀的乐手或世界上每一个乐坛偶像建立联系，那么你便能得到更多好处。

马丁公司使用艺术家代言，说明了在打造一个企业品牌的过程中所涉及的精致编排艺术。作为家族企业，该公司致力讲述一个可以回顾的故事，这个故事营造出这样一种公司形象：不仅具备商业头脑，代际传承也无缝衔接在一起。这种"起源叙事"不仅埋没了妻子和母系亲属所作出的贡献，而且将家庭生活中的不稳定因素与企业稳定的契约性要素混为一谈，以证明随着时间的推移，跨代企业可以保持延续性。[42] 马丁公司在这方面遭遇了一个令人不安的矛盾。如果战前的乐器能证明该公司知道如何制作伟大的吉他，那么它怎么会"忘记"近半个世纪以来自己知道的事情呢？

人们要求马丁家族的"败家子"解释这家公司是如何没落的，

而不是承认一种意识形态的转变已经发生——这种转变至今仍影响着管理决策。因此，招募"世界上每一个乐坛偶像"的做法就不只是一种营销噱头。马丁公司的制琴故事需要一个福音合唱团来证实自己的救赎，并回到它在黄金时代的标准——事后看来，黄金时代是一个伊甸园般的纯真时代，公司自然而然地制造了类似斯特拉迪瓦里小提琴 ① 的吉他。

我的马丁工厂之旅从第一层开始。当经过一个可以看到下一层的观景台时，我停了下来，俯身看着一排排的大型数控机床，只有几个工人在监控它们。这个地方就是"使用更多技术制造零件"的地方，博克一边解说，一边领着我穿过走廊。"但这里，"他边开门边宣布，"是整个过程的起点。"⁴³木材在被搬上装配线之前发生了什么，显然不属于马丁公司想要给游客详细讲述的那个"过程"。我的眼睛还没来得及看清车间内的活动，玫瑰木诱人的香气便已使我充满期待，那感觉就像是走进了一家面包房。

弯曲吉他侧边的机器排列在一面印有设备发热警告标志的有机玻璃墙后面。博克指着一对正要被压制成形的美国宾夕法尼亚樱桃木对拼板，特别提到它们是可持续木材计划的一部分。他补充说现在偶尔还会用到老式的折弯工具，他这么说应该是为了避免机械化的景象让我不安。然而，当我们从一个工作台走到另一个工作台时，装配工作的人性化以及工厂本身相对安静的环境给

---

① 当代最受小提琴家推崇的古董小提琴，由意大利制琴师安东尼奥·斯特拉迪瓦里（Antonio Stradivari）制作，是世界上最为昂贵的乐器之一。

图 2-4 观景台下面一层机房里计算机化的激光切割机，马丁工厂之旅，2007 年。照片由作者拍摄

我留下了深刻的印象。除了在底层运行的不可思议的数控机床外，我看到的大部分东西都可以在任意一个小车间里找到，而且大部分工序是我觉得自己也可以做的。

由于看到的大多数工人都是中年白人女性，我对工人们的认同感更强烈了。我停下来，看着一位女性用凿子把背板音梁的末端凿出凹槽以嵌合琴身的衬条，我询问博克，车间里的性别比例现在怎么样。他说，在 20 世纪 80 年代，马丁公司的劳动力构成开始变化，之前这里是"好老弟、德裔宾州人、全是男性"的职业俱乐部，如今女性占据了工厂里超过一半的工作岗位。"女性更注重细节。"他如此评价道，似乎是在证明些什么。

就在 1977—1978 年的失败罢工和宾夕法尼亚州利哈伊谷（Lehigh Valley）中女性占主导地位的纺织业崩溃之后不久，马丁公司的男性劳动力就开始流失且日益严重。来马丁公司求职的群体曾一度充斥着大量被解雇的工人，与此同时，公司开始用机械重组生产流程，并用上了数控机床技术，这大大减少了对木料进行切割和塑形所需的体力劳动。正如去工业化的历史所表明的，在轻工业中，女性的数量往往会超过男性，因为雇主认为女性既温顺又可靠，相较男性更愿意接受较低的工资。[44]

当我们走近把高档吉他的琴颈安装到琴身这一步的工作台时，

图 2-5　马丁工厂的工人在缠"绑带"——将新黏合的截面绑到侧边上。照片由马丁公司档案部提供

博克大步走到在那里忙碌的一名女性面前，向我们介绍了她的名字。他笑着说："苏珊是我最喜欢的人。她正在安装琴颈——从吉他弹奏的角度来看，这是最关键的一步，也非常困难。"苏珊似乎已经习惯了被单独挑出来作为游客参观工厂的一个特别节目。她允许我站在工作台前，靠近她，观察她如何用定心工具和仰角工具来精确定位琴颈的位置。一旦确定了琴颈的仰角，她就会用凿子把琴颈的燕尾榫插入琴身的琴头踵。

　　博克说："如果多切除1/64英寸，这个琴颈就可以直接扔掉了。"琴颈安装好后，苏珊用锋利的削刀调整琴踵，好让琴踵帽和背板的镶边条对齐。博克讲解说："这道工序已经有100多年的历史了。这一步一直以来都是这么做的。"他指着苏珊工作台上的一张照片——那是苏珊祖父1925年在马丁公司工作的照片——然后说，在车间里，代际传承并不少见。此处传递的信息很明确：涉及重要的工序，马丁公司非常尊重100年前就有的、使其乐器与众不同的工艺传统。

　　然而，在那些可以通过自动化实现更高的一致性和效率的工序上，马丁公司采用了尖端技术。游览的最后，我们遇到了一台日本的发那科（FANUC）机器人。这台机器人是用来给已经涂了硝基漆的吉他琴身抛光的。发那科机器人被放在一个由大块有机玻璃围起来的小房间里，看上去就像一只黄色的大象，用鼻子举着一把吉他的琴身。它上下前后摆动着自己的头，把吉他压在一个大型的抛光轮上，在轮子旋转的过程中不断改变吉他的位置。博克解释说，由于硝基漆的涂层非常薄，机器人必须配合缓冲器一起作业，以保持压力，这样才不至于烧穿涂层，损坏下面的木头。

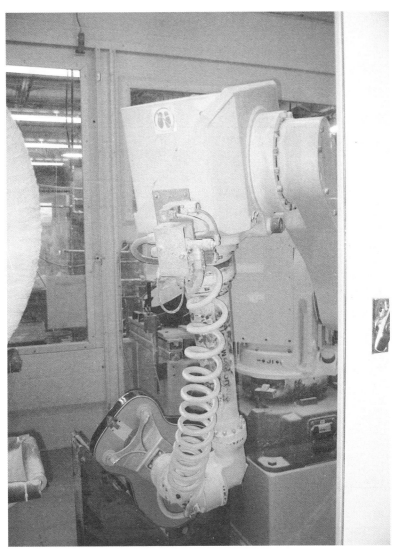

图 2-6　运行中的抛光机器人，马丁工厂之旅，2007 年。照片由作者拍摄

如此精细微妙的任务竟被托付给机器人，这使我有些诧异。但观察发那科机器人的工作状况时，我对其一系列动作的灵敏度感到惊讶；而看到房间里到处都积满了厚厚的黄色灰尘，我便能体会到让机器人完成这项工作对人类健康的益处。

不远处，在一个电话亭大小的有机玻璃柜里，放着一台PLEK品丝平衡机。博克宣称，这一德国发明"让装品定音不再是全凭猜测的工作"。我曾花了相当长的时间和乔治·扬布拉德学习如何手工安装品丝，因此对他的说法表示怀疑。一台计算机辅助的安装机器？PLEK刚刚扫描完一把吉他的指板，这把吉他垂直靠近"电话亭"的一边被固定夹紧，琴头与人的视线持平。操作机器的男工把一张电脑打印出来的资料递给博克，解释说"绿线基本上是我们想要的"。这张折线图显示了指板上每一根品丝的高度，并以红线表示琴颈与预期略有差距的地方。解决这个问题唯一要做的就是快速调整琴颈钢筋。

由于马丁公司安装品丝的程序是为了在吉他到达这一步之前找出主要存在的问题，所以PLEK主要用于质量控制。然而，如果检测到不协调的地方，这台机器能够以1/100毫米的精度切削和加装品丝。我想起了用校正尺和三角锉刀完成这道工序时所付出的艰苦努力。将这种历史悠久的方法视为"全凭猜测的工作"是有误导性的——熟练的制琴师知道他们在做什么——但我确实觉得，相比于我这样的新手，PLEK会做得更好，而且也更快。

我们的最后一站是马丁X系列吉他的装配区。一开始，我很难理解这里发生了什么，因为看不到什么常见的可以表明工序的东西——没有侧边弯曲机，没有喷漆柜，也没有抛光轮。我看到的只有一堆堆像汽车轮胎一样的东西！博克解释说，每个圆轮都是由连接吉他琴颈和琴尾踵的一对侧板组成的，这就形成了一个完美的 O 形。这可能是因为 X 系列吉他的琴身是由高压层压板制成的，高压层压板是一种类似富美家防火板的材料，可以在上面印任何颜色或图形的图像，包括木材的纹理图案。

"看到那块可爱的黑檀木了吗？"博克指着一堆指板坯木问，"它们其实不是黑檀木，是胶纸板（mycarta）①——用高密度树脂胶黏合的多层黑色美术用纸。"那我看到的琴颈呢？它们是用复合夹板（stratabond）制成的，这是一种坚固的层压板，也被用来制造枪托。博克说，尽管这些吉他都是用复合材料制成的，但工人们仍然会用铝条、标准琴桥板和两片石墨来加固面板，以此来"优化原声音质"。作为马丁公司最廉价的产品线，X 系列吉他只需两天就能制作完成。

博克给了我一个木质的"纪念品"作为我此行的留念。那是制作吉他音孔时切下来的圆盘，上面还用激光打上了马丁的标志。看着它，我有一种爱丽丝梦游仙境的感觉。在这样一间工厂，人们在走入一座看起来像旧建筑的新建筑时，仿佛被鲸鱼大小的吉他吞了下去，很多事情似乎都变得超乎现实。新乐器像历史文物一样被陈列，机器人模仿人类，塑料模拟木材，高度自动化装配线上的工作被展示成工艺传统的传承，此时你很难分辨哪些是原作，哪些是复制品。我手里拿着的木质圆盘无疑指向一把真正的

---

① 疑为作者笔误，应为 micarta，一种天然纤维加树脂高温合成的材料，马丁公司最早它用来制作西格玛吉他的指板。

吉他，但它把我连接到的且能证明我在场的那个生产地点给我的感觉远非那么切实。

博克和我走到室外，坐在靠近出口的野餐桌旁。秋天的阳光很温暖，我想这里一定是员工休息的好地方。博克点燃了一支烟，我一整天只见他抽过这一支烟。我们的谈话转向了手工知识和传统方法的价值。他指出了马丁公司选择保留"老做法"的几个实例，即使这些做法并不划算。燕尾榫琴颈就是一个典型：

> 安装燕尾榫琴颈是一项至关重要又耗时的工作。问题是，我们想让这项工作不那么浪费时间。但那得付出多大的代价呢？所以我们还是用老做法。要想找到一种真正有效率的方法并产出你想要的结果，需要非凡的智慧和前瞻性思维。有很多吉他匠人已经掌握了自己完成那道工序的方法，比我们要快得多。但是燕尾榫会提供一种音质上的完整性，这是我们不愿意放弃的，而且我们的客户也不愿意我们放弃。如果下周我们说，我们会用胶水黏合的方式安装琴颈，这也许可行，但客户不会喜欢。那样的话，吉他就是一种商品了。这就和亚洲国家没什么区别了。

博克认为，如果效率压过音质成为第一追求，那么吉他就成了一种"商品"，一种与从亚洲国家进口而来的低成本乐器联系在一起的产品。在这个制作故事中，"亚洲国家"成了一种简略的表达方式，用来指称极端的资本主义逻辑。在这种意识形态符号下制作的乐器展示了市场理性发挥到极致的后果，一种不会受欢迎的状态，在这种状态下，保持"音质上的完整性"并不划算。博克抱怨说，亚洲国家的制造商对马丁这样的公司构成了威胁，不是因为他们的产品有竞争力，而是因为他们的行为是对真品的欺骗性复制：

> 我们的品牌非常有价值，因为它能使你联想到刚刚在博物馆所看到的一切：整个历史，各类发明的演变、创新，以及完整性。所以品牌很重要。这意味着 [马丁公司的产品] 正努力在任何价格范围内做到最好。一件亚洲国家制造的乐器，无论什么牌子，都是一种商品。这些商品并不想成为最好的，也达不到最好吉他的价格，因为它们缺乏声誉。亚洲国家制造商努力生产的就是价格尽可能最低的乐器。问题是，亚洲国家制造的产品在市场上造成了混乱和悬殊差异。我想，这也波及了吉他或烤面包机。所谓的混乱就是亚洲国家产品的价格与我们产品价格之间的悬殊差异，在外观上，两种产品看起来是一样的。但它们并不一样，任何一个音乐家拿起一把吉他时都会说："嗯，这不一样。"如果它们是一样的，那我们早就破产了。

尽管博克相信消费者能够分辨出马丁吉他和从亚洲国家进口的吉他之间的区别，但马丁公司并未抱有侥幸心理，也没有掉以轻心。黄金时代的复刻系列、艺术家关联计划、新的游客中心，以及有关马丁公司历史的图书，这些都在有力地宣称，世界上最好的吉他自 1833 年以来一直就是马丁公司制作的。然而，由于环境保护松懈、劳动力成本低廉，来自亚洲国家吉他公司的竞争使得马丁公司非常焦虑，而焦虑反映了一个令人不安的事实，即马丁公司已将自己的品牌扩展到廉价的吉他产品线，以便用较低的价格占领市场份额。虽然音乐家们也许能意识到这些吉他并非货真价实，但博克声称，这些吉他在其价格区间是"它们能达到的最好状态"，而这又引出了新的问题，即在低端市场中，最好意味着什么？如果战前时代的标准不适用，那什么标准适用呢？

　　成为一件商品意味着什么？根据什么标准可以说原声吉他避免了成为商品的命运？这些在制琴界都是存在争议的问题。在经典的有关商品化的定义中，一件物品在人类劳动中的起源被价格机制掩盖或"恋物化"（fetishized），与此相反，吉他匠人把制作场景搬上舞台，让消费者直接进入生产现场。[45] 在这些场景中，人们所渴望的是体验到与手工艺品之间真正的联系——这是一种调和模式，有望揭示使某些劳动形式比其他劳动形式更有价值的秘密。

第三章

原真性政治

从浪漫主义时代开始，机器和树木之间的象征性对立就一直被用来定义现代生活中的基本两极和备选方案。人们认为，机器象征着一切僵化的、强迫的、外部决定的或强加的、死气沉沉的或已经死亡的东西；树木则代表了人类追求生命、自由、自发性、表现力、成长、自我发展的全部能力——用我们的话来说，就是原真性。在浪漫主义时代一开始，头几个使用这种对立的人中就有卢梭……[但是]他明白，现代人开始日益惧怕的那些机械和行为形式，归根结底是由这些现代人自己创造的。现代性的悖论就在于机器是从树木中长出来的。

——马歇尔·伯曼（Marshall Berman）

《原真性政治》（*The Politics of Authenticity*, 1970）

　　一个寒冷的夜晚，在切尔西的仓库区，只有画廊明亮的灯光表明这个街区还有生气。我忐忑不安地走进空空荡荡的大厅，漫不经心地站在电梯前。一个穿着黑色西服外套的男人走进大楼，站在了我旁边。我用余光打量着他，当看到他那顽皮的面容和刺猬式的棕色头发时，我认出来他是托尼·麦克马纳斯（Tony McManus），一位苏格兰吉他手。我开始纠结：是该告诉他我喜欢他的音乐，还是若无其事地研究电梯的指示灯？就在我深思熟虑的那几秒，大厅里突然挤满了人，然后我俩都被挤进了电梯。

　　今晚要举行帕特·梅思尼（Pat Metheny）和琳达·曼策（Linda Manzer）的合作项目"Signature 6"限量版吉他的发布会。这场受邀才能参加的活动是由特里亚画廊（Tria Gallery）主办的，该画廊由帕特和他的妻子拉季法·梅思尼（Latifa Metheny）共同所有。走廊的衣帽架上还剩最后几个衣架，我挂好衣服，进入展区，那里已经聚集了一群人，场面非常热闹。灯光从高高的天花板上投射下来，照亮了挂在白色墙壁上的一系列当代绘画。这些色彩丰富但颇为严肃的油画都表现了相似的主题，是在一场名为"男性景象——当代男性的景观世界和精神世界"的展览中展出的作品，这场展览探讨了"男子气概"是否有一个"统一的主题"。[1]然而在今晚，这些画作只是充当背景，烘托着一场重要活动：一位女

图 3-1　帕特·梅思尼和琳达·曼策与 Signature 6 系列吉他，特里亚画廊，2009 年。照片由 Norm Betts 拍摄

性制琴师所制的十把吉他的展览。这些画作像雕塑一般在硬木地板上排成一个半圆形，呈现出一种模糊的对比。它们是男性气质的还是女性气质的？思考这个问题的时候，我看到了身着黑色毛衣和黑色休闲裤的曼策，为了庆祝今天的这个活动，她还披了一条色彩鲜艳的围巾。曼策被一小圈表示祝贺的人和潜在买家团团围住，等到她好不容易有点儿喘息空间时，我才上前和她拥抱。

"猜猜谁买了第一把？"她激动地说。我毫无头绪，顺着她的视线，试图找出谁是买家。一大群指指点点的都市人发现了桌上的餐前甜点，就像一群鸽子在啄食一个面包圈。"是保罗·西蒙（Paul Simon）[①]！"

我又看了看，一个头戴时髦软呢帽的矮个男人出现了。我抑

———————

① 美国音乐家、创作歌手、吉他手，曾和阿特·加芬克尔（Art Garfunkel）组成男声二重唱，最著名的歌曲是电影《毕业生》的主题歌《寂静之声》。

制住了尖叫的冲动，转而送上我的祝贺，但曼策已经被其他试图获得她关注的人带走了。我看着西蒙，很显然，这位名人不太情愿参加这场活动，他缓慢地向出口走去，身后紧跟着一些阿谀奉承之人。展出的吉他旁边摆着一张长凳，上面铺着一张黑色皮革坐垫，有两个人坐在长凳的两端，弓着腰凑近吉他，似乎是在听吉他自己发出声响。房间里的人似乎已经太多了，但还有更多的人从门口涌入，其中就包括吉尔福德市原声音乐商店的布莱恩·沃尔夫和特里普·韦思（Trip Wyeth）。他们认识托尼·麦克马纳斯，还介绍了我们相互认识，让我有机会感谢他带来的美妙音乐。

很快，梅思尼和曼策一起出现在展厅的前方。在他们旁边，一块电视屏幕上循环播放着 Signature 6 吉他在不同制作阶段的幻灯片。梅思尼本人看起来和他在舞台上一样矮小而精壮，穿着网球鞋和黑色牛仔裤，一头浓密的棕色卷发，面带迷人的微笑。曼策拿起麦克风，房间内一片安静。她告诉我们，之所以有这个项目，是因为她和梅思尼决定为庆祝二人合作 30 年而制作 30 把限量版吉他。具体思路是复刻她在 1982 年为梅思尼制作的第一把吉他，同时也会结合梅思尼的艺术创作和二人多年来的创新。

作为原型的那把吉他是一把带有一个缺角的六弦平板吉他，梅思尼称其为 Linda 6，以区别于曼策为他制作的其他乐器，其中一些琴不止有六根弦。而新款吉他包含许多元素，有曼策标志性的"楔形"（wedge），即吉他在胳膊下方的部分会缩窄；有一个"拇指凹口"，即琴颈后跟（琴踵）和上琴身之间的一个凹槽，当梅思尼弹拨琴颈时，他的拇指可以"轻轻地靠在上面"；弹奏者在黑暗的舞台上也可以看到的荧光品丝；以及第七品上镶嵌的一颗钻石，这是一个触摸点，可以帮助弹奏者定位。梅思尼为这些琴所做的艺术创作，由一些镶嵌在指板上的小符号或者说"涂鸦"——200多块手工切割的珍珠贝镶嵌物组成。

曼策感谢了做镶嵌的艺术家，以及两位帮助她给吉他喷漆、安装品丝的吉他匠人。这三个人都在现场，当曼策伸手指向他们时，三人的脸上洋溢着骄傲的笑容。曼策最后说："我跟帕特合作了大半辈子，他是一个卓越之人。能和他共享我的事业，对我来说简直是天赐的礼物，我爱他，他是我的哥们儿。我非常幸运能够和他一起做这件事。"[2]

人群中爆发出掌声。梅思尼接过麦克风，就像对舞台上的乐队成员打招呼一样，说道："琳达·曼策！"更多的欢呼声响起，曼策走到一旁时，梅思尼也讲了几句话，并准备弹奏几首曲子，先是用原来的那把 Linda 6，然后又在新吉他中挑了一把。开始弹奏前，他要求观众不要拍照、录像和录音，告诉众人他不想第二天早上醒来时在 YouTube 上看到自己的表演。我关了录音笔，聆听着梅思尼精彩的爵士乐演奏，思考着音乐家和制琴师之间的联系。

令我印象深刻的是曼策的巧妙措辞："能和他共享我的事业，对我来说简直是天赐的礼物[1]。"她本可以稀松平常地说"感激"或"荣幸"，所表达的意思也大致相同。但她选择的措辞清晰地表达了她的情感。我对她这番话的理解是，她把与梅思尼合作的机会视为一份礼物，并对这种合作关系所产生的创造性能量无比

---

[1] 原文为"gifted"，"gift"一词在英语中既有"礼物"也有"天赋"之义。"gifted"也可以理解为"被赋予"或"有天赋"两种含义，故译为"天赐的礼物。"下文说的"礼物"和"天赋"均为"gift"。

感激。把艺术灵感说成天赐的礼物，这是一种思考人类创造力及其经济影响的有效方式。在这段会话中，正如诗人和散文家刘易斯·海德（Lewis Hyde）观察到的那样，受到"艺术的天赐礼物"启发的人可以用"为艺术服务"的方式工作，从而使这种礼物变成自己的天赋。通过一种"感恩的劳动"，他们将自己的天赋发展到也可以将其作为礼物赠送给他人的程度。[3]从这个意义上说，成为"有天赋"的人就是成为礼物的接受者，这份礼物将人们与一个广阔的交换网络联系在一起，在这个网络中，创造性的天赋在不同人之间流动，从而提高了共同体的整体创造力。以这种方式给出的某种礼物的"价值"不是用经济利益来衡量的，而是取决于给予者对社会联系和精神幸福的强烈感受。[4]

曼策和其他匠人们所使用的这种关于礼物的措辞，有助于阐明一种针对大规模生产和资本主义企业的"反逻辑"。[5]尽管独立制琴师认识到，如果想要靠手艺生存，那么他们制作的吉他就必须以商品的形式进入市场，但他们也依靠礼物的逻辑来对这种境况做出修正。他们强调自己劳动的美学价值，从而强调他们所制乐器的原创性和独特性，以此区别于那些大批量生产的吉他。然而，工厂制造商也采用了工厂的天赋劳动概念。匠人们强调的是人类双手和双耳的独特灵敏度，是它们使木材发出最佳的声音，而工厂制造商颂扬的是计算机技术和精密的铣削技术，这些使人类出色的设计能力有可能得到淋漓尽致的发挥。政治科学家马歇尔·伯曼在1970年写下的那句"机器和树木之间的象征性对立"，仍然是理解复杂的原真性政治的关键，借助这种原真性，吉他匠人努力将自己的工作定位成一种明确的文化表达，阐明了人何以为人。[6]

天赋的劳动

20世纪70年代初，琳达·曼策在加拿大新斯科舍省哈利法克斯（Halifax）的艺术学院就读，并立志成为民谣歌手。受琼妮·米切尔（Joni Mitchell）的音乐的启发，她借助工具套装制作了一把杜西莫琴，此后便发现了一种制琴的门径，并从零开始制作原声吉他。1974年，她申请成为让－克劳德·拉里韦的学徒，拉里韦是一个年轻的制琴匠人，从1968年起就在多伦多制作吉他。曼策记得自己为了设法进入拉里韦的工坊，不得不在性别歧视面前表现得无所畏惧：

> 我一直缠着他，直到后来他不得不雇了我，他本来不想要女的。1974年可不是什么好光景——那时的性别歧视可是很厉害的。事情是这样的，我给他打电话——我有一份兼职工作是在艺术学校当话务员，所以能偷偷地给他打电话，不停地烦他。他以为我很有钱，打得起长途电话，所以觉得我可能会接受无偿工作，而最终我也的确是无偿工作的。有一次他说："我不能雇你。"我问："为什么？"他说："因为我是个大男子主义者！"我能听到他妻子在电话那头笑，然而我想：要是他老婆在笑，那他肯定没那么糟糕。所以我说："如果你不在乎，我也不在乎。"然而他说："哦，好吧。"所以最后我去了工坊，他雇了我。[7]

在曼策的例子中，相比作为女性所能感知到的那种不利因素，拥有必要的资金去负担一份无薪的学徒工作是更关键的问题。尽管仍然只是制琴界为数不多的几位女性之一，但她已经成了其他人的榜样，示范了如何在男性主导的空间和社交网络中站稳脚跟。但她对这门技艺的向往与她的男性同侪有很多共同之处，就连吉佩托之梦里那诱人的承诺也一模一样。在她看来，吉他制作源于人类与生俱来的欲望，这种欲望在我们这个时代变得越来越突出，而不是越来越弱化：

> 我认为，制作一件乐器并用它发出一些声音，这近乎一种本能。就像第一次拨动杜西莫琴的琴弦，还有当我第一次拨动我做的第一把吉他时，那种兴奋令人难以置信——你让这个能发出声响的东西活了过来。我把它做出来，然后把它交给一个可以用它来演奏音乐的人，能参与其中是多么令人兴奋啊。这就是人们所渴望的。实际上，在一个大规模生产的世界里，所有的一切都千篇一律，个体在某种程度上是不敏感的。互联网让世界变小了，你可以在谷歌上搜索一所位于土耳其的房子。从全球范围看，探索的兴奋感已经变了，也许人们只是渴望对自己的小宇宙进行可见的控制。事实上，我敢打赌古典音乐会卷土重来，因为人们渴望一些有深度的东西。现在我们的世界充斥着各种劲爆的东西，所有的垃圾通过电视、广播和所有的媒体向我们扑面而来，都是"小甜甜"布兰妮之类的，人们现在渴望有深度的声音，大提琴的声音，原声乐器的声音。

原声"饥渴"，正如曼策所使用的表达，是一种"本能"的欲望，这种欲望驱使人们参与到一种文化生产方式之中，这种生产方式让你可以亲身制造和聆听由木头以及振动的琴弦发出的声音。她所描述的一系列事件——从树木上取来木料，做一把会发出"声响"的吉他，然后把这件乐器交给一位会演奏"音乐"的音乐家——构成了一个场景，其中涉及互惠合作以及仪式化的礼物交换。在每一个传递点上，工艺品的文化价值都在增加，因为每个受赠者都通过对一个"小宇宙"施加"可见的控制"，让木材"活了过来"。对于礼物交换，经典人类学的观点是将其描述为一种"原始"的经济交换形式，但曼策的例子为我们展现的场景驳斥了进化论的思考方式。[8] 相比于把全球化想象成一场国际性的、去地域化（deterritorialized）的世界体系战胜狭隘的地方传统，曼策指出的却是市场文化的肤浅、"同质化"和"贫乏"。她认为，为了抵制盲目消费主义的诱惑，手工制琴并不是对现代性的拒斥，而是实现现代性（being modern）的一种更真实的方式。

在切尔西推出 Signature 6 系列之后，曼策又在 2009 年 7 月的蒙特利尔吉他展上展示了她的新吉他。如果说那场私人招待会的吸引力在于聆听梅思尼分别演奏新旧两把吉他，蒙特利尔这场展会的特色则是对新吉他的展示，以及整个制作过程的幻灯片演示。应邀来演奏的是缪丽尔·安德森（Muriel Anderson），一位以古典吉他和竖琴式吉他作品闻名的吉他手。

我走进会展中心的会议室时，安德森正拿着一把 Signature 6 吉他坐在门外。这间能容纳四五十人的会议室很快就座无虚席。曼策介绍了安德森，告诉大家她刚刚从机场赶来，正好赶上这次演奏，她还会在本周末举行其他音乐会，也都是蒙特利尔爵士音乐节的活动。安德森是位身材娇小、金发齐肩的女士，此时坐在小舞台上。她把一缕头发拨到耳后，笑着说："和这些吉他调情总是很有趣。"[9] 我想，她的意思是，像其他在北美重要吉他展览上表演的艺术家们一样，她有机会弹奏许多优秀的乐器，而不用花什么钱去占有它们。"所以，"她告诉我们，"刚刚进来时，我说：'好吧，这把吉他想演奏什么？'我已经有段时间没弹这[首]了，但这把吉他就是想让我弹这首曲子。"

那是一首令人难忘的曲子，名为《马塞尔钟声》（*Bell for Marcel*），是为了纪念她的朋友马塞尔·达迪（Marcel Dadi）而作的，马塞尔是一位指弹吉他手，在 1996 年的一次飞机事故中丧生。之后，她又弹奏了一首为古典吉他创作的曲子，并说这首曲子只可能用像曼策制作的那些平衡性良好的钢弦吉他来弹奏。安德森的表演结束后，曼策向她表达了真诚的感谢。"我很幸运，"她说，"这就是为什么这场展览中的所有人都在做吉他，这样就能有人像你刚才那样为这些吉他带来生命。"[10]

房间里的灯光暗了下来，这样曼策就可以用投影展示笔记本电脑里的图片。她首先展示的是她做学徒时遇到的两位制琴师——20 世纪 70 年代中期的让 - 克劳德·拉里韦和 20 世纪 80 年代初期的詹姆斯·达奎斯托（James D'Aquisto）。她还给我们看了一张她母亲的照片，感谢母亲一直以来对她的支持，并告诉我们说她母亲明天就要过 92 岁生日了。她还讲述了自己在 1982 年如何结识了帕特·梅思尼，曼策快速展示了一系列照片，照片上有梅思尼和多年来曼策为他制作的乐器，一些可以说是音乐人梦寐以求的乐器：一把十二弦吉他、一把提普尔吉他（tiple）、一把小型十二弦吉他、一把古典吉他、一把小型古典吉他、一把小型七弦古典吉他、一把拱形吉他、一把皮卡索吉他（Pikasso guitar，有 42 根弦）、一把无品的六弦拱形吉他（尼龙琴弦）、一把无品十二弦吉他、一把中音吉他、一把中音扇品吉他、一把小钢弦吉他、一把伴奏钢弦吉他、一把伴奏古典吉他，以及一把锡塔尔琴（sitar）。她解释说，梅思尼在每件乐器中寻找的是一件"不同的调色盘——用不同的颜色来描绘音乐"。她说，梅思尼给她的"指示非常少"，"之后我就离开了，六个月之后我会带着某个东西回来，最终会有什么从这件东西中出现，你永远不会知道——几年后我就会有所收获。"

曼策展示了在制作 Signature 6 系列头十把吉他时拍摄的照片，她说这些照片是为每把吉他附带的压花皮面小册子拍摄的。她允许人们随时提问，并快速播放幻灯片，突出制作这些吉他所涉及的各个步骤。"我之前没有尝试过连续做 30 把吉他，"她说，"我在做一件自己从未想过会做的事情——批量生产。现在的挑战是让它们完全相同。"严格来说，一年制作 10 把吉他算不上"批量生产"，但对曼策来说，这项计划背离了她原来的做法，之前她制作的是定制吉他，是与众不同的"孤品"，一个新款只做 3 把。除了标准的电动工具外，她几乎不怎么使用其他技术，也很少使用夹具和固定装置，这就使得复制相同的设计变得更困难。她用一根加热管来弯侧板，用刨子来校准面板的厚度，用刮木刀、几种规格的木锉和锉刀来雕出琴颈。我身后的一名男子在看到一张她接合切口的照片时问道："那些只是普通的回形针吗？"

"是的，"曼策回复道，"我做吉他时很少使用高新技术。之前有人看过我做吉他，对我做吉他的技术含量之低感到震惊。"

提问者冒昧地猜测了一下原因。他说："因为你是一个艺术家吗？"

"怎么说呢，"她拒绝这个标签，回复道，"我喜欢跟我正在做的东西有一种真实的、直接的联系。所以整把吉他是完完全全由手工制作的。"有一个很好的例子可以说明她所谓的"手工制作"是什么意思，那就是她"捆绑"吉他镶边条的方式：

> 这是一种非常传统的处理镶边条的方法。我通常不会让任何人看我做这道工序。[摄影师]诺姆（Norm）这次拍摄算是例外。你看我的脸颊有多红，都快犯心脏病了。这是一根医用橡胶管——你要把它缠绕起来，如果你稍微一松手，哪怕只是松了一点点，要么是这根橡胶管[会松开]，要么就是吉他会打转。所以两只手都必须牢牢拉住——你要充当一个真正的熟练工，要同时做风干和黏合的工作。这是很紧张的。

曼策更喜欢用这种橡胶管，而不是一些匠人会使用的篷布，因为她说这种橡胶管有"更大的向下压力、更好的黏合作用、更大的固定压力"。她在很长一段时间里都会重复使用同一根橡胶管，要是管子开始老化断裂，她就把它打上结以后继续用。"你会依赖最奇怪的工具，"她解释道，"如果它们管用，你就会一直用。"这种方法之所以"传统"，并不在于使用的工具是什么，而在于制作过程中存在的身体性（physicality），人们会与工艺品进行"激

图 3-2　琳达·曼策在她位于多伦多的作坊里"捆绑"一把吉他的镶边条。照片由 Norm Betts 提供

烈"的互动。[11] 对类似方法的坚持——以及在制作故事中对这些方法的突出展示——让客户注意到，他们正在目睹一种独特的劳动。

　　文化的原真性，以及人们通过何种实践可以主张这种原真性，这些在手工匠人用来制作吉他和构建匠人身份所使用的方法中都颇具争议。[12] 推广"完完全全由手工制作"的一把吉他，就是保证匠人们使用的工具能最大限度地增强而不是减少与工艺品物质性（materiality）之间的感官交流。选择一种工具，使之成为匠人之手的延伸——无论是一件本身就是用手工制作而成的工具，还是一件被使用它的双手磨损了的工具——就可以与声木产生"直接的联系"，并能手动控制由这件工具所连接的操作。[13] 制琴师非常清楚，他们选择哪种工具说明了他们是哪种匠人，而他们的制作故

图 3-3　曼策正在用平锉刀修整一把吉他的琴颈。照片由 Norm Betts 提供

图 3-4　曼策正在用一把凿子处理燕尾榫式的琴颈接合处。照片由 Norm Betts 提供

事也旨在证明那些选择的合理性，并证实他们的独特性。这种逻辑，尤其是对手工匠人来说，经常故意呈现出与市场理性相悖的样子。

有人问一把 Signature 6 吉他的售价是多少，曼策回答说价格是 32 000 美元。似乎没人表现得特别惊讶，但随之而来的是令人尴尬的沉默。"我知道这些都是非常昂贵的吉他，"她说，"而你可能会说'哦，天哪，太贵了！'但是我刚开始做琴的那个时候，做出来的吉他几乎是以低于成本的价格售卖的。但我不在乎，因为这是我喜欢做的事儿。"在那些年，她通过当地一家商店寄售她制作的吉他，这家商店会收取售价的三分之一作为佣金。尽管现在可以为自己制作的乐器收取更高的费用，但她坚持认为，她做这些工作仍然是出于热爱：

> 与这位了不起的艺术家 [梅思尼] 合作的机会非常难得——我喜欢他的音乐，我太荣幸了。我们之所以决定做这个项目，是因为我们有这个能力。即便钱花光了，我还是会继续干，只要我还能过得下去。一直以来，这才是最重要的。我做这些事情的真正意义就在于热爱。我喜欢站在我的工作台前锯木头，把木材拼接到一起，敲击它们，判断木材的音色如何。这是一种令人着迷的谋生方式。
>
> 当然，制琴很辛苦，你们可能没有意识到制作一把吉他要耗费多少体力。使用电动工具时，一秒钟也不能松懈，一开小差就会搞砸，而搞砸的代价是很大的。[制琴师] 在酒桌上会分享各种各样的恐怖故事。这是非常非常辛苦的工作。当然，也有一些时刻，你喝着茶，阳光从窗户照进来，零星

的灰尘反射着阳光，这时你拿起一把小凿子，听着古典乐或爵士乐，真的是岁月静好。然后你启动带锯机，顿时尘土飞扬。带锯机发出的噪声会伤害你的耳朵，而你必须时刻注意，要么会有什么落到你脚上，要么就是凿子会砸到什么东西，那东西又砸到别的什么东西上——就像捕鼠器游戏一样——突然间，你会用一根绑带把吉他的面板捆住。场面可能会相当混乱，但这相当爽。我非常非常幸运，这项工作选择了我，而我能够在整个成年生活中从事这项工作。

按照天赐礼物的逻辑，曼策把她的工作说成一种选择了她来完成的使命—— 一件赐予她的礼物——也是一种她很"幸运"能够参与的工作形式。当提到早年的经济困难时，她并非想要为吉他的高价辩护，而是强调她对做吉他的态度没有变：她仍然在做吉他，因为她热爱这项工作，无论它有多么艰苦，也不管这样做是否有利可图。礼物这种表达允许她对一种活动领域形成特定的概念，这一活动领域被这样的一些价值所引导，即艺术探索胜过金钱利润，与原材料的直接联系胜过节省劳动力的工具，以及创造性交换的乐趣胜过资本积累。为了服务于这些价值而去劳作，就是在参与一个"结果的质量在制作时持续处于风险之中"的生产过程。这与工业化的生产模式形成鲜明的对比，在工业化的生产模式中，结果是"确定的"，或者是由事先编制了程序的自动化机器决定的，而操作员无法控制这些机器执行的程序。[14] 在一个"混乱"的制作场景中，你可能会用一根绑带"把吉他的面板捆住"，这样的可能性强调了完成一把手工乐器所需的技能和注意力。

会议快结束时，会议室后方的一名男子问道："你刚开始做吉他的时候，把它们卖掉会有痛苦吗？会有像抛弃自己孩子一样的感觉吗？我已经做了四把吉他了，但就是舍不得卖掉它们。"我从来没听过有男性匠人问过这个问题，而我想知道这个男人是否觉得一位女性会更有可能同他有一样的担心。

曼策告诉我们，她留下了自己制作的第一把吉他，不是因为她喜欢，而是因为有人告诉她要这么做。她说那是一把"古怪的拉里韦吉他"，还说那把吉他集合了她自己的"坏主意"和让－克劳德·拉里韦的点子。"我没有照搬老师的做法，"她说，"我必须做出改变，这可能是个错误的决定——但管它呢！这是我要做的吉他！"对当时还是个年轻匠人的曼策来说，改变她所学到和传承的设计，是打造真正属于她"自己"的吉他的第一步。但她认为，只有把自己的劳动成果送出去，才能对她的天赋表达感激之情：

> 我现在的感觉是，我喜欢摆脱它们，它们越早被送出大门越好。我完成了我的工作，现在会有别人得到它，如果幸运的话，这些人会用它创造些什么。所以，现在它是别人的工具了。从根本上看，我是在为某人制作一件工具。今天，有人携妻子带着一把我30年前为他制作的吉他来到展览现场，对此我很感动，因为他想让我看看那把吉他现在是什么样子。他说那把吉他是他灵魂的一部分，他花了30年时间把自己投入各种音乐中。对一个人的生活产生如此之大的影响，你知道那种感觉吗？所以我很高兴，我很开心，我想大多数匠人

也都是这么想的。

　　会议室后方那位不愿卖掉自己所做吉他的制琴师，他所犯的错误在于，他以为这份天赋带来的东西属于他，而通过收藏礼物的"后代"，他就可以确信自己的才能。[15]然而，如果业余爱好者误以为他人赠予的礼物是"免费"的，没有任何附加条件，就构成了对制琴共同体的冒犯。正如客户可能会通过出售明星匠人制作的乐器来获利一样，制琴师可能会在未经许可或未声明归属的情况下挪用别人的设计，利用他人的创造力。在这种情况下，占有礼物的冲动——但不承担使礼物属于自己或偿还人情债要付出的劳动——表明了对市场理性的拥戴，在市场理性中，利润总是以他人的损失为代价。

　　曼策就卷入了这样一场争论，涉及对"楔形"的使用——这是她在1984年发明的一种符合人体工程学的特色设计，可以在不减少吉他内部空气容量的前提下减轻弹奏者手臂的负担。制琴共同体鼓励分享，她也很乐意提供有关这一设计的信息，只要求使用这项设计的人能出于礼节给她署名。[16]多年来，许多吉他匠人都把这一概念融入了自己的设计，但往往没有满足曼策的权利主张。一些匠人指出，这种违反礼节的行为表明，一旦一个有利可图的市场发展起来，他们曾经紧密团结的世界就会遭遇无礼新人的入侵。另一些人则认为，"独立的发明"是乐器制作的一个重要方面，他们认为，把已经存在或其他匠人提出的想法归功于自己是鲁莽的行径。

　　关于楔形的争议比较突出，但它绝不是唯一的争议。有人告诉我，还有不计其数的知识产权侵权行为没有被曝光在大众面前。权利受到侵害的当事人们谈到了许多事例，例如，有些匠人抄袭了独特的琴身、琴桥或琴头形状，复制了音孔圆形花饰和镶嵌图案，甚至还有人直接挪用了网页上的内容，但这些人并不为此感到羞耻，也不怕遭受惩罚。很少有独立匠人有相应的资源去获得专利或对侵权行为提起诉讼。因此，在可信任的同侪圈子之外分享想法的意愿下降了。在这些例子中，那些工作成果被人模仿却未能得到足够赞扬的人，他们的自我价值受到了损害，而且除此之外，还有更多东西受到威胁。在手工吉他市场中，对原创性的主张——即乐器是自己脑力和体力劳动的成果——是作品差异性的终极体现。

因此，对"具身劳动"（embodied labor）的叙述和表现，对于手工匠人如何确立他们所做吉他的原真性来说是至关重要的。他们必须展示自己亲身参与了乐器的创造性设计和生产，这样才能证明这些乐器是原真性手工劳动的产物。[17] 然而，最近几十年里，他们不得不面对一个新的现实：制琴的大部分手工操作都可以被计算机驱动的技术"复制"和再现了。在这个美丽新世界中，"手工制作"和"机器制造"之间的文化差异变得越来越模糊。如果机器可以复制从智力中诞生的设计以及身体劳动，那又要如何分辨一把吉他的生产源头呢？[18] 这个源头为什么重要呢？

离身的知识

长期以来，匠人们都在容忍技术对他们劳动的"去技能化"，技术用不知疲倦的机器操作取代了重复且对体力要求很高的劳作。除了经济影响外，自动化还有若干难以量化的影响：需要身体力行的专门技术本已变得多余，现在则贬值更严重，而基于经验实践的人类知识最终也消逝了。[19] 对于制琴师来说，颇具争议的技术便是 CNC，即计算机数控，一种在吉他制作过程中有多种应用的机床系统。从使用计算机控制的刨槽机和铣床来雕刻琴颈和琴桥，到用数控激光切割机切割面板、音梁和其他部件，数字机床已经在相对较短的时间内彻底改变了这个行业。20 世纪 80 年代后期，在适应原声吉他制作需求的过程中，陡峭的学习曲线和资本投入使得 CNC 只适用于大规模工业化生产商。然而，到 21 世纪初，为非专业人士设计、供小批量生产使用的个人 CNC 出现，独立匠人和业余爱好者才得以使用这项技术。

鲍勃·泰勒是北美第一个使用 CNC 技术的原声吉他匠人，他是在 1989 年从一个电吉他制作者那里了解到这项技术的。[20] 当泰勒开始使用他的法道数控机床时，他在加州桑蒂（Santee）的工厂每年可以生产大约 2000 把吉他，1988 年的销售额超过了 100 万美元。法道数控机床降低了泰勒设计和生产钢弦吉他的成本，1991 年，泰勒制作的吉他可以在美国以低于 1000 美元的价格出售，这是一个突破，要知道大部分在这个价格区间的吉他都是在海外生产的。[21] 然而在其他制琴师的眼里，他已经把灵魂卖给了魔鬼：

> 我买了这台机器，开始用它来制作吉他的零件。那时——也就是 1989 年——这简直是一种亵渎行为！我们会叫它吃人不吐骨头的机器！［笑］这是吉他匠人对那种东西的普遍看法，

他们的想法大概就是，"你这是要把吉他制作中存在的人性排斥在外！"现在，他们都用 [CNC]，因为它并没有把人性排斥在外。[22]

手工匠人们深信，手工制作的原声乐器和机器人制造的乐器，二者的质量是大为不同的。在纯粹主义者看来，任何过程的自动化，无论是多么常规的过程，都意味着人类与工艺品之间的接触减少了。但是，对于自动化在多大程度上是可取并被允许的，则存在各种各样的意见。因此，独立匠人可以主张在某些（而非全部）操作中使用数字化工具的行为具有合理性。根据这种逻辑，手工吉他的生产将灾难性地堕落成简易预制套装的装配活动。机器进行的操作越多，制琴师和乐器的"原真性"就越低。如果劳动过程需要通过独立匠人与吉他的身体接触来验证，那么由电脑驱动的自动设备就真的是"把人性排斥在外"了。

泰勒对此有不同的看法。对制琴来说，人的因素不仅仅是，甚至都不一定是使用凿子的手，而更应该是设计背后的智慧，以及使设计在木材之上"活过来"的能力：

　　和其他任何产品一样，只有两个因素 [决定了] 一把吉他是优秀、普通还是糟糕的。只有两个因素，一个是吉他的设计，而另一个是你实现设计的能力。其他的都无关紧要。即便你是上帝在这个星球上安排的最好的工匠——比如米开朗琪罗，你依然可能做出一个糟糕的设计，并因此做出一把制作精良但仍很糟糕的吉他。或者你脑中可能有一个很棒的设计，但只有当你能让这设计活过来时，才真正算数。可是你没有能力让它活过来，因为你缺少手上的功夫，或者是眼力，又或者是没什么感觉。所以我看到的是，好吧，我必须从一个设计开始，而这个设计又是虚无缥缈的——它在你的脑子里，你会想象吉他可能是什么样的，然后再努力将木材变成真正的吉他。

在泰勒的设想中，人总是会犯错的——设计可能会有缺陷，又或者为实现设计所做的工作可能是不完善的。他认为，吉他匠人需要面对的挑战是，借助他们所能支配的工具，尽可能地设计并生产出最好的吉他。为了"将木材变成真正的吉他"，"虚无缥缈"的设计理念需要借助一种技术过程来实现，而有些技术会比其他技术取得更好的效果。按照这种观点，真正的人工制作就包括了对工具和制造技术的使用，使用它们能最好地将创造性的设想转化为物质现实。

1972年，在一位高中手工课老师和欧文·斯隆的那本《古典吉他构造》的帮助下，鲍勃·泰勒制作了他的第一把吉他——一把十二弦的原声吉他。[23] 开始制作后仅过了15分钟，他就发现吉他制作是那么吸引人。他回忆道："那就像是坠入爱河时的感觉，满脑子想的都是这个。我只想做吉他，想看它一步步成形。非常有趣，令人激动，真的很了不起。"在这之前，他曾在美国国家工业艺术竞赛中得过一等奖，与木材、金属和电子设备打交道已经成了他的第二天性，如此一来，制作弯侧板用的铁器和吉他的琴颈钢筋就不成问题了。第二年，泰勒决定再做两把吉他，一把给自己，另一把给一个即将成为他姻亲的朋友。他决定用珍珠贝来装饰吉他，于是前往拉霍亚海岸（La Jolla Shores），潜水捕捞鲍鱼，吃掉鲍鱼肉，用锤子把贝壳敲碎，然后再把珍珠打磨好。尽管这个办法用在第一把吉他上的效果不错，但在给第二把吉他做镶嵌时，他发现鲍鱼其实可以在一家位于加州莱蒙格罗夫（Lemon Grove）的吉他制作合作社——"美国梦"（American Dream）里买到。

　　走进店里让人有"哇哦！"的感觉。那是一家小型嬉皮士工坊，面积有1500平方英尺①，是一间多租户车库式仓库，位于莱蒙格罗夫邮局后面的一条小街上。我走进去，在里面看到了几个人；当然，他们可能都只有20来岁——但在我看来他们都是成年人了。看到他们正在做的事，我非常吃惊。他们也都是自学成才的，正与[工坊创始人]萨姆·拉丁（Sam Radding）一起工作。你实际上不是为他工作，而是和他一起工作。他那个小合作社特别棒，就是20世纪60年代末70年代初的那种合作社。

这个"小型"合作社的奇特之处——这种奇特因记忆的凝聚而增强——像天命一般吸引着泰勒。他向萨姆·拉丁展示了他做的吉他，而这位年长的男子随即宣布他已经"入伙"了。泰勒高中毕业后的那个夏天，合作社里有一个工作台空了出来，他便全

---

　　① 约合140平方米。

身心地投入了吉他制作中。泰勒是一名海军水手的儿子，社交方面比较保守，有时候会觉得自己和那些自由奔放的嬉皮士紧挨着一起工作有些格格不入，但当他专注于自己的工作时，这种自我意识的焦虑也就不复存在了。[24] 匠人们每卖出一把吉他都要把销售额的一半交给拉丁，以支付工坊购买工具、模具和材料的开销。美国梦吉他制作合作社里的吉他每把售价 375 美元，所以实际落到自己口袋里的钱很少，但这钱赚得很有自豪感。据泰勒自己所说，他尽可能维持生计，跟 3 个室友合租了一间房子，每天雷打不动地靠动物下水和洋葱填饱肚子。

　　尽管拉丁会给伙伴们一些大致的指导，但每个人在很大程度上还是要靠自己，按照自己的节奏和技术水平来制作吉他。这样一来，尽管大家用的是同一个设计，但乐器的品质因人而异。拉丁制作的吉他无疑是最好的，但是泰勒很快就以仅次于拉丁的能力脱颖而出，这间合作社以懒散的态度著称，泰勒却为其注入了一种很积极的工作态度。1974 年，拉丁决定把合作社卖掉，于是泰勒与另外两位匠人——库尔特·利斯塔格（Kurt Listug）和史蒂夫·谢默（Steve Schemmer）—— 一起集资买下了它。他们最初将这个小企业命名为"西部音乐"（Westland Music），并在一年后将其更名为"泰勒吉他"（Taylor Guitar），因为那时他们决定放弃零部件和维修方面的业务，专注于制造直接销售给商店的吉他。[25]

　　一开始，合作社所制吉他的质量参差不齐，这令泰勒颇为烦恼。仔细研究了一把马丁吉他后，泰勒清楚地认识到自己的技术还有改进的空间。他回忆道："我卖了一辆摩托车，买了一把全新的 D-18。我把它带回家，就是那种'哇哦'的感觉！我做的那些

吉他怎么跟这把比？我简直不敢相信这把吉他做得这么好。"于
他而言，工厂吉他总是太"工业化"了，尤其是那些从日本进口
的廉价吉他，"散发出笨重、速成、不甚细腻和粗俗平庸的味道"。
相比之下，马丁公司的 D 型吉他证明，"精密和精美的工艺"也
可以在工厂里完成。他以更挑剔的眼光审视自己做的吉他，并得
出结论：它们"看起来属于工艺展览会上的东西"——在他看来，
这种文化定位意味着缺乏高质量乐器所具备的精密装配和精细
打磨：

> 我真的受到了那把 [马丁吉他] 的启发。因为你看着它的
> 时候会想："哇哦，这东西真是严丝合缝！"音梁安装得恰到
> 好处，而且有明确的标准。他们想到了靠集体协作做成这件
> 事的方法，而且有人知道应该把东西做成什么样，他们还确
> 保为之工作的每个人都能朝着那个方向去努力。可以说，他
> 们正在让整个梦想成为现实。你心里已经有了自己想要的东
> 西，然后你就去做了，但你没有这个手艺，所以它最终也不
> 太像是你一开始想要的样子。我会看着那些吉他，然后想，
> "好吧，这完全就是他们想要的东西。"早年间，当我看到那
> 些吉他的时候，每当我开始做吉他的时候，我就想，"好吧，
> 我必须提高我的技艺，但是我得先开始制作一些工具，来帮
> 助我做得更好。"后来，我就走上了使用机床装备的道路。

泰勒从头到尾重新思考了他的制造工序，并开发了夹具和固
定装置来使具体操作的结果能够标准化。他把琴身和琴颈之间的

连接处视为吉他的"阿喀琉斯之踵"——这里需要把握好连接角度，这个角度在第一次尝试时很难做到准确，而且之后又很难调整——他放弃了传统的燕尾榫，改用"螺栓接合"的琴颈，解决了上述问题。1977年，泰勒与代理了让‑克劳德·拉里韦和其他几位吉他匠人的分销商签订了合约。然而，与所有这些准备工作一样，获得采购合同保障的代价是较低的利润。即使以每周卖出10把吉他的速度计算，"泰勒吉他"两种型号的吉他所产生的收入——每把吉他带来的净收入分别为150美元和380美元——也仅仅够支付账单、维持收支平衡，为三个合作伙伴提供收入就更是天方夜谭了。在与分销商合作了两年并大感失望后，泰勒回到了直接向经销商供货的模式。然而到了20世纪80年代，销售数量严重下滑。[26]

　　泰勒和他的合伙人不愿认输，他们精简业务，只保留基础部分，降低了产量，并购置机械装置来提高生产效率。库尔特·利斯塔格以公司推销员的身份四处奔走，经过共同商议，他和泰勒在1983年买下了谢默在公司的股份。电吉他在那个时期的音乐潮流中占据主导地位，这使得所有制造商都很难销售原声吉他，但泰勒有自己的优势。他的吉他以适合"速弹"的琴颈而闻名，琴颈更窄、更薄，易于把握且弦距较小，这种易于把玩的特点，吸引了那些喜欢在插电表演中"跨界"演奏原声音乐的摇滚乐手。1984年，泰勒为普林斯①制作了一把紫色的十二弦吉他，一时间公司名声大噪，一些吉他弹奏者慕名而来，他们想要原声吉他，但又不

————————————

　　① 即有"王子"之称的美国歌手普林斯·罗杰斯·内尔森（Prince Rogers Nelson）。

想要那种与"老派的民谣爱好者"扯上关系的"格兰诺拉"（granola）吉他。[27] 之后，那些想要不同颜色的吉他的知名摇滚歌手纷纷前来订购，泰勒抓住了这股潮流，并借此获利。1987 年，他搬到了位于加州桑蒂的一个占地面积超过 460 平方米的工厂，在那里，他在生产中第一次启用了数控机床。5 年后，凭借前所未有的成功，公司搬到了现在的埃尔卡洪（El Cajon）。

在思考数控技术对吉他制作带来的影响时，泰勒强调了这项技术对精度的影响。与早期的机床不同，数字铣床能够将几何图形设计原原本本地做出来，而过去的机械刨槽机和刨床只能说是在努力接近设计。他说，现在复杂的形状也都可以用数字铣床实现了，其精确性和一致性是人类的双手"不可能"达到的：

> CNC 出现以后，你能真正做你想做的东西，而那种吉他，如果用过去 75 年所使用的那些机械设备来做的话，几乎总是会失败，根本没法实现。所以现在的感觉就像是"哇哦，我们终于做到了。这儿有一台可以与人工匹敌的机器，而且能保证每次出品的稳定"。即使是手工制作，哪怕用上全世界所有的手工艺，也从来没有真正把吉他做成你想要的样子，而且如果你做了两把同款的吉他，它们肯定还是有某些差异。

在泰勒看来，计算机自动化开创了一种"吉他制作的全新方式"。这项新技术改变的不仅是吉他制作的方式，还有对吉他制作的理解。他指出，尽管吉他的外观是一种事先形成的设计，但传统上吉他是围绕着乐器的侧板来制作的，可以说是"自由创作"：

现实是——你知道，如果你拉开幕布，看到后面的男人——你会发现吉他实际上并不是一个个零部件严丝合缝组装在一起的，而是一个部件叠在另一个部件上，做成什么样就是什么样子。做一个能在梳妆台里顺畅滑动的抽屉要比做一把吉他难得多，因为你要做好一个开口，留出合适的空间，得让抽屉恰好可以放进去。做吉他的时候，你会弯曲一些侧板，它们会变成它们应该有的形状。然后用胶水粘上一个比侧板构成的轮廓更大一些的背板，再粘上一个更大一点儿的面板，然后你把侧面整平，最后安装上镶边条。所以说没有什么部件是真正能恰好拼装在一起的。也不必严丝合缝，因为每一个部件都比之前的一个部件更大。

泰勒认为，手工匠人就像《绿野仙踪》里奥兹国的巫师一样，投射出一种知识和力量的光环，同时一直试图掩盖一个事实，即他们无法事先指定吉他组件或最终成品的确切尺寸。相比之下，使用 CNC 的匠人们，借助数字成像和精密机床，可以"让整个梦想成为现实"。在这样的制作故事中，所谓的技术精通，就是在木料被切割之前，能根据预先对每个部分尺寸和形状的设计，制作出完全相同的复制品。给这类知识定价会影响工厂的劳动力组织方式，而且，比起那些身体力行组装机器量产的零部件的人，那些设计计算机程序的人会享有更多特权。从这个角度来看，手工匠人缺乏真正能称为技术精通所需的技术能力。泰勒认为，这个问题与具身知识的局限有关：

在统计学和制造业中，很多时候人们说测量其实就是先了解。吉他在此之前从未被精确测量过，因为它们是如此粗糙，产量又是如此之少，以至于人们觉得他们知道自己在做什么，但实际上并非如此。如果一个真正用手工制作吉他的人能真诚地面对现实，那么他其实无法确切地告诉你，他设计的具体形状或规格是什么，因为这些都是他们凭手感摸索的。这并不意味着你的眼睛不太敏感。真的，相信我，我看到的那些手工吉他真是太棒了。但如果试着做一百把或者八万把，那就崩溃了。

"凭手感摸索"，就是根据直尺、模板或感官记忆确立的视觉或触觉标准，用来测量准确性。泰勒认为，尽管这种测量形式也许看起来足够"客观"，但其中仍有很大的"主观"解释空间。他举了沿铅笔线切割的例子。你是从线的左侧、右侧还是中间切呢？每次重复这个操作时，铅笔芯的宽度、锯片的厚度，或者制造者的心情，都会改变切割的位置。因此，无论是好是坏，手工的"知识"都与嵌入这一劳动过程中的主体视角联系在一起。就其本身而言，具身知识所具有的主观性不一定是坏事，只是在大规模生产的需求下"崩溃"时，才会成为一个令人关切的问题。从工业价值判断，手工吉他未能满足产品应当具有的互换性及其所依据的一致性。问题不在于匠人没有能力"测量"，而在于他们的操作方式阻碍了商品化和资本的有效积累。

相反，CNC 所提供的测量标准是极其客观的。因为计算机辅助设计允许制作者具体规定一台激光切割机或刨槽机在空间中行进的"路径",所以,由程序控制的操作总是在肉眼察觉不到的范围内以相同的方式执行任务。以这种方式生产的吉他获得了一致性,这种一致性是利用数控机床调节人类劳动来实现的,而且制作者对工艺品的态度也变成非嵌入式、离身的了,因为现在劳动过程本身可以从远处观察到。泰勒将这一技术突破比作登月:

> 在为新技术(New Technology)系列开发我们所说的 NT 琴颈的时候,我们开过一次想法沟通会,就一个具体的测量值发生了争论。过了一会儿,我说:"你们知道吗?在关于哪一个才是正确的测量值这个问题上,我们为了千分之二英寸的差别争论了一个小时。我是说,我们还是停下来稍稍享受一下吧。对吉他匠人来说,这就像登上了月球!因为十年前,我们甚至无法觉察到千分之十英寸的差异,更不要说千分之二了。"

就像阿波罗 11 号的宇航员借助宇宙飞船登上月球并第一次看到地球一样,泰勒也为一项技术的胜利而欢欣鼓舞,这项技术征服了类似的空间距离,微观意义上的距离。像"蓝色弹珠"那张照片一样,觉察到"千分之二英寸"的能力标志着现代性的希望和承诺:人类历史可以被书写成一个进步的故事,其中,智慧超越了身体的物质性。按照这种观点,CNC 使一种标记了手工劳动极限的知识形式成为可能,把匠人重新塑造成生产代理人,这种代理人超越了劳动过程,也超越了嵌入劳动过程中的身体限制。作为离身知识(disembodied knowledge),高技术的吉他制作是一个需要管理的空间项目，而不是一个需要亲身体验的时间过程。[28]
在全球范围内，它使制造商能够监督供应、生产和分销系统，并
从这些地域覆盖越来越广的系统中获利。

但数字铣床的支持者也因此卷入了一场以具身性问题为核心
的有关原真性的政治争论中。泰勒认识到，在一些制琴师那里，
他的声誉因为他"不思悔改"地拥抱自动化而受损。他说，1999
年，当他和同事迪克·博克开车去参加弦乐器工匠协会的会议时，
他深刻地意识到了这一点：

> 我们从马丁公司开车去纽约北部，路上我们谈论着一些
> 事情，我说："迪克，你知道吗？我完全意识到了，这些会议
> 上的每个人都认为我很懂机器，但对吉他一无所知。"我停
> 了一下又接着说："我终于知道了。"他看着我，然后说："哇哦，
> 我很惊讶你居然能意识到这一点。"你知道吗？他的回答完
> 全肯定了我意识到的问题，也就是我在许多同行心中的地位。
> 他们的想法是，"好吧，我们才是真正的吉他匠人，但鲍勃
> 不是"。

泰勒把这一刻称为"一粒沙子"，这粒沙子一直在他脑海中萦
绕，就像留在了一枚牡蛎的软组织里一样刺激着他，直到在一次
新的商业冒险中被磨砺成"珍珠"：2006年，他创办了泰勒吉他
公司的分公司 R. Taylor，公司依然设在埃尔卡洪。在 R. Taylor 的
车间里有5名员工，他们每个人都有10年以上的工厂经验，不过
在这里他们只制作有限数量的吉他。主工厂一天就要生产300把吉

他，而在 R. Taylor 则是一年制作 300 把。泰勒说："我们把制作一
把吉他的劳动时间增加了两倍。在这之后，你会为自己所能做的
事情感到惊讶。"泰勒心里很清楚，手工艺的细节需要时间来打磨，
R. Taylor 制作一把吉他需要 30—40 个小时的劳动时间——比工厂
制作每件乐器所耗费的 10 小时要多，但远远少于制作一件独立手
工乐器通常所需要的 100 个小时或更长的时间。

与其他精品公司一样，R. Taylor 努力寻求手工生产模式和工业
生产模式之间的中间地带。零部件还是由 CNC 来切割和铣削，但
员工将更多的精力放在了木材的选择、音梁的手工成型，以及使
用非切割衬条等细节上。泰勒解释说："用的是我们老一套的程序，
但会加入许多永远不会用在工厂吉他上的特色。"他意识到，在
手工制品市场，顾客正在寻找机器做不出来的东西：

　　买吉他这件事里包含很多可以称为表演的东西。我是说，
那就像，嘿，你并不是真的想要一件南美披风（poncho），
但是，天啊，你到了安第斯山脉，而那里恰好有人做这个。
现在就变成了，你要买一件南美披风，因为有人织了那件东
西！你懂吗？唔，你不是真的想买那件披风。你买的其实是
制作那件披风的表演。明白吗？回到家以后，那感觉就像，天，
我有了一件南美披风？［笑］但那位女士织了一件披风，就在
安第斯山脉！唔，实际情况就是，我想我们都很容易受到这
种影响，买吉他的人，他们的情况也一样。他们想知道吉他
从何而来，又是如何制成的。

　　泰勒认为，手工制品很有吸引力，因为它们满足了人们想知道产品是如何制作以及由谁制作的渴望。这种渴望最终体现为前往生产地点的旅行，在那个号称生产源头的地方，人们可以找到一些作为能动主体的人类（human agent）。R. Taylor 的理念回应了这种渴望，它让顾客有机会在现实中或想象中见证一场"制作表演"，这场表演将那些吉他的起源定位在一间小作坊里，那里面有全身心投入吉他制作的匠人。就像安第斯织工的例子一样，手工艺商业中的表演成分要求制作者的具身劳动在一个可理解的工作过程中变得可见并具有演出性。

　　只有在生产现场与作为能动主体的人类有发自肺腑的情感共鸣，消费者才能确信自己确实知道工艺品"从何而来"。[29] 只有想象着用自己的身体代替制作者的身体，我们才能进入一种去商品化的手工艺场景，并经由交易，印证它神奇的效果：对工艺品所做的这种确证，就是对原真自我（authentic self）的表达。购买一件南美披风仅仅是因为"有人织了那件东西"，这不仅肯定了经由人手制造的手工艺品的原真性，还肯定了共同出现在生产现场的自我的原真性。然而，就像南美披风一样，手工吉他也是一种纪念品，但不仅仅用于纪念文化意义上的遥远之地，也用于铭记一种在时间上也很遥远的操作方式，而这种操作方式在后工业资本主义看来已经过时了。[30]

未被承认的劳动

我们刚开始参观圣克鲁兹吉他公司之时，理查德·胡佛就说："我很擅长在手工吉他工厂里为自动机械辩护。"[31] 他给我看了一架子声木，我们停下来欣赏了一些精选巴西玫瑰木上的棕褐色木纹。"这有点儿像走进餐馆的厨房，"胡佛一边说一边打开 CNC机床车间的门，"你本来很享受这里的氛围，然后突然发现'哦，我不知道自己是否想待在这儿'。"我早有耳闻的新时代猛兽就放在有机玻璃柜中，看上去很温顺。现在没有东西要铣削，所以那台法道数控机床的机头并没有动，而它旁边架子上的计算机显示屏也黑着。一位中年男子俯身在虎钳上对一块黑檀木琴桥进行锉削修饰。胡佛把我们介绍给这位男子，并说我是一个人类学教授。"所以，表现出具有研究价值的样子吧！"胡佛命令道，我们都笑了。我了解到，即使是用电脑刨槽机来进行成形加工，吉他零部件还是会有粗糙的边缘和铣削的痕迹，这些都必须经手工做最后的润饰修整。胡佛解释说，法道数控机床的使用频率不高，用它主要是为了减少重复性的应力损伤：

> 在全世界范围内，我们制作的吉他还是最有手工味儿的。我们的很多工艺流程都是重复性的，事实上，这些流程也不能展现出什么制琴的真本事，尺寸规格每次都应该是一样的。有一个很好的例子——品丝槽。[他给我看了一块刚刚切好的指板] 这一环节的机械加工，最好能将吉他的音准误差控制在千分之三以内。一个手工匠人把自己手眼上的功夫锤炼到一

定地步，可以非常精确地做好这个环节，这简直令人惊讶。但要达到这样的水平得做够几百把吉他才行，何必呢？这不仅会让你承受重复劳作的压力，而且如果你一直不断做重复的事情，你的大脑就会萎缩，你就会开始寻找其他的事情去做。而我们的员工都是吉他匠人，或者说都是有抱负的吉他匠人，他们来［这儿］不是为了在一家工厂打工或谋一份工作，他们想要成为吉他匠人。所以，把这种重复性和有潜在伤害的工序交给自动设备，我们便可以让每个人都能腾出手来施展自己的真本事。

我对法道数控机床产生了新的兴趣，于是仔细地凝视着它，甚至试图不理会上面那些画着断指之手的警告贴纸。这台机器被安放在圣克鲁兹的"厨房"里，领到了一项没人愿意做的枯燥粗活，成了一台自动"主厨"。胡佛在说到"制琴"这个概念时，指的是那些不应该每次都给出相同尺寸规格的操作，但对其他部分的操作，他认为应该使用能保证产品一致性的生产模式。在这种情况下，计算机化的生产不仅"节省时间"，还可以把节省下来的时间再投放到制琴师身上，因为这种生产方式能把制琴师从用手工制作完全相同部件的乏味工作中"解放出来"。那些完全相同的部件应该批量生产，而不应该放在一个需要对各个方面做通盘考虑的工作流程中，这是理所当然的。

然而，切割品丝槽或为琴桥塑形这些流程会造成"脑萎缩"，可能不是因为这些活动本身，而是由于一种劳动分工，在这种分工中，重复一项单独的活动就构成了一种"工作"（job）。因此，在车间的工作安排中，使用 CNC 技术的全部理由就清楚地得到了呈现。没有人想干法道数控机床做的工作，因为那很单调，而且也没这个必要，比起任何一位匠人，机器做得更快也更稳定。不言而喻，在制作表演中，随着我们在考虑什么是人性化因素时逐渐将越来越多的手工劳动和工业劳动排除在外，我们割让给自动化的空间也将更大。

1967 年，胡佛拆解了他拥有的第一把吉他，一把价值 47 美元的 Harmony 吉他，从那以后，他就对吉他制作"着了迷"。他的母亲是一位在图书馆提供参考咨询服务的工作人员，在她的帮助下，胡佛阅读了所有他能找到的有关制琴的书，当时，那些书大部分都是关于提琴制作的。1972 年，当他开始学习制作古典吉他时，他在传统工艺方面的基础得到了扩展。[32] 胡佛很快就将精力集中在制作钢弦吉他上，而且在 1976 年与合作伙伴布鲁斯·罗斯和威廉·戴维斯（William Davis）一起创立了圣克鲁兹吉他公司。[33] 尽管胡佛现在是一个独资企业主，但他不忘初心，坚持要创建一家"精品"吉他公司，他解释说，这样的公司将采取团队合作的形式，但会保持"在制琴的边界之内"，而不是强调效率，也不要成为"下一个马丁公司"。

正如胡佛所描述的那样，精品这一概念包括将有关提琴和古典吉他的知识用于现代钢弦吉他，通过"考虑调声、调音，以及使吉他发出你想要的声音的方法"来"控制声音"。此外，精品还意味着要对每把吉他进行有针对性的调声——关注用来制作每块音板的木材所具有的密度和弹性，手动调整每块面板的厚度，还要改变每条音梁的形状以获得想要的音质。为了组建一支 14

位匠人的团队，胡佛雇用了美国几所制琴学校的毕业生。尽管经常有人员流动，但其中一些员工已经在公司工作了 10 年甚至更长的时间。

CNC 机床车间里有一个小办公室，可以透过一面大玻璃窗看到法道数控机床。胡佛把我领进办公室，向我介绍了亚当·罗斯（Adam Rose），一位在圣克鲁兹公司工作了 20 年的高级制琴师。罗斯坐在一张办公桌前，对着电脑屏幕，正在研究一个琴头的镶嵌图案，这是由克雷格·弗雷泽（Craig Frazier）设计的，他是一位插画师，为圣克鲁兹公司设计过极富特色的海报。罗斯正使用 CAD/CAM 程序绘制二维图像，此时在完善指令，好让法道数控机床能够在琴头上镂刻出用于镶嵌的凹槽，同时还要将贝壳切成可以镶嵌进去的形态。做这项工作的合金钻头的宽度仅有万分之一英寸。"两根半头发"，胡佛打的比方强调了这台机器可以达到的精细程度，用这台机器也不需要手工切割贝壳，能减少得腕管综合征的风险。

罗斯在电脑上调用了一个三维设计，屏幕中出现了一个吉他琴颈的轮廓。墙上有一个架子，上面有各类尺寸和形状的琴颈，他从架子上取下了一个，告诉我，这个琴颈是"由我们中一位真正有经验的琴颈雕刻师手工雕刻的"。他指出，这个琴颈的形状是很复杂的一种。尽管机械制图可以很容易地做出琴颈颈身（barrel of neck）轮廓中相对直的部分，但在两端会遇到困难，因为琴踵和琴头部分的轮廓会微微向外扩。为了绘制出这些轮廓形状，罗斯使用了三维鼠标，将那把手工制作的琴颈"数字化"，他测量了这个琴颈的不同位点，然后在空间中给这些位点构成的图形加

图 3-5 在获取一把手工雕刻的琴颈的准确数字化规格后，亚当·罗斯在由此产生的模型上创建了一个 CNC 工具的路径，这使得圣克鲁兹吉他公司可以借助 CNC 铣削机器，生产完全一样的复制品，2009 年。照片由作者拍摄

了一个图形化的表面。

"我们实际上可以在屏幕上观察那个表面，如你所见，还可以翻转它。"他边说边点击鼠标。在我眼前，琴颈的形状出现在一张由放射线构成的网格中并不断旋转，就好像有一只无形的手在转动它一样。"这非常像你亲手拿着它看，"罗斯继续说道，"而且你可以切实地看到有哪些地方不够平整。"他又点击了几下鼠标，添加了一个蓝色线条构成的网格，并解释说这些线条是实际的刀

具轨迹。等到程序连上法道数控机床，我们就可以在屏幕上实时看到铣削的过程。

我惊讶地摇着头说："这实在是太酷了。"罗斯咧嘴一笑，向后靠了靠，说了一些相反的观点：

> 一些人看到这个可能会说："哦，好吧，你只是在制作机器生产的吉他。"但实际上，一旦我们得到真正与这个 [手工制作的琴颈] 完全相同的轮廓形状，那么与下一个手工雕刻的琴颈相比，用机器制作的会更接近现在这个，因为这台机器的精度可以达到千分之十英寸。因此，我们可以花时间准确地得到我们想要手工制作出来的形状，然后通过将其数字化，我们就可以永久复制它了——我们有了标准模型。所以如果有人想要订购这款吉他，而且喜欢那个琴颈，我们就可以在机器上为他们制作出那样的琴颈。但如果他们想要这款吉他并且说"唔，我想让琴颈的颈身部分有稍微平坦一点儿的轮廓"，这时我们就有时间让其中一位大师级的雕刻师来手工制作琴颈了。

在电脑屏幕的亮光下，CNC 就像一头被驯服的野兽。与其说它将"人性"从制琴中剔除，不如说它是与操作它的人协同工作，并通过忠实的复制行为表达对手工匠人的敬意。然而，正如数字化的琴颈所显示的，依赖这台"吃苦耐劳"的机器也是有代价的。如果这台机器复制的手工琴颈比"下一个手工雕刻的琴颈"更"精确"也更"接近"原件，那么 CNC 的复制品就会变成标准，用于评判后续手工制作的琴颈，并且能发现手工制作的不足。因为机器制作的副本可以"永久复制"，它排除了手工制作琴颈的需求，除非需要某种特殊形状——而任何一种新形状依然可以被标准化。

　　计算机化的机械加工所代表的"去技能化"并不容易被人察觉。罗斯很擅长制琴，也善于将制琴知识转化为 CAD/CAM 的设计，但对"大师级雕刻师"的需求可能永远存在，因为一些弹奏者需要适合他们双手的琴颈。而在另一方面，CNC 所强加的代价是，制作琴颈和其他吉他零部件所需的手工技艺将无法凭借其自身成为正当的劳动，因为在今天的市场经济下，它作为人类的"专门技能"（know-how）已具有明确的和可量化的价值。随着机器接管了越来越多原本由手工执行的工作，匠人们所拥有的专门技能"看上去好像是一种'凭直觉获得的'或'本能反应的'能力，这种能力几乎看不见摸不着，其重要性也没有得到承认"。[34] 重要的不是匠人身体力行的技艺，而是程序员告诉机器如何复制匠人作品的能力。

　　圣克鲁兹公司将 CNC 的使用限制在重复性操作上，如此便为胡佛所认为的"真正的"制琴表演划定了一个神圣的空间。在那个空间中，由匠人和学徒组成的专门团队所从事的劳动，在很大程度上仍然没有被制琴业以外的世界所认可。这项工作涉及一些很耗时的工序，而正是这些工序成就了高品质的手工吉他，其中包括根据具体情况为音板调声、手工安装琴颈的燕尾榫结合处，以及喷涂硝基漆，等等。[35] 除了这些常规工序外，胡佛还增加了一个木材干燥（wood-seasoning）流程，通过一个能够调节温湿度的棚屋在三到四周的时间里实现几年的季节循环；另外还有对可持续林业的承诺，包括使用再生木材和有序采伐的木材。与其他精品制造商一样，圣克鲁兹公司也是一个培训基地，为那些在吉他制造、维修和修复方面有职业追求的人提供培训。参观车间时，我观察到有不止6个年轻人参与了工作流程的各个环节，每个环节的操作都有相当程度的自由发挥空间。借助自动化制琴和手工制琴的组合，圣克鲁兹公司每年生产的吉他多达700把，在市场经济环境下为手工劳动开辟了一个可行的生存空间。

精品吉他工坊代表了个人劳作和工业化生产之间的中间地带。在生产速度的压力面前守住底线，同时最大限度地节省劳动力，像圣克鲁兹、科林斯和宝时华这样的小公司所生产的乐器已经成为高端经销商的主打产品，高端经销商盛赞这些乐器将手工制作的品质和经济价值融为一体。然而，在工坊里，在市场理性和工匠价值之间找到适当的平衡是一项持续的活动，需要协调生产过程中的情感和物质两方面。

9月温暖的一天，我坐在青蛙屁股吉他公司那个简陋车间外的一堆木头上，吃着当天早上自备的午餐。一只黑色的拉布拉多猎犬躺在我脚边的地面上，盯着被我慢慢吃掉的食物。我再三考虑要不要喝我的冰茶——安迪·米勒（Andy Mueller）走进树林前就已经告诉我，车间里没有自来水——并把最后一口三明治分给了身旁的这位新朋友。从1994年开始，米勒就一直为迈克尔·米勒德工作，并于2005年成为公司的正式合伙人。除了米勒和米勒德，公司还雇了两三个人，并将艺术创作相关的工作委托给了彼得里亚·米切尔（Petria Mitchell），她会在每把吉他的琴踵帽上雕刻野生动物图案。米勒带到公司的其中一项技能就是为数控机床编程。早在 1996 年，他就被委以重任，将 CNC 铣削整合到原本技术含量相当低的操作中。即便如此，由于每年大约只能生产100把吉他，青蛙屁股吉他公司仍然只是一家小型精品工坊。

米勒告诉我，限制规模需要经过深思熟虑。但他和米勒德决心创造一个环境，每一个"参与工作流程的人都能理解和欣赏每一件乐器，把它们都看作独立的乐器"。他自豪地说，他可以"想起"过去一年或更长时间里"为个人或经销商制作的每一把吉他"。我问他为什么这很重要，他回答说：

> 我从事吉他制作，是因为我是个喜欢制作东西的人，而且是个音乐人。我感兴趣的从来都不是大批量制造什么东西。你最大限度地提高产量，为的是最大限度地提高收益，当然，这也会使吉他的价格更容易让人接受。虽然我也很喜欢制作平价吉他这个想法，但 [你必须] 首先在制作吉他的兴趣方面保持激情。如果它们是一般产品——我制作完成，把它们运输出去，然后说："太好了，我们这周要发工资了，哈哈，欢呼吧！"我的意思是，发工资是很重要，但如果我做的东西不能让我的头脑完全沉浸其中，或者如果那些乐器出现在我的工作台上，而我疑惑"这到底是给谁做的"或"这东西到底是从哪儿来的"，那就太令人沮丧了。我们在推动那个临界点。如果我们每周做三把吉他，而不是两把，那么在整个过程中，就很难有足够的心理协调时间来理解每件乐器。所以我们就保持产量。如果它们变成了一般的产品，那么我会

做些我不太在乎的东西，这样我就能容忍它们成为一般产品。如果要考虑的是数量而不是乐器的个性，那我还不如做些茶几或其他什么。[36]

作为一个集体和个人的目标，"保持鲜活的激情"意味着在车间安排劳动时，每个人都要参与到每一把吉他的制作过程中来，而且没有人会被那些相同的子任务困住，不会长时间重复做那些事。米勒承认那不是"最有效率的经营方式"，但他坚持认为这种权衡是值得的。如果吉他变成了"一般"的产品，失去了独立的"个性"，那么"创造性将会消失"，他也就不会再制作它们了。为了防止吉他和人类劳动的商品化，他认为，公司在计算利润、工资和合理价格时，应该把比效率更宏大的目标纳入其中。那个目标必须能满足匠人的愿望，即"理解"工艺品并展现其独有的特征。

迈克尔·米勒德的车驶入车道，在我脚边打瞌睡的狗跑上前去迎接他。从远处看，米勒德是一个气宇轩昂的人，留着胡子，长发及肩，像个隐士一样缓缓走出山口。近看之下，他的络腮胡后藏着一丝苦笑。米勒德举止灵活，我后来了解到这得益于他在武术方面的训练。他领着我沿室外楼梯上到车间二楼，那里满是破旧的家具。我们的谈话转向车间的数控机床，米勒德告诉我，他在很多年里都"抵制"购买数控机床。[37]后来他意识到，使用传统的固定装置和工具做那些重复性操作"常常会阻碍对自身技能的不断完善"，他谨慎地逐步推进，权衡着以提高效率为名而做出的每一次"妥协"。他特别关切的是，在未来，自动化可能会导致匠人与他们的吉他"失去联系"，并"降低"工作满意度。

我知道有很多人，他们开始做我已经着手做的事情，也就是制作吉他。为了养活自己，几乎每个人的格局都变小了，把做吉他变成了一门生意——这等于扼杀了能生金蛋的鹅。人们开始制作，直到做出了一把振奋人心的吉他，之后他们就会克隆那把吉他，一直做同样的事情。在意识到这一点之前，他们就会感到无聊或不开心了。我们在这个车间使用的方法，在与自己、客户和供应商的沟通方面，以及制造乐器所使用的物理方法方面，都有意识地限制我们能制作的吉他数量。我们一直在对抗。我坚定地拒绝让我们陷入这样的局面——在不知不觉中把自己逼到一个角落，而这个角落在未来会限制我们的格局，并减少我们与乐器之间的联系。

米勒德和米勒对吉他制作的看法受到同一种情感的影响，尽管人们可能会觉得这两人的性格有差异，其中一人在20世纪60年代研习英语和心理学，而另一人在20世纪90年代狂热地学习物理学。对二人来说，手工制琴需要确立一种联系模式——在合作伙伴之间，以及在工匠和手工艺品之间——而这种模式在以生产为导向的"生意"中会被"扼杀"。如果吉他是"金蛋"，那么下蛋的"鹅"就是真实的自我——天赋劳动的承载者，他们制作而不是"克隆"有巨大价值的独特且非凡的物品。为了"对抗"商品化，青蛙屁股吉他公司的团队会尽量少地使用夹具和固定装置，如此他们便能"试验"他们乐器的规格和配置。计算机控制的刨槽机被保留下来，用于一些重复性的工作，如琴颈粗加工，米勒德强调说，这些琴颈之后还要被"打磨修饰"，要"用到这些东西"——他伸出了自己的手，"还有这个"——他指了指自己的眼睛，"以及这个"——又指了指自己的头。他解释说，制作吉他就"像结婚一样"，因为这需要持续不断的注意和照料：

> 其中一部分是精神的或情感的。如果你忙到没空和你的配偶或伴侣说话，你就要有麻烦了。如果你忙到没空和每一把吉他建立联系，也会有麻烦。你马上就会注意到，我们的生活中有一种亲密感，我们需要这种亲密感来完成我们的工作——因为我们要求自己与吉他保持亲密无间的关系。这是必要且至关重要的。我们需要了解每一把吉他。

米勒德强调了他所制作乐器的独特性，这与工业理性可谓背道而驰，在工业理性中，一个物品的价值取决于它是否符合对这件物品应该如何的预设标准。批量生产的吉他是一种被市场文化召唤出来的存在，这种文化要求产品具有互换性；而手工吉他则是在一种对独特性的渴望中被召唤出来的。试图"亲密"了解每件乐器的手工匠人，实际上是在问每把制作中的吉他"你是谁，你想要成为什么？"就像与一个形成中的情感主体相关联一样，他们在整个制作过程中都在与乐器进行交流，利用所获得的信息创造一个独特的实体。[38] 然而，制琴师很难将这些直觉性的交流转化为与科学测量和控制有关的权威性话语。正如米勒德所证明的，知道如何制作吉他与能够说明这种知识是两回事：

> 我没有对太多人说过制作吉他的事。我天生就知道吉他

的发声原理，我要做的就是把我本来就知道的东西从自己身上拽出来，大概就是这个意思，但是我在吉他制作方面所做的每件事，几乎是所有的事——其实只是因为我天生就知道怎么弄吉他，但没法向你讲述这个原理。我对狗也是这样，我天生就对狗有吸引力。我知道如何让吉他跳舞，向左回旋，并吐出木制镍币①。我就是知道该怎么做。拜托，我不是在吹牛。生活中，我从来没见到任何知道或能回答"嘿，你是怎么做的？"[这个问题] 的人——就这样自然而然地做出来了。这是上帝赐予的礼物。

借助礼物的比喻，米勒德将他的直觉知识描述为一种不可思议的能力，借助这种能力，他可以与吉他交流，吉他仿佛成了非人的动物。作为自封的"吉他语者"（guitar whisperers），手工匠人们声称，虽然他们必须努力工作来实现自己的才能——或从自己身上"拽出来"——天赋本身是上帝赐予他们的，是他们"与生俱来"的天资。在这些描述中，制作一把手工吉他涉及人类和其他非人类的关系中产生的一个原真自我。吉他和自我具有跨物种交流的先天潜力，而两者的出现都是为了实现吉佩托之梦——一个富有情感的想象，其中，具身劳动的生成性（generativity）在能"跳舞，向左回旋，并吐出木制镍币"的手工艺品所表现出的生命力中得到了清晰的体现。[39]

---

① 俚语，指做出一些不可思议的事情。

仪式性知识

1963 年，ABC 电视台推出了《民谣合唱会》（*Hootenanny*）节目，当时，民谣音乐的热潮如火如荼。该节目在大学校园里录制，学生们一边有节奏地拍手，一边用颤音轻柔地歌唱，并伴随着富有特色的表演。节目让形形色色的音乐家走入美国的千家万户，吸引了全国观众，最高峰时，每周会有 1100 万观众观看这个节目。[40]在该节目的早期粉丝中，有一位来自新泽西州莫里斯顿（Morristown）的高中生，他和他的两个朋友组建了一个类似金斯顿三重唱的乐队。"电视里播着《民谣合唱会》，厄尔·斯克鲁格斯要上场了，"约翰·古雷文回忆道，"那是我第一次听到有人用三根手指弹奏班卓琴，这让我大吃一惊！所有的男性荷尔蒙终于找到了去处。"[41]与 20 世纪 60 年代其他那些想要一把优质班卓琴的爱好者一样，古雷文得到了一把战前的次中音班卓琴，并用一个新琴颈把它改装成了一把五弦琴。但他不满足于此，开始鼓捣他朋友的乐器，"就像上了瘾一样"。

靠制作原声弦乐器为生的"梦想"一直在古雷文的脑海中回荡，但他把这视为"彻底疯狂"而不予理会，因为"当时没有人这么做"。他决心追求一个有稳定预期的职业，他先是在康奈尔大学学习化学，后来对"实验室外套这类事"感到幻灭，又转到俄勒冈州立大学（Oregon State University）学习林学，结果发现这也不是他的"天命"。与此同时，他还在一些蓝草乐队中充当半职业的班卓琴和吉他演奏手，还会为其他音乐家做乐器维修。古雷文描述了他这一代制琴师所共有的困境，把寻找自己身份认

同的过程形容为一场斗争，需要调和自己大脑里"相互对立"的
两方：

> 在高中和大学，我学的都是科学课程。我的愿望是做某些
> 研究工作或类似的其他事情。我的左脑很发达，但是我也——
> 我会素描、绘画，还会做音乐。我也是非常右脑型的人。所
> 以我有点儿介于这两者之间。但现实的一面告诉我："你需要
> 找一份正式工作，所以去学科学吧。"音乐总是排在后面。

不同认知功能位于大脑不同脑叶的看法，在 20 世纪 70 年代开
始流行。神经科学研究表明，人在语言和数学功能方面存在某种
"偏侧优势"，受此启发，流行文化中普遍使用两个大脑分区的概
念来解释为什么有些人在艺术方面表现出色，而有些人在科学方
面成绩杰出。[42] 对那些认为自己制作吉他的认知倾向是一种遗传基
因的制琴师来说，这种观念很有吸引力，因为这使得他们能够用
被认为是女性特征的直觉自发性来缓和与战后男性气质相关的客
观性和控制力。[43] 但是这种对自身的理解，古雷文承认，得益于事
后的清晰认识。当时，由于大学课程暂停，需要有份收入，他"陷
入"了修理工作，先是在纽约的伊萨卡（Ithaca），之后在田纳西
州的查塔努加（Chattanooga）制作吉他和班卓琴。"这些都不是
计划内的事，"他笑着说，"也未曾有过什么计划。"

1969 年，命运为他敲开了一扇门——纳什维尔市格鲁恩吉他
公司（Gruhn Guitars）的老板乔治·格鲁恩出现了。路过查塔努
加时，格鲁恩会去镇上的吉他工坊看看售卖的乐器，并视察工作

台上正在进行的工作。格鲁恩注意到了古雷文在班卓琴和吉他上所做的精美雕刻和镶嵌，便给了古雷文一份修复战前乐器和制作定制吉他的工作。就这样，一场有关原声声学历史的非凡教育开始了：

> 我就在中心，周围全是最好的老乐器，它们体现的是最好的木工手艺。人们会把那些 20 世纪 30 年代古旧的、独一无二的马丁吉他带来，然后我们就开始工作，修理它们，修复它们，还会弹奏它们。我们可以聆听这些伟大吉他的声音——这里有全世界最好的吉他，数以百计。关于当前的制作者，令我感到困惑的一件事是，几乎没有人——现有的几百人中只有六个——真正接触过这种古老的乐器。对我来说这极其重要，你如果不能把自己做的东西和已经有人做过的联系起来的话，怎么知道自己在做什么？在你弹过最好的琴之前，根本不会知道这些东西的潜力有多大。就好比你是一个小提琴手，而且恰好拉过一次斯特拉迪瓦里小提琴，它会把你的耳朵惯坏的。吉他也是一样。

古雷文觉得，把那种复古的声音"装入他的耳朵"，为他后来取得的一切成就奠定了基础："接触老乐器"让他得到了一个可作为目标的独特声音，而且有了一个范例，可以借此探索新的设计和新的生产技艺所能创造出的声音潜力。[44]"把耳朵惯坏"是说，演奏过音乐界所认为的"最好的"乐器后，在这个基础上，你就获得了一种审美的识别能力。如果不能从听觉和触觉上理解如何充分发挥一把吉他的"潜力"，那么当代的制琴师就会处于劣势。古雷文断言，吉他匠人需要的知识只能通过感官体验获得：

> 老实说，如果你坐下来，用雷德·斯迈利（Red Smiley）1939 年用过的 D-45 弹奏一个和弦，你就会完全明白我在说什么。因为它和你以前弹过的任何吉他都不一样，它会在你的脑海中烙下不可磨灭的印记。你会听到那种声音，我今天还能听到，已经过了 30 年了！这是一种顿悟，一种出于本能的听觉体验，能识别出这些伟大吉他中的任何一把。

古雷文的记忆所具有的特异性——不仅仅是普遍意义上的黄金时代之声，而且是某一件具体乐器的声音——反映了他和其他手工匠人经常使用的"工作知识"（working knowledge）的一种基本特性。[45] 虽然他们说木工技能是必要的，但这对制作一把吉他来说是不够的。同样重要的还有"雕刻声音"的能力，要关注木材的物理特性，了解形状、设计和零部件在重量上的微妙改变会如何影响吉他发出的声音。对于在复古传统中探寻的匠人来说，能体现出战前那些标志性吉他的声音和感觉，是每一件新乐器所应追求的目标。匠人们努力使吉他在一开始就像老吉他一样好，他们希望制作能随着琴龄的增长而在音色上有所改善的吉他。在古雷文看来，如果在任何一方面做了妥协，那就跟制作"带弦的家具"没什么两样。吉他匠人的目标是制作一件足够轻的乐器，它能够有效地传导弦的能量，但又不能轻到出现结构问题，或出现缺乏泛音导致的"刺耳、令人不快的声音"：

　　　　吉他的演奏效率低下。许多年前，一位物理学家计算出一把吉他的演奏效率为 5%。这意味着，驱动整个系统的弦能量在材料中损失了 95%，只有 5% 转化为实际的声音。在这种情况下，你最好做一把尽可能高效率的吉他，让它发挥最大的功效。这便是质量在起作用。如果你拿些很轻的弦，那些没有很大质量的弦，然后驱动它们，用拨片或其他什么来拨，让它们振动起来，所有的能量都可用于驱动整把吉他。质量越大，效率越低。这就是为什么那些最好的老吉他要比琴盒里的空气还要轻。它们就像羽毛一样轻，但也很脆弱，所以有很多都没能保存下来。未来，以那种方式制作的现代吉他也可能无法留存下来，但是它们听起来确实都很不错。

这种对吉他"效率低下"的假设，使制琴师们的工作充满了一种像存在主义戏剧一般的宿命感。如果想要达到最理想的声音就需要尽可能减轻"质量"，那么最终得到的吉他必然是一个"脆弱"的造物，不太可能比那些做得更重的吉他"留存"的时间长。因此，为了将每把吉他内在固有的声音真实呈现出来，制琴师就要成为一个自觉的缔造者，有意识地促成吉他的最终消亡。[46] 古雷文观察到，过于谨慎和过度制造乐器的制作者，他们做出的吉他是笨重且毫无生气的：

　　　　如果你拿起一把伟大的吉他，无论是谁做的，也不管是什么时候做的，你都能立刻识别出它的与众不同。它在你手中好像活了一样，声音非常好听，你可以用这把吉他做任何你想做的事。它给你的奖励就是那美妙的声音——这丰富的声音，这宏大的声音，这清晰而持久的声音——所有这些品质都是你期望一把吉他应该有的，大部分现代吉他都欠缺这些品质。它们有弦，同样是木质的，也被称为一把吉他，看起来也的确是把吉他，但里面就是没多少那种存在。

古雷文认为，天赋劳动的"音质"能以声音（voice）的形式在几代人之间传递，这种声音肯定了吉他中存在的生动的物质性。意识到在战后年月制造的乐器充满了缺陷——他说，那是一段类似"黑暗时代"的时期，当时制造商们生产出来的都是"非常糟糕、过度制造的一些猎奇品"——古雷文以此作为反面教材，通过推崇过去那些"非凡的、轻巧的、真正的乐器"，从而找到了一个有利可图的细分市场。这一市场策略吸引了纳什维尔众多知名的吉他手，其中就有流行歌手约翰·丹佛，古雷文很快就享誉全国。但让古雷文得以挺过 20 世纪 80 年代经济萧条的，是他所制乐器在日本市场的成功，吉他手中川砂仁一直很推崇古雷文制作的吉他，而他的背书结古雷文带来了稳定的国际订单。2000 年，中川砂仁的得意门生押尾光太郎在世界乐坛引发轰动，他手上拿的正是古雷文制作的吉他，在这之后，订单的小溪涨成了大河。

自 1999 年起，古雷文就在俄勒冈州的波特兰市经营着一间单人作坊，并提供 12 款不同型号的吉他。他的制作速度惊人，每个月能做四五把，这样每年能产出 40—50 把，现在他名下已经有超过 2000 把吉他了。尽管他有时候会招收 3—5 年期的学徒，但目前还是一个人干。我对他如此高效的生产方式颇感迷惑，于是冒昧地猜测他是否用了计算机铣削。"哎呀，没有，没有！"古雷文回答说，"我的地盘上没有 CNC！我不相信那个东西。"他不仅推崇能够做到"即刻个性化微调"的灵活性，而且否定了大规模生产的那种"卑微的、绝对的、精确的复制"。

> 我把它叫作一万只猴子综合征——给你一万只猴子和一万台文字处理器，理论上能写出莎士比亚的台词。吉他也是一样。要是你一年制作 8000—10 000 把吉他，其中肯定会有一些非常好的——也许有 10 把、12 把或者 20 把。剩下的那些只能说是凑合，而且还会有一些废品。但如果你找到一个手工匠人，他会挑选每一块木材，考虑木材的所有属性和结构，并尽其所能，最大限度地发挥这些木材在制作吉他方面的潜能，那会是一把更好的吉他，这是非常有可能的结果。

正如古雷文所看到的，CNC 使得制作一把伟大吉他这件事的可能性变得随机了。就像猴子实际上无法区分键盘上的符号一样，计算机控制的刨槽机和激光切割机也无法区分它们所处理的木材。未经加工的木料被切割成相同的形状和大小，不会考虑同样的树种甚至同一棵树内的细胞结构所发生的自然变化。他认为，由于忽略了手工匠人最密切关注的变量，机械复制使得吉他的质量呈现出某种正态分布，那些吉他可能看起来都是一样的，但音质却有很大差异。只有那些会对每块木材都单独进行审视的人类制作者——"考虑木材的所有属性"并"最大限度地发挥这些木材在制作吉他方面的潜能"——才有机会制作出能与莎士比亚作品相媲美的乐器。古雷文断定，即便是常规操作，情况也是如此。

古雷文：实话说，这就是因为做得够久，做了太多次了，已经［变得］很容易了。比如，要做一个琴桥，我完全清楚具体的步骤。用不着考虑：只要抓起一大块木料，然后开工，十分钟后一个琴桥就做好了。我什么都不用量，只要动手做就行了。这就像一旦你学会了某种复杂的舞步——它就属于你了。它成了你的一部分，不用再多加考虑，只要做就行了。你会培养出一种内在的、直观的感觉，知道什么是有效的。这就像呼吸一样，一个不受意志支配的过程。［笑］吓人吧？

我［笑］：有点儿。我是说，做的时候还有乐趣吗？

古雷文：哦，我太喜欢了！这是令人愉快的事，真是太有趣了。我来到我的工坊，感觉大部分时间都在玩。

我：所以，即使已经成了例行公事，也没有失去什么东西吗？

古雷文：是的，这可以说是例行公事——必须是在这种水平之上，以这种量来做这个工作。但是它不仅永远具有挑战性，而且总是很有趣，因为在吉他制作中没有太多事情是绝对的。我们中没有人真正知道自己在做什么，一直在尝试。每一把吉他都是一个实验，从这个角度来说，它很令人兴奋，每把吉他都是令人兴奋的，永远不会确切地知道最后会做成什么样。我们可以微调一下，再微调一下，推测会有什么效果，但只有最后你把琴弦装上、调好，然后弹奏它，才能知道真实的效果是怎样的。对每一个吉他匠人来说，情况都是如此。

他们可能不会这么跟你说，但这的确是我们做事时的真实状态。借助每把吉他，我们一直在挑战极限。

将吉他制作比作一种"复杂的舞步"是为了强调其作为一种具身活动（embodied activity）所具有的审美维度。制琴中体现的知识是一种身体的活动能力，其呈现形式可以看成一种文化上的"技能库"—— 一套"重复呈现"的系统，它将个体与集体的记忆和价值具体呈现为一件弦乐器，并以此来传递这些记忆和价值。[47]经验丰富的手工匠人所记住或"知道"的，与其说是一套指令和尺寸，不如说是在制作工艺品时操作工具和材料的方式，以及与工具和材料互动的方式。"推测"和"微调"，这些做法都是一种仪式化的"实验"模式，使匠人们能够借助他们做的每把吉他来"挑战极限"，拓展他们的技能。

因此，手工艺知识是一个探索的过程，而不是预测和控制的展示。将每把吉他的制作视为实验的制琴师会从 18 世纪和 19 世纪初的科学实践中得到启示——并非试图让物质世界屈从于人类意志的启蒙主义科学，而是浪漫科学（romantic science），这是那一时期的反主流社会运动，该运动谴责对"自然"的征服，强调人和非人现象在本质上是一致的。[48]和浪漫主义科学家一样，匠人们也在努力通过耐心观察、感官互动和自我意识与非人事物交流。古雷文观察到，学会识别木材固有的"声音特质"，没别的，"就是需要大量的经验"：

你拿起一块面板，然后敲一敲，你就会听到某种"咚咚"

的声音，这就会告诉你最后的成品吉他的声音特质，前提是你不会把琴做坏，没有做得太过，或者其他什么。当你用不同的面板材料做了足够多的吉他，并在头脑中将那种声音存档并能够随时取用时，你才能确切地知道那种声音特质是什么，如此你才能说"哦，是的，就是这样的声音"。所需要的就是大量的经验——或者是对声音的那种如摄影一般精确的记忆力，那不完全是直觉。如果你做了一大堆吉他，并注意到你对每一把吉他所做的工作，在做完后也聆听过它们——将那些声音存档——然后去做下一把，再下一把，再下一把，你最终会在头脑里构建起一个巨大的声学数据库，里面储存了多年以来你为这些吉他所做的所有工作，以及那些让一把琴比另一把琴更好的知识——然后你就一直朝着这个方向前进。

古雷文所提及的"声音档案"有双重表现形式——既存在于匠人的耳朵和记忆中，也出现在每件乐器的木质琴身中。"声学数据库"相当于一种知识积累形式，依赖于受过训练的调音实践，而且要大量接触其他人的乐器和他们的手艺。在北美制琴界，信息共享——无论将其理解为知识的自由流动，还是老师、音乐家、乐器或木材带来的灵感启发——从根本上说，是一个礼物交换系统。与市场交换不同，回礼是自愿履行的义务，而并非由合同强制。手工匠人和工业制造者的区别，并不在于对原真性本身的渴望，而是这种渴望在多大程度上延伸到了他们与木材的关系上。正如古雷文说的，树木的声音是一件必须获得尊重的礼物，不要因为过度制作或机械复制把这声音"搞砸"或浪费了。他认为，原真性操作方式的关键，是认识到手工知识没有最终的目的地或"终结点"。

古雷文：其中有一种热情。我在 [早先] 那段时期认识的所有人，他们到现在还保有这种热情。我是说，都过了几十年了，他们还是热爱制作吉他。我们感到非常幸运，这是一件非常复杂的事，涉及智力、艺术，还有左脑和右脑。永远在不知道和想知道，以及在努力知道和永远不会完全知道之间来回摇摆。这实在是太迷人了。你不仅积累了手艺——这需要花很多年的时间——还获得了一种反馈，即你的手正做着的、你的耳朵正听到的和你的眼睛正看到的，这三者之间的相互反馈。这完全是一个涉及多方面的复杂过程，而且一直在变化。它在不断发展，也在不断地将更多东西卷入其中。这里并没有某种特定的终结点。

我：什么在不断发展？

古雷文：你的觉察力和你的手艺，还有你对所做事情的理解。我认为一个人需要十几年时间才能达到这样的水平，让你能够清楚地说明你做的是什么，为什么做，而且你永远不会把答案说死。那就像"唔，这事儿大概就是这样吧"这种不太坚定的感觉，这种缺乏确定性的感觉催促我们继续前进，我是这么想的。你要怎么把直觉说清楚呢？谈论声音的时候也是如此。人们一直在谈论吉他的声音，就像谈论葡萄酒，又有点像你在一群野马周围建了一圈围栏，但却从来没有真正接触过那些马。

现在的消费市场上，充斥着由 CNC 机床制造的预制吉他套件，制作钢弦原声吉他的手工匠人可能会发现，证明"他们的工作"需要几十年的时间来学习是相当困难的。"把直觉说清楚"所面临的困难可能会被那些新近加入的新手所忽略，他们认为进入制琴界需要付出的仅仅就是购买合适设备的钱。当老一辈的制琴师准备将凿子传给后辈时，曾经塑造了他们"技能库"的有关原真性的政治主张就处于一种悬而未决的状态。传递具身知识以及对其有影响的政治敏锐性，不是一件容易的事。现如今，世界上最令人向往的那些古老的和手工的乐器都已成为私人收藏品，累积一个声音档案可能相当困难。但最大的问题在于工艺知识本身的仪式性表演。尽管学校和教具都已经过剩了，但制琴全部技能的展现所涉及的是一种难以名状的、对物质现实的认识：那些"野马"避开了语言和表征本身所构成的"围栏"。

第四章

教学场景

身体的诸种属性构成了一个收银机（register），一个 [社会] 互动的发生点。因此，[在一场入会仪式中] 从某个人身上支取的是构成这个人的社会关系——它是关系的缩影。从这个意义上说，就是身体的诸种能力得到了揭示。而且，如果身体是由诸种关系组成的，如果身体显现了过去遭遇的印记，那么那些关系就不是处于停滞状态的。意识到它们意味着必须关注它们。这些内部关系要么必须被进一步建立，要么必须拆散并建立新的关系。

——玛丽莲·斯特拉森（Marilyn Strathern）
《礼物的性别》（*The Gender of the Gift*, 1988）

艾伦·卡鲁思（Alan Carruth）胡须灰白，双眼富有神采，要是他去扮演圣诞老人，肯定惟妙惟肖。他的工坊位于新罕布什尔州的纽波特，就在他房子旁边旧乳品仓库的前屋里面有一个冬季用来取暖的小炉子，但在 2007 年 6 月的这一天，炉子上覆盖着一层锯末。我站在卡鲁思的工作台前，看着他将一小把蓝色闪粉洒在一块还没做完的吉他面板上。装了音梁的音板面朝上放着，音板下面是装在木块上的泡沫块。卡鲁思用左手拿起一个连着电子信号发生器的扬声器。早在 20 世纪 70 年代，那个时候个人还很难搞到传声效果测试装备，他的父亲，一位退休的电子工程师，就曾帮他制作并卖掉了 20 个这样的设备。他用右手转动调谐钮，调整发生器发射的声波频率。他把扬声器放在音板上方几英寸处，一个低音发了出来。"如果频率调得正合适，"他解释说，"你会看到这些闪粉在这里、那里移动，会有很多点。"[1]

在我眼前，闪粉开始聚集在那些与面板其他地方振动频率不一致的区域。渐渐地，在音孔上方形成了一条直线，而横跨琴身的下腰位则出现了一个大圆圈。"图案代表了这块面板的共振频率，"他说，"它正在告诉我们这块面板在质量和厚度上的分布情况。这样我就知道音梁和面板配合得如何。"我了解到，每块音板都会在多达 8—10 种不同的频率上产生共鸣，在每种频率上会形成独

图 4-1　艾伦·卡鲁思在一个装了音梁的面板上示范他的空板调音技术，闪粉形成了一条直线和一个圆圈，2007 年。照片由作者拍摄

特的图案。经过多年的实验和细致的记录，卡鲁思现在能够识别出具体图案所代表的特定的吉他声音，并在给新吉他调音时用这些图案作参考。他对这种诊断技术——他称其为"空板调音"（free plate tuning）——的研究，已经使他成为公认的专家，他非常了解原声吉他结构中的声音物理学信息。[2]

　　我开始向卡鲁思提问，而那些问题暴露了我对吉他声学的了解是多么匮乏。他决定首先回顾一下"吉他是如何发声的"，然后，他拿出了一个被他称为"软木塞"（the corker）的教具：一个没有琴颈和琴弦的吉他琴身，沿着高音的一侧有两排孔，每个孔都用软木塞塞着。"吉他的基本发声机制就是声学家所说的低音反射，"他告诉我，"面板的下半部分会鼓起来又缩进去，像扬声器那样产生声音。"他轻敲着吉他的面板，然后说我们现在听到什么声音主要取决于空气在音孔冲进冲出的频率。"这占了吉他能量输出的很大一部分。"虽然面露歉意，但他说自己"必须要靠画图才能说清楚"，于是他把我领到一个工作台前，然后我坐在一把金属凳子上，看着他在墙上的黑板上画图。他画了一条线用来演示"输出频谱"，显示了吉他在 50 赫兹到 350 赫兹之间的共振频率的振幅。[3]

我努力理解他正在说明的原理，并发现自己正在参与某种制琴教学场景—— 一个社交场景，其中，制作者试图向学生、制琴师同行、潜在顾客或一般大众展示他们所知道的东西。卡鲁思的工坊给人以教室的感觉，这并非偶然。一整年里，他每周为学生提供两次吉他制作的教学指导，这些学生都是按照自己的节奏工作的。但在这些场景中搞教学的制琴师不一定是收学费的老师。自 20 世纪 70 年代初以来，吉他制作者们就已经聚在一起交换信息了，还就他们的吉他、期刊文章、图纸和专业设备建立了一个工艺知识档案。为了抵制行会的保密性和制造商的专利权主张，他们发展出了一种教学模式，这种教学模式颂扬的是自学成才者和制琴成瘾且爱鼓捣之人的创造力。从这个意义上来讲，"教"其实就是分享一个人通过经验和自学所得到的东西。出版《美国制琴》季刊的美国制琴师公会在征稿说明中指出了这一本质："所谓'正确的方式'是一个迷思。每个人都有话可说，有东西要学。一个人对制琴（或其他什么）知道得越多，就越会意识到自己还有非常多的东西要去了解。我们的存在就是为公会成员建立一个信

图 4-2　卡鲁思的"软木塞"吉他和描绘低音反射的图示，2007 年。
照片由作者拍摄

息交流的论坛，我们感兴趣的是有经验支持的各种专家意见、设计方案和制作方法。"[4]

　　卡鲁思的声学知识并非受益于他的社会学学士学位——他开玩笑说："有了这个学位外加一美元，你在任何地方都能喝到一杯咖啡！"——而是要归功于他对制琴的持续迷恋，这从 20 世纪 60 年代末他在海军服役时就开始了。退伍之后，他又继续读完大学，并开始学习古典吉他制作。[5] 与同时代的大多数人一样，他一学到什么新东西，就会开始把他所学到的传授给别人，他先是给自己的老师当助教，最后就能自己带课了。一方面为了维持生计，另一方面也是因为同他人分享自己热衷之事时的那种激动之情，许多吉他制作者发现，就他们的手艺进行教学、演讲和撰写文章，有助于阐明自己正在做什么以及为什么做。

然而，对于大多数从业者来说，在公共论坛交流的信息只在特别少的情况下是纯粹关于乐器制作的。通过向彼此、向普通观众，或者向一个爱打听的人类学家展示他们所拥有的具身知识这一过程，匠人们明确了成为一名制琴师以及作为制琴界一员的意义。按照这种方式来理解，教学场景就成了舞台，上演的是手工艺的价值观念，还有自我意识的产生——一种在文化上具有独特性的自我意识。

质问自然

看着卡鲁思的低音反射图——此时他正在上面添加一条虚线，展示一些其他的共振频率——我开始试图理解他所讲述的故事。他熟练地绘制了若干线条，如此便创造了一种直观的视觉表达方式，说明了吉他是什么（一个空气泵），以及吉他的运作原理（琴箱中的气压变化导致木材以不同频率产生共振）。就我所知，低音反射以外的其他空气共振模式，一般会在一定程度上抵消低音反射这个主要共振模式的总输出，而这种影响具体呈现在卡鲁思的图里，就表现为一系列小的下滑线条。

"但如果你在吉他的侧板上开一个洞的话，"他刻意停顿了一下并问道，"会发生什么呢？"过去十年，越来越多的制作者在他们的乐器上开了"侧孔"（side port）——这种做法十分风行，无论是钢弦吉他制作者还是古典吉他制作者，都对此十分着迷。[6]
不过，对于这些侧孔的实际影响，人们却有不同意见。大多数人
认为侧孔的功能相当于一个监听喇叭，放大了传送到弹奏者耳朵
里的声音。一些制作者认为侧孔也使得乐器的声音更加响亮，不
过其他人对这种说法不以为然。卡鲁思支持后一种看法，他在"软
木塞"上做过一系列实验，对这个问题进行了验证。[7]

他用拇指对着吉他的面板轻轻敲了两次，又从吉他上腰的位
置拔出两个木塞，然后又敲了敲。音量上的差异极其微小。"这
个开口的作用是为主空气共振提供一个出口，"卡鲁思告诉我，"因
此，最终的结果就是，这种共振之下，琴箱内压力的变化更小。"
如果在吉他前面放置一个扩音器来测量，我们就会发现，在这种
共振频率之下，吉他输出的响度降低了。然而，若是一把传统吉
他，他说，那就总会有空气在周围搅动，没有通过音孔而被排出。
如果开了一个侧孔，并把一支麦克风放在靠近这个侧孔的位置，
那么主空气共振会得到几个分贝的增益。

"这就是你拔掉木塞时听到的声音，"他解释道，"但其实只
有1%或2%的增益，如果放到整个频谱里一平均的话，就微不足
道了。"他说，人类的耳朵天生就能检测到微小的差异；想想看，
"听到灌木丛中的沙沙声，会判断那里有老虎。"侧孔已经流行起
来了，他总结说，因为人们设想的是如果演奏者都听到了音量增
加，那么听众也一定会听到。

面对他人的这种热情，卡鲁思并不想当一个泼冷水的人，讨
论一些反对意见时，他也只是善意地耸耸肩。令他颇感恼火的是，
侧孔的鼓吹者没有提出任何证据来支持他们的主张。"在这种情

况下，"据他观察，"一个能说会道的人就会显得大有裨益，就算是言之无物也没关系，因为没人真的懂。"

在制琴界这样一个没有"正确方法"的共同体内，相互矛盾的主张竞相在互联网、年度会议和制琴出版物上争夺注意力。几乎没有什么机制来裁决争端，更不用说提出一种制琴的"科学"了。对卡鲁思来说，这一直令他颇感失望。职业生涯伊始，他就被提琴和吉他上的空板调音实验所吸引。这项工作似乎是未来的趋势：这是一种科学的技术，有望使乐器调音摆脱单纯的猜测。作为一项音板密度和硬度的可视化指标，基于图案的调音法可以弥补人类感官的不可靠——这是卡鲁思关切的问题，因为在海军服役期间，航空母舰上的工作让他的听力部分受损了。

在空板调音的全盛期，由弦线声学协会（Catgut Acoustical Society）进行的研究在吉他界引起了轰动，制造者开始以受到科学影响的方式思考乐器的物理问题。[8]但空板调音从来没有在吉他制作者中真正流行起来。这种调音方法需要专业的设备、耗时的流程以及细致的记录，这些都限制了它的普及，除了最具有实证精神的人以外，没有人会使用这种方法。尽管如此，人们仍然对这种方法背后的一般原理有着浓厚的兴趣，所以为了制琴界，卡鲁思出于热爱，继续进行他的实验。除了帮助同行们理解弦乐器的声学属性，针对手工操作方式中存在的直觉性面向，他所做的工作还起到了辩护的作用。他认为，手工制作者所做的事情超出了"理性"解释的限度：

　　吉他是非常复杂的盒子，它们比看上去要复杂得多。结果就是，虽然物理学家可以在某种层面上分析、处理，但他们做的那些相当复杂的计算机建模研究，确实不能完全达到目的。我们［制琴师］处理的是所有处于边缘的小细节，物理学家都很难看到——这些细节要么太过复杂，要么处于能够用理性方式理解的边缘。所有那些细微的非线性因素和相互作用都很复杂——但事实上，正是它们将仅仅是还不错的吉他和真正的好吉他区分开来。重要的就是那些小细节。

面对这个"复杂盒子"的物质性，计算物理学就只能做那么多了。然而，在"理性"失败的地方，经验论可以继续存在，因为匠人们利用感官知觉，超越了可以被科学了解的东西。"房间里的大象①就是，"卡鲁斯观察道，"最终的判断是主观的，而且确实有很多小事是很难定义的。"在这样一种手工艺认识论中，制琴师依赖主观经验——触觉信息、直觉预感以及推测——来处理那些不能被客观理解的现象。"任何获得稳定结果的人都知道他们在做什么，"卡鲁思指出，"即使他们不能在客观意义上或以科学方式告诉你他们在做什么，他们也确实知道自己在做什么。"他观察到，主观知识也许不符合主流文化中那种具备权威性的表达模式，但是这种知识可以通过"故事"的形式表达出来：

> 在处理巨量信息和从不同种类的数据中理出头绪这两方面，人类的思维是多么奇妙啊！要知道，这些信息和数据若

---

① 指某些非常巨大、明显，以至于不可能被忽视的真相。

以理性来看，几乎是难以处理的。研究人工智能的人会说，所有对计算机来说容易的事，对人来说都很困难，而所有对计算机来说困难的事，对人来说都很容易。这的确是事实。最难的事，要让计算机做的话，可能是，比如在一个城市的街道上行走——诸如这些几乎是每个三岁小孩在稍有人监督的情况下都能做到的事情。因为我们已经习惯了处理所有这种模糊的事情，也常常能在一定程度上明白是怎么回事，不用管它是否能严格地从数学上证明其真伪。这就是为什么我们会有神话和传说。有人说，人类的头脑是一个故事制造机——你看着正在发生的事情，然后会编一个关于这件事的故事，并试图通过编造故事来解释正在发生的事情。科学的作用就是试图找出这些故事中更有可能为真的那个。

若想掌握"在城市街道上行走"这项技能，你要能在不断变化或独特的环境中处理"模糊的"信息，并在必要时自发地行动。这也可能是一种关于不确定性的体验，你并不全然确定自己在哪里或要去哪里。[9] 尽管如此，在卡鲁思的设想中，是乱穿马路的制琴师，而非"理性的"计算机，更有可能"完全达到目的"——通过任何"解释正在发生的事情"的路径（无论它有多么迂回曲折或不合常理），到达预期的目的地。同样，吉他制作者为他们的即兴实践所做出的解释，表达了对物质现实的主观理解，而不是一个"能严格从数学上证明的"真理。然而，这些故事要想被认为是对现实的"真实"表述，它们就必须先获得实验证据或成品乐器这类证物的支持。与此同时，他悲叹一些毫无依据的凭空想象也暴增：

> 除非有某种现实测试法，否则你可以杜撰出各种各样的故事。制琴中有太多你看不见但又奉为神圣的东西。有太多的人说了太多不真实的事情。有一位非常有名的古典吉他制作者在《吉他手》杂志的一次访谈中说，吉他工作的原理就是，你拨动琴弦，然后声音就从琴弦上传出，通过音孔传入琴箱内，经过背板的反射会有些分散，然后经由面板传出来。面板是有孔隙的，而声音又是从面板传出来，这就是为什么你必须在面板上使用类似法式抛光漆的东西，这样声音才能传出来。我只是看了看那个访谈，心想："好吧，我要从哪里开始吐槽这个人呢？就物理学角度而言，他的表现实在是无知到了很可悲的地步。"这只是冰山一角。还有很多这样的事情。

那些看不见但又被奉为神圣的东西，其危险之处不是其存在本身，而是它们不受控制地泛滥成灾。问题也不在于吉他是一个无止境的谜。这是一个即使是沉默寡言的制作者也可以抒发诗意的主题。事实上，没有实证基础的各种故事无视了制琴界中关于知识主张的关键要求，即这些主张需要获得其他人能够重复的经验证据的支持，相应地，也有一项伦理上的推论，即这些主张也应该是在对手工艺的原材料有相当理解的条件下发展起来的。卡鲁思之所以对那些富于想象力的同行感到气愤，不仅仅是因为那些人的故事是"不真实的"，还因为即使他想要"吐槽这个人"，也找不到交换意见所能依凭的共同基础。

为了保护和传承他们的文化技能库（cultural repertoire）[①]，吉他制作者必须用能够转换为实际操作的术语来交流他们所知道的东西。潜藏在"冰山一角"之下，隐约可见的是主观性知识的死亡，以及这种死亡对制琴界未来所造成的威胁。未共享的基于直觉的操作方法将跟随制作者一起走进坟墓，永远从制琴群体的集体意识中消失。现存手工艺传统幸存下来的唯一希望在于一种教学法，即用其他人可以理解的语言，来让这项手艺传统的全部技能变得可被掌握。就像独角兽一样，经验性的技巧是罕见的：它既不能立即被占有，也不能为了实现精通手艺的愿望而被凭空创造出来。想要获得它，必须经过耐心的探求，正如中世纪的传说那样，要以少女的心态，哄着它在自己的腿上睡觉。

希尔兹堡吉他节是制琴界不容错过的盛会。该活动创立于1996年，自1997年起隔年举行一次，活动在8月中旬举办，为期3天，每次都会吸引100多名北美的吉他匠人前往加州的索诺玛谷（Sonoma Valley）。除了展出各种风格和形状的手工吉他外，希尔兹堡展会——以它原举办地的位置命名的展会——还有些特色项目，包括知名音乐演奏者的示范音乐会和教学研讨会，每天的活动都会以一场由顶级匠人带来的长达90分钟的讲座开始。

2007年的一个早晨，我和我的爱人玛丽亚·特朗普勒（Maria Trumpler）在一起，她是一位科学史研究者。我说服她和我一同参

---

① 也有文化总集、文化语库、文化剧目等其他译法。本书统一将"repertoire"译为"技能库"。

加讲座，但不用全程参观这场展览——她坚信参观当地的葡萄园更有吸引力。我们在售票台前停了下来，想看看这个奇怪的要求是否能得到满足。制琴师商业国际（Luthiers Merchantile International，LMI）是活动的首席赞助商，而我也看到了制琴师商业国际的总经理纳塔莉·斯旺戈（Natalie Swango），并向她招手示意。她热情地招呼我们，了解情况后，准许我们进入剧场。

今天的演讲人是马克·布兰查德（Mark Blanchard），一位50岁出头的制琴师。布兰查德的演示文稿被投影到一块大屏幕上，屏幕占据了这间昏暗礼堂的整个舞台。"我今天演讲的主题是奇洛德尼基于图案的调音法，"他告诉我们，讲台上柔和的灯光照在他的脸和胡子上，"我只打算讲讲我所使用的方法，因为那些是我唯一真正了解的方法。"[10] 此时，屏幕上出现了一幅肖像，那是恩斯特·奇洛德尼（Ernst Chladni），一位德国物理学家，生于1756年，卒于1827年。布兰查德描述了奇洛德尼对"空板共振"的研究，向我们展示了几幅金属板的图片，奇洛德尼在18世纪80年代就是用这些金属板来从沙子中产生几何图案的。[11] 这些板材采用的都是同质金属，这使得奇洛德尼能够用它们预测共振频率，也就是说，如果用提琴的琴弓让这些金属板发生振动，沙子会形成各种独特的形状。

布兰查德解释说，鉴于木材的易变性质，对于吉他面板来说，不存在通用的程式（formula）。尽管如此，"经过坚持不懈的努力，"他说，"我已经设法找到了其中的一些规律，并掌握了使用奇洛德尼图案的方法，我现在可以用相当简单的方式在我的工作台上使用。"1996年，布兰查德开始大力推广空板调音，当时他参加了艾伦·卡鲁思组织的一场为期两天的研讨会，他形容卡鲁思有一种"强烈的、非常讨喜的疯狂教授式的能量"。跳过了他老师喜欢的那些"方程式和理论"，布兰查德接着向我们展示如何在日常实践中运用这种吉他调音法。

　　意识到观众都是制琴师同行和热心的吉他手之后，布兰查德在介绍奇洛德尼调音法时，将其比作每个人都很熟悉的一种检验程序。他说，在某些共振频率上出现的图案，只是吉他匠人从轻敲音（tap tone）中获得的声音信息的视觉呈现。大多数匠人会在调音时轻敲音板的表面，听两到三个不同的共鸣音或"乐鸣"音（"singing" tone），以此来检验音板是否达到了最佳的厚薄梯度。为了产生这些音，他们必须找到面板上不振动的地方，并在这些"节点"上固定住面板，这样就能在敲击时让它自由地产生共鸣。布兰查德认为，奇洛德尼调音法的意义在于，它能使细心的观察者更容易分辨轻敲音：

　　　　奇洛德尼的图案之于轻敲音，就像书面语之于口语。后者只是对某种听得见的东西的书面表述。我们可以把单个图案看作单词；每个都有意义，都有一个定义——它告诉我们关于面板的一些情况。但就像语言一样，把单词排列成句子会产生超越单词本身定义的意义，一组奇洛德尼的图案所具有的意义，也超出了单个图案所能告诉我们的。学习这门语言确实花了我一些时间，但随着对这些图案熟悉度的提高，我从中提取数据的能力也在增强。

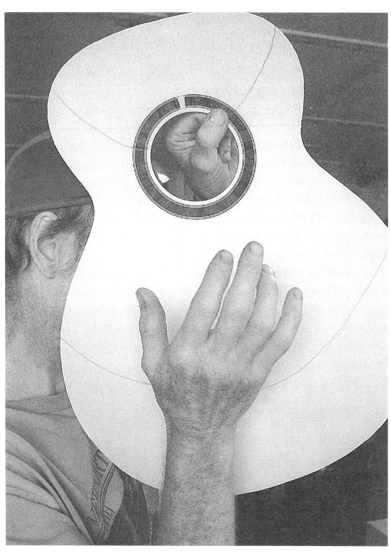

图 4–3 马克·布兰查德捏住吉他面板的一个节点并聆听轻敲音。照片由马克·布兰查德提供

我与坐在身边的科学史研究者交换了一下眼神。玛丽亚的学位论文写的就是 18 世纪末期德国的科学实验。她观察到，在 18 世纪末，与科学中的浪漫主义运动有所关联的研究人员会将他们的实验视为"质问自然"的方式，相信"自然"——以女性形象出现——会向那些问出了正确问题的人解释她自己。[12] 对于浪漫主义时代的科学家来说，奇洛德尼那些振动的琴板，恰好完美地展示了自然的"秘密"是如何经由耐心和坚持不懈的实验而得以破解的。[13] 使用空板调音技术的制琴师——他们有时被称为"闪粉人"——显然从浪漫主义科学家的笔记本上撕下了一页，他们把轻敲音理解为一种语言的"口语"，而把奇洛德尼的图案比作"书面语"。布兰查德没有明说，但他暗示正是木材本身在说和写这门语言：

> 多年来，我弄出了数以千计的这类图案，依然觉得这非常令人激动。从扬声器传来的特定频率的声音仿佛是一把钥匙，可以揭开一个隐藏的秘密。事实上，面板正在透露关于其内部结构的某些信息，其特有的形状、质量和硬度分布将影响图案的形状以及相应图案所对应的频率。就像指纹一样，一个特定面板所产生的图案似乎是独一无二的，没有两个图案是完全相同的。

工匠依据图案调音的方法，凭借直觉推测每件乐器特性的做法看起来是可以接受的。当一种"指纹"的独特组合出现在每个模态频率下由锯末形成的螺纹图案时，吉他自身也成为一个"个体"和活跃的能动者（agent）。通过细致的记录，布兰查德已经确定了 50 赫兹到 500 赫兹之间的 10 种模式的理想频率范围。他利用最初的奇洛德尼图案来逐步调整面板并使其变得更薄，通过在选定区域削掉一些木材，他优化了每一种模式，有效地降低了一种图案出现时所对应的声音频率。

偶然间，他发现削薄面板对一种模式下对应的原始形状影响不大——布兰查德承认，这是他经历了惨痛的教训才学到的。[14] 但花在音板调音上的时间是无价的。他说，这不仅提高了制作一把好吉他的可能性，还提供了一次机会，可以对一件乐器的内在特征进行有趣的发掘：

> 正是面板制造了 [吉他的] 声音。花了点时间来处理未安装音梁的面板后，我知道它是合适的，处于最佳状态，用它制作的吉他会有我预想中的声音。我之所以知道这一点，是因为我已经尝试了许多不同的东西，并做了记录，而且我看到所有我最爱的吉他的面板都是这样的。此外，我现在对这个面板非常熟悉。通过与它打交道——用我的信号发生器逗弄它，让它开心，弯曲它，轻敲它，从而揭示了其自身的秘密——在开始安装音梁时，我所获得的知识会为我的决策提供参考。

音板就像一个婴儿或腼腆的情人一样，在制琴师的不懈照料下"揭示了自身的秘密"。吉他匠人们在讲述这种发现时，经常采用的叙事惯例是将其比喻为一种迷人的浪漫邂逅，把匠人放了了既渴望了解又希望否认性别差异的境地中。在这种情况下，制作吉他使得匠人能够将自己女性化的一面投射到工艺对象上，从而巩固了他的男性气质。然而，正如布兰查德说的"逗弄它，让它开心"这种礼尚往来的措辞所表明的，相比女子气的被动性（feminine passivity）这种经典描述来说，制作过程所体验到的互动性更多。他手里的木材也许被情色化了，但没有被物化。[15] 恰恰相反：它指导并校正了制琴师的每一次努力。

一旦模态频率达到了他想要的程度，布兰查德就会为无音梁的面板记录下一组最终的图案。这些图案提供了相应的参照点，可以指导他雕刻音梁。新音梁一开始会很僵硬，也很厚重，这会"扭曲"空板的模态形状。布兰查德解释说，未经修整的音梁"打断了"面板声波的平滑运动，导致了能量的"低效"传传，并出现"沉重"的轻敲音。他说，雕刻音梁的目标是"将模态恢复到它们未被扭曲的形状，同时保留处理成品乐器的琴弦张力所需的结构完整性"。

为了做到这一点，他在雕刻音梁时，会努力调整被扭曲的面板图案，使其不断接近他多年来开发出的一组"目标模式"。为了举例说明模态图案可以如何在所需的方向上被改变，布兰查德向我们展示了出现在X形音梁面板上那个"臭名昭著的'半环形'"模式。理想情况下，波节线（nodal line）应该在面板下侧形成一个环形，但有时候它会在低音侧敞开。想要把环形闭合并不容易，因为光看图案本身，并不能明确知道应该如何修整音梁。"但是，"他笑着说，"找到正确位置有个小技巧，这个技巧就是——猜！没错，就是试错。在某处切削点儿木头，然后检查，看看该模式下的形状是否按照你想要的方向改变。如果什么都没改变，或者改变的方向不对，那就再试试另一个音梁。最终，你会找到'要点'，它会让你得到想要的效果。"认真的"试错"——提出问

图4-4　布兰查德就奇洛德尼图案做笔记。照片由马克·布兰查德提供

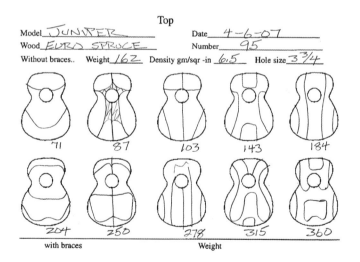

图4-5　布兰查德最终得到的一组无音梁面板的图案。照片由马克·布兰查德提供

图 4-6　布兰查德正在雕刻面板音梁以调整模态图案的形状。照片由马克·布兰查德提供

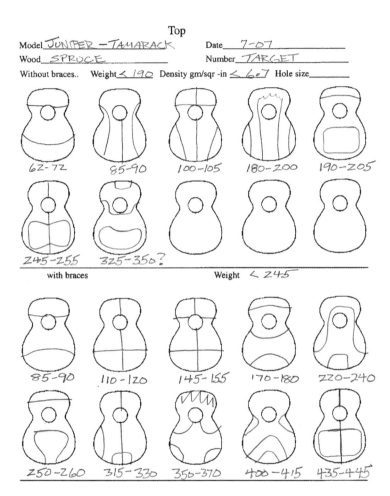

图 4-7　布兰查德的目标模态图案。照片由马克·布兰查德提供

题并听取木材的回应——是匠人认知方式的优良特征。手工匠人极其想要与所使用的木材交流，他们会让木材以他们能理解的语言"说话"。[16]

尽管不是每个人都喜欢基于图案的调音方法，但它所要求的思维习惯以及对实证探索的持续投入，都是制琴师手艺的核心。正如布兰查德总结的："无论我们是敲击、聆听、记忆、做挠度测试并记录挠度[17]，还是单纯制琴并让我们的直觉随着时间的推移而发展，都是为了收集与成品吉他的音质相关联的信息，并在制作过程中使用这些信息作为参考。奇洛德尼图案只是其中一种方式。"

无论是通过图案调音还是其他技术，制琴师收集经验信息的做法都为他们提供了一种叙事，以及从视觉上描绘物质现实的方法，而这些物质现实本来是无法被人类理解的。他们为揭示一把吉他的音质中隐藏的、内在的或"固有的"特性所做出的努力，最后就体现为一个有关制作的故事，而这个故事又反过来帮助他们重新阐明吉他的音质。在这个意义上，可以将音质理解为一种"感觉的超关系性概念，包含了一种态度"，一种情感取向，或"'面向'观众和这个世界的'设定'"。[18]手工艺邂逅的那种对音质的感受是一种惊喜，是逐渐展开的发现，是一种不确定性，它使匠人能够质疑在文化上的权威知识本身所具有的"性质"。[19]正如布兰查德明确指出的，他的实验目标不是获得一个明确的图案或设计："我保证[我的目标模式]明年就会变。这是一个持续的、永无止境的演变。我一直在对吉他的结构做很多实验。我一直在努力使它们变得更好，并不断得到新的发现，我的奇洛德尼模态图案也会发生变化。"

手工吉他制作相当于一个文化现场，在这里，浪漫的好奇和对非人类世界的热情参与都在蓬勃发展，作为一个可行的替代选项，其对主导了当代政治景观的经济理性和科学理性构成了挑战。[20] 然而，作为一个不断更新的技能库，手工艺知识的不确定状态带来了一个教学上的困境。如果在制琴中很少有什么确定不移的真理——假设手工艺品是开放的，可以不断被修改，而且制作过程受制于"持续的、永无止境的演变"——那么吉他匠人实际上"知道"的是什么呢？又如何将其所知道的传达给其他人呢？[21]

打磨自我

1973 年的夏天，16 岁的弗雷德·卡尔森"赤身裸体"坐在佛蒙特州首府蒙彼利埃（Montpelier）附近的一个废弃乳品仓库外，在同样没穿衣服的导师肯·李博泰拉（Ken Riportella）的陪伴下，他一边制作着班卓琴，一边用砂纸打磨杜西莫琴。"我脑子里的画面真的相当迷人，"卡尔森顽皮地咧嘴笑着说，"没有任何不好的地方——它非常纯粹无瑕。"[22] 我们是在 2007 年的希尔兹堡吉他节上交谈的，就坐在室外走廊的阴凉处。参加索诺玛郡飞行表演的低空喷气飞机偶尔会打断我们的谈话，让我们不得不抬起头并捂住耳朵。卡尔森是一个身材矮小的人，那天他穿得很花哨，裤子上有太阳、月亮和星星的图案，帽子上还别着一根孔雀羽毛。他毕生热爱戏剧，对戏剧也颇有鉴赏力，而这种能力延伸到了他赖以成名的那些美妙的、独一无二的弦乐器上。

图 4-8　弗雷德·卡尔森在希尔兹堡吉他节，2007 年。左面的是飞梦吉他（The Flying Dream），一把三十九弦的琴，被称为"Harp-Sympitar"［6 根无品超低音竖琴琴弦、6 根主琴弦、12 根琴颈和琴身内的共鸣弦（sympathetic string），以及 15 根呈对角分布于面板上的高音竖琴琴弦］，制作于 2003 年。它的右面是一把十八弦的"Sympitar"（6 根标准吉他琴弦、12 根琴颈和琴身内的共鸣弦），制作于 1996 年。照片由作者拍摄

　　在那个艺术天赋觉醒的夏天，李博泰拉住在乳品仓库后面山坡上的一顶帐篷里。作为反主流文化实验的一部分，他说服学生们和他一起看看可以坚持多长时间不穿衣服。卡尔森那时住在当地的一个公社里，上学期间就读于一所非全日制高中。他和另一个学生对制作杜西莫琴产生了兴趣，学校的负责人便为他们找来

了李博泰拉，李博泰拉当时是戈达德学院（Goddard College）的学生，会制作"色彩炫目的杜西莫琴"。李泰伯拉身怀多项技能，足以胜任制琴教师一职，他曾给一位音乐理论教授当过铜锣焊接工，这位教授号称制作过"世界上所有种类的乐器"，其中最知名的是用金属板做的一组爪哇加麦兰管弦乐器。[23] 李博泰拉指导他的学生学习了有关杜西莫琴制作和木材获取的基本知识，还告诉他们去一家造门厂和一家摩托车店外的大垃圾桶那儿碰碰运气，在这些地方，他们搜罗到了三合板做的"门板"和菲律宾桃花心木（柳桉木）做的包装箱。课程结束后，卡尔森与李博泰拉成了朋友，并在他身上找到了从头开始设计并制作乐器所需要的支持和灵感：

> [李博泰拉]不是一个受过训练的音乐家，也不是一个训练有素的乐器制作者。实际上，除了他做那些事的方式之外，李博泰拉并没有直接教我什么，因为他知道的也没那么多，只是很有灵气。他是一位出色的匠人，非常有天赋，归根结底，他知道的比我多。我只是看着他，而他会在我画图纸时出谋划策，因为他画过很多，所以我非常早就知道了要画出乐器的样子，并努力想象它们会如何发声。我当时真的是在胡乱画。他带我去了纽约的大都会艺术博物馆。当时我的震惊溢于言表；现在回想起当时感受到的震撼，我还是会热泪盈眶——我意识到，那里就是一个乐器王国。我四处闲逛，还简单地画了一些素描图。我当时十分想要做一把琵琶——一种中国的鲁特琴，但对其一无所知。我用三合板和柳桉木做了一把。

效果不是很好。它有长而高的音品。我在上面雕了一些小脸还有其他的东西。我在音乐方面一点儿都不成熟，但非常重视视觉效果，所以我没费太多力气就熟悉了设计元素和其他类似的东西。

"只是看着"和通过观察来学习是手工艺学徒的基本能力。[24]正如卡尔森所认识到的，除了"他做那些事的方式"外，李博泰拉几乎没有提供什么直接的指导。卡尔森从这种指导中汲取的不是一套知识体系——李博泰拉"知道的也没那么多"——而是与他所渴望制作的手工艺品有关的观察和思考之道。他会用视觉形式呈现一件乐器实际或设想的诸种特性，如此便能将某个设计与该设计经过实体化后运转的实际情况进行对比。参观大都会艺术博物馆之所以令卡尔森"感到震惊"，不仅是因为博物馆使他接触到了此前没见过的乐器，还因为那场面使他对此前参与的教学场景感到幻灭，博物馆里的那些乐器所呈现出来的各种可能性，是他望尘莫及的。当他四处闲逛，画下他所看到的东西时，他遵循的是一种可能对杜西莫琴有效的调音模式，但这对琵琶显然不会有什么效果。

1975年，卡尔森偶然看到一张传单，上面是佛蒙特州南斯塔福德一所名为"地球艺术"的吉他制作学校的广告。这所学校距他所在的公社大约有一小时车程——近到不会引发离家的焦虑，又远到足以算作一次考验。这所两年前由查尔斯·福克斯创办、课程为期六周的寄宿学校——后来改名为吉他研究与设计中心（Center for Guitar Research and Design）——是北美的第二所此类制琴学校。[25] 秉承《全球概览》杂志的精神，地球艺术学校——其实就是由三个圆顶帐篷组成的建筑群——迎合了一代年轻人，他们被"用自己的双手满足物质需求"的理念吸引而来。课程所需的 800 美元费用对卡尔森来说是个大数目，要知道他每个月捐给公社的钱也很少超过父亲寄来的 50 美元零用钱。"我确实得到了其他人的帮助。"他承认。他的父母分居了，并且两人都离开了公社。但他的父亲为他留了 2000 美元，还让卡尔森用这笔钱支付学费、生活费，并购置一套基本工具。

制琴课程于 11 月开始，全部学员就只有卡尔森和另外 5 名男子，他们几个住在圆顶帐篷里，还一起搭伙解决吃饭问题。查尔斯·福克斯和他的家人住在一栋原木屋里，他每天早上会给学生演示当天要进行的工艺流程。[26] 福克斯曾是一所高中的艺术老师，他有一项本领，能将有关吉他制作的各种复杂难题提炼成"一组简单的规则"，从而使学生能够轻松消化。"这是他的天赋，"卡尔森确信地说，"而且仍然是他的天赋。"为了把福克斯的指导记录下来以供将来参考，他写满了一个"又大又厚的笔记本，有大量的笔记和图片，包罗万象"。回顾过去，他说他获得的最有价值的教益就是一种"思考吉他制作流程的方法"：

> ［福克斯］教给我的，依然是我以某种方式还在做的。我干［制作乐器］这个已经够久了，现在所需的仅是"菜谱"。这就像一个厨师了解各类蔬菜，知道烹饪蔬菜的火候，也知道各种火候做出来的口感，但就是没菜谱。然后有人给了你一份菜谱，突然间你就能做法式乳蛋饼或任何你想做的了。

我有了菜谱，就是这本笔记。有好几年，我在制作每件乐器时都会用到这本笔记。我曾非常依赖它，尽管我曾——好吧，我曾非常想要成为一名艺术家。但是我知道，我需要花一段时间来熟悉这些规则，并按照这些规则去做。所以我那样做了几年，还做了一些相当传统的乐器。从那时起，我就一直在努力，设法有所超越。

卡尔森断言福克斯的天赋"仍然是他的天赋"，这与其说是因为福克斯一直在他的家乡波特兰教人制作吉他，不如说是卡尔森在过了30多年后仍然珍视这种天赋。因为，传递给他的那份"菜谱"并不是一份静止不变的文档。他在去福克斯的学校之前就已经熟悉了吉他制作手艺所涉及的材料、技术和审美特质，在学校里，他所学的是一种将这些成分放到一起的方法。然而，要使那份天赋成为自己的天赋，需要付出一种感恩的劳动——在能够"超越"规则以实现自己的天赋之前，他需要在一段时期内"按照这些规则去做"。当卡尔森意识到，他记录在笔记本上的内容并非一套神圣不可改变的程序时，这项劳动就开始了：

　　有趣的是，我回去[学校]拜访了好几次，因为的确很近，而且我最后还学会了开车。我可以在他上课的时候去拜访，可以去看他教的是什么，他每次教的方法都不一样，和他当时教我的完全不同。弯侧边的方式完全不同，做其他工序的方法也不同，但都很有效。这是最美妙的事情。

卡尔森非但没有因为福克斯用了新方法而感到灰心丧气，反而对他用即兴方法感到高兴。作为一种表述行为（performative）的技能库，"菜谱"就是指决定什么"管用"的组织逻辑——在实践中，这种逻辑带来了替代技术的发展。卡尔森渴望摆脱他那本满是规则束缚的笔记，享受类似的自由，他开始关注笔记中与振动琴弦的物理条件有关的潜藏智慧：

> 一切都始于一张纸上的一条直线——这就是[福克斯]教给我的，也是我还在做的。我喜欢这样。拿一大张海报纸，从一条直线开始，之后的所有东西都以那条直线作为基准。那条线是一切的中心——琴弦通道的中心、琴颈的中心、雕刻的中心。但等到我开始尝试不用那条线进行制作，之后的一切就开始变得不对称了，而且从很早开始，我做的东西就变得越来越不对称了。最终，我意识到我真的非常想丢弃那些规则。我真的想在不被那些规则禁锢的基础上成为一名大师。

20世纪70年代末，卡尔森制作的乐器开始引起人们的注意，而且他在新兴的制琴运动中收获了志同道合的友情：史密森尼美国艺术博物馆在其开创性的"和谐手工艺"展览中展出了他制作的一把吉他；1979年在波士顿召开的美国制琴师公会的年会上，他还遇到了自己的终身伴侣苏济·诺里斯（Suzy Norris）——她是一位艺术家，也是一名小提琴制作者。卡尔森和诺里斯、李博泰拉一起，创立了佛蒙特州乐器制作合作社（Vermont Musical Instrument Builders Cooperative），这是一个工坊，它汇集相关资源，并将一小群工匠的作品推向大众。[27] 通过这个工坊，卡尔森认识了丹尼尔·赫克特（Daniel Hecht）和亚历克斯·德格拉西（Alex de Grassi），这两位艺术家曾在温德姆·希尔唱片公司（Windham Hill Record Company）录过唱片。到20世纪80年代，卡尔森开始设计配有共鸣弦的非常规吉他，这些乐器最终将借助德格拉西精湛的音乐演奏而被介绍给主流大众。1989年，卡尔森认为是时候离开公社了，于是他和诺里斯启程前往他父母居住的圣克鲁兹。在那次混乱的搬迁途中，那本在地球艺术学校用过的笔记本遗失了。

20世纪70年代初，罗尔斯顿·普瑞纳公司（Ralston Purina）的那件18米长的玻璃纤维奶牛正在欧洲各地展出，一个反叛的政治团体将其抢走并丢进大海。1974年，这头"奶牛"被冲上岸，在新斯科舍省的佩姬湾（Peggy's Cove）被发现，迫切需要粉刷一新。当时有一则广告发布——"招募：给牛喷漆的艺术家"，托尼·达根－史密斯（Tony Duggan-Smith）响应了这则招募启事，他是哈利法克斯市诺瓦艺术和设计大学的学生，为了好玩，他什么工作都愿做——尽管他告诉我，他从来没想过要站在脚手架上彻底清洗一头比真牛还大的玻璃牛。2009年蒙特利尔吉他展开幕式前的早餐会上，达根－史密斯告诉我，他尽量兼顾几个职业，既是吉他匠人、作曲家，也是专业的吉他手。在那个细雨绵绵、阴云密布的早晨，在喝下第一口咖啡之前，他语速飞快地说着话，人生中那些奇异荒诞的小事也令他异常兴奋。

如果他不是负责这个项目的当地创业者，给牛喷漆的这个情节可能只是另一场疯狂的现场喜剧演出。另一名吉他匠人鲁弗斯·斯图尔特（Rufus Stewart）恰好从蒙特利尔搬到哈利法克斯，开了一家吉他工坊。达根－史密斯开始在业余时间与斯图尔特混在一起，并最终认识到乐器修理业务要比艺术学院更有吸引力，尤其是在概念艺术统治了纽约画廊界的时候。学年中期，加拿大民谣歌手布鲁斯·科伯恩（Bruce Cockburn）在哈利法克斯演出，达根－史密斯与其录音团队的成员建立了友好关系。在彼此还没那么熟悉的时候，这些人就已经劝他离开学校，跳上他们的面包车一起去多伦多。我们一起大笑，回忆起 20 岁这个浮躁的年龄是多么容易干这种事。

离开哈利法克斯之前，达根－史密斯用自己的莱斯·保罗吉他和一把吉布森南方巨无霸吉他（Gibson Southern Jumbo）从斯图尔特手中换来了一把拉里韦吉他。这把手工制作的拉里韦吉他，外形很像古典吉他，却是钢弦的，达根－史密斯认为，这把吉他的声音在他听过的原声吉他中是最好的。问题只有一个，"琴颈真的非常大，就像一根原木"，这让达根－史密斯很难弹奏。[28] 到了多伦多，他就去了让－克劳德·拉里韦的工坊，想看看能在这把吉他上做点儿什么。拉里韦将这把吉他递给他的助手，并问他琴颈是否太大了。助理用这把吉他弹奏了一首科伯恩的作品，然后说琴颈很好。在今天这样一个定制吉他的世界里，拉里韦在公关方面可谓做了一个豪赌，他把吉他还给了达根－史密斯，并告诉他："你只需要习惯它就可以了。"

达根－史密斯直接去多伦多民俗中心卖掉了这把吉他。该中心最终雇他做吉他修理工作，而他也很高兴能有机会磨炼自己的技艺。像其他在北美运营的民俗中心一样，多伦多民俗中心也是民谣音乐家和反主流文化狂热者的活动中心。它的老板埃里克·纳格勒（Eric Nagler）为抗议越南战争于 1968 年离开美国，并于 1972 年因逃避兵役而受审，但最终被判无罪。[29]1975 年，拉里韦来到这里，希望找到一个新学徒，达根－史密斯得到了这份学徒工作：

> 在那个时候，人们会从世界各地给拉里韦写信[说]："请收我为徒吧！"他是有名的古典吉他制作者，因为他曾是埃德加·门希（Edgar Mönch）的学徒，而且他真的很厉害。但是我一直没想过要为他工作。我说："唔，工资多少？"他看着我说："没有任何报酬，这是一个学徒培训。你过来，然后学到经验，报酬就是你会学会如何制作吉他。"我说："你一定是在开玩笑吧！你疯了吗？"但所有那些[为他工作的]人都在那里无偿工作，因为他们真的想在那里学到东西。我说："我做不了。我没有信托基金，我得养活自己。"所以他最后给了我与民俗中心同等的工资，钱不是很多，但足够我生活。

达根－史密斯说他"并非闹革命的工会领袖"，但他这一出乎意料的举动，导致拉里韦的其他工坊助理都要求并最终得到了一定的工资。那些工资谈判发生时，拉里韦正计划将他的六人工坊扩大成一个工厂，可以说这些谈判的确反映了北美制琴运动的一个转折点。20 世纪 70 年代中期，几个美国的手工匠人正逐步采用工业化的生产方式。[30] 在这批人中，只有拉里韦有过当传统学徒的经历。[31] 当他在 1971 年将重点从古典吉他转向钢弦吉他时，拉里韦就开始自己收学徒了——头一个是18岁的威廉·格里特·拉斯金，他在开办自己的工坊之前给拉里韦工作了两年。那些足够幸运能在20世纪70年代有机会当学徒的人，可以期望通过交换他们的劳动而学得手艺。然而，正如达根－史密斯观察到的，如果生产水平提高，工作变得更专业化，那么这样的契约关系就瓦解了：

> 现实是，[那时候]与让[－克劳德·拉里韦]一起工作，他教给每个人的都是非常有限、具体的东西。没有人能把所有东西都学到。一个真正"真实"（true）的学徒期是阶段性的，你在其中可以学到全部流程，而让从来没这么教过我们。他是个聪明人，他知道，如果你把所有东西都教给别人，他们全学会之后就会离开。所以，要是你只教他们一点点，而且他们还必须观察其他人来尝试和理解流程的其他部分，那么你能留住这些人的时间会更长。

对于那些希望亲手制作吉他的人，达根－史密斯认为"理解全部流程是最重要的事情"。1977年，拉里韦搬到了温哥华的一家更大的工厂，他在多伦多的4个学徒——包括琳达·曼策和达根－史密斯在内——也和他一起去了。[32] 在这片新天地，达根－史密斯白天要安装品丝，在夜晚还得做镶嵌工作。尽管他对自己在那些特别的"展示"型号吉他上所做的镶嵌工艺感到自豪，但他感觉这么干太累了，而且没有得到足够的报酬，于是他很快就回到了多伦多。从20世纪70年代末到90年代初，他一直在做乐器的维修和复原工作，还给电影公司设计布景，并开启了他的音乐家生涯。

1995 年，达根 – 史密斯又被制琴吸引，当时他得到了加拿大国家艺术理事会（Canadian Council for the Arts）的资助，这笔钱使他能够跟随曼策学习拱形吉他的制作，而且直到今天，他也一直以兼职身份和曼策一起工作。回顾这段正式的学徒经历，他印象最深的是曼策教会了他如何理解吉他。他说，曼策不是孤立地看待制作过程的各个方面，而是鼓励他把制作流程作为一个整体来理解：

> 把各个部分作为一个整体来理解的做法才是一种本领，才是魔力所在。很多人做东西，无论是一把吉他还是其他什么，他们了解的只是其中几个环节。他们掌握了一部分环节，但没有掌握全部。这就像科学或其他什么东西一样。那些突然看到了全局的人，才是真正能做成东西的人。因为你做的那个东西有很大的魔力或者说神秘性；你懂的，它从来都不是绝对有限的。

不纠结于细节——如一个敲击音的音高或一个斜角连接处的精确度——这使他能够"看到全局"，并凭直觉理解乐器作为一个综合系统是如何运作的。在理解"整个"生产流程方面，手工的理解方式与工业化的理解方式之间的关键区别，与领悟这一流程时涉及的时间感知模式和其他感官模式有关。在乐器生产之前，工厂制造商所掌握的专门知识就以视觉设计的形式呈现出来了，之后会有一大群工人将设计付诸实践，这些工人中的每一个人都只能控制"各个环节"的一小部分。相比之下，匠人所掌握的专门知识调动的是五感，并在整个制作过程中得到实际的呈现，而这一制作过程从头到尾都处在一个人或几个小车间制作者的控制之下。要想"充满魔力"，达根 – 史密斯坚称，一把吉他必须与制作者的身体进行激烈的、长时间的接触，从而"有机"成型。

> 达根 – 史密斯：琳达 [·曼策] 非常强韧，也很大胆。她无所畏惧。她就是开始做了，而且做到了，就像发电机一样精力充沛，而且看她工作很精彩。人们总是想当然地认为她就是一个女吉他工匠什么的，但她在车间里简直就像是一头野兽，真是不可思议。我有很长时间都和琳达在一起，而且通过观察从她身上学到了很多。正是因为她在吉他制作过程中与吉他有大量的身体接触，我才从她身上汲取了很多知识。
>
> 我：你说她无所畏惧，那是什么意思？
>
> 达根 – 史密斯：她不是在想"我要做一把贵得吓人的吉他"。她脑子里从来都没有那种想法，而是"我手里有块木材，我要开工了"。这不是一件故作姿态的事。她就是做她想做的东西而已。这就好比，如果你看到玻璃吹制工拿着吹杆一边转一边吹，心里会想："天哪，这会掉下来摔碎了吧！"跟那样，工作时她会干得热火朝天，而且很质朴，也真的很有活力。我喜欢这样。

要是太过清醒和理智——测量和掂量每一块木材，纠结于每一个"宝贵"的细节——就有可能只见树木不见森林。达根－史密斯表示，一个堪称创造的行为，必须是一个完全具身化的过程。将曼策形容为"车间里的野兽"，正如我听到的那样，是对人类和非人类主体在"热火朝天、质朴、有活力"的手工劳动表演中的互动时所体现的体力强度和情感强度，表达出一种敬畏之情。正如达根－史密斯敏锐意识到的，曼策知道的很多东西是无法用语言表达出来的。"不是每个人都能告诉你他们在做什么，"他指出，"一些最好的匠人，世界顶级的大师，也没法说出个一二三来，没法掰开揉碎了教给你。因此，你必须能观察这一切，仅凭身体来理解这一切。"在这样的学徒制中，制琴的全部技能只能传给那些善于观察的人。[33] 正如达根－史密斯所说，责任其实在学生一方，他们得接受这种教学形式：

> 你必须停止谈论自己，然后闭嘴。因为我们都是这样的——自我（ego）意识作祟。我们都在努力推销自己，努力给人留下印象。有时你必须闭嘴，只是把一切都看在眼里，但不是每个人都善于如此。如果你真的想要成为一个伟大的吉他匠人，这是其中一个你必须掌握的重要技能：把你的自我塞进手提箱里，并单纯地去观察这一切。我认为很多人在途中就放弃了，因为他们做不到这点。他们没有意识到，有些学习并不是自己习惯的那样。有些是很微妙的，而且非常缓慢。

按照这种观点看，制琴的教学场景主要是在旁观者的眼中形成的，而不取决于被观看者的教学技术。现场学习一门手艺的全部技能，其中就包括"把自我塞进手提箱里"这个技能——把注意力集中在当下发生的事情上，并想象自己的身体处在另一个人的位置上。达根－史密斯认为，以这种"不寻常的方式"学习的能力与这门手艺最终如何被实践有着内在联系，因为那些未能培养出这种技能的人"在途中就放弃了"。从这个意义上说，对大师富于警觉的观察就相当于一次带妆彩排，提前排练了最终必须运用在手工艺品上的那种经过训练的专注力。

这种学习形式是"微妙和缓慢的"，正因如此，如今的学徒制才如此难得。提供快速、可衡量结果的教学技术，更能满足学徒和潜在雇主的经济利益需求。但是，对于那些并非只把吉他制作当成一份工作的手工匠人来说，对仪式性知识的获取有望改变"推销"自我和体验自我的习惯方式。[34]

关于经验

一阵风吹起了墨西哥餐厅的遮阳篷，让餐厅暂时摆脱了正午的炎热。我坐在露台上，俯瞰着穿过亚利桑那州凤凰城老区的道路，正与五个二三十岁的男人共进午餐，他们都是罗伯托－维恩制琴学校（Roberto-Venn School of Luthiery）的导师。这所学校位于一个街区以外的一块狭长土地上，周围掩映着一些干枯的树木。宽阔的前门廊有一个平顶，上面水平放置着学校的招牌。看上去，这座单层的办公楼就好像好莱坞电影里的酒馆。学校附近有一个瓦楞钢板制成的活动房屋，用作教室和学生的工坊。大部分机床设备都在户外的阴凉工作区。学校于1986年占用了这片地方，之前的业主曾在这里开设了一个垃圾场——之前的痕迹在今天依然清晰可辨。

罗伯托－维恩制琴学校的导师们自己都还是刚毕业的学生，此时他们围绕《吉他英雄》（*Guitar Hero*）或其他电子游戏是降低还是提高了手工技巧展开了热烈的辩论。我们一直在谈论不同时期学生的特点，讨论现在的这批学生是否已经准备好做该做的工作了。最后，其中一个人说："你可能已经注意到了，我们的大多数学生都是男性。"我问他们班上是否曾有过女性或其他族裔的学生。咨询了年长的导师后，我们得出一个共识，在过去15年时间里，大约有8名女性和2名非裔男性。[35]

鉴于制琴学校每年只开办两个班，每个班平均有30—35名学生，我们很难忽视其中的社会同质性（social homogeneity）。"无论是什么原因，"一位导师提出，"罗伯托－维恩制琴学校对女性和非裔学员的吸引力不大。"

我问为何会如此。在接下来令人不太舒服的沉默中，我的脑海中闪现着我在学校唯一的厕所旁看到的一堆色情杂志。

其中一位年轻的导师耸了耸肩，推测说："大概是主流文化不鼓励吧。"其他人也开始附和，同意这种现象与文化有很大关系，指出人们"更容易接受"男孩参加手工艺课程或者玩乐队——这两项活动可以使他们熟悉机械和吉他。

和大多数制琴师一样，罗伯托－维恩制琴学校的这些导师依靠"经验"和"文化"来解释为什么有些人热衷制琴，而其他人不会。在这种情况下，想要制作吉他的那类人通常也都是弹吉他的人，他们在使用工具方面得心应手，而且都来自传统上重视手工艺的欧洲白人族群。对文化经验的这种理解使匠人能够肯定自己对制琴富有天资，并且不会质疑各种排斥其他主体进入的传统惯例。可是长期以来，正是这些排外的惯例使得他们对机遇做出上述理解。从这个角度看，大多数有抱负的匠人都是像他们一样的白人男性这个事实就完全无关紧要：他们只不过碰巧是那些因遗传和社会化而倾向于喜欢吉他的人。

但还有另一种思考经验的方式。经验可以是"某种我们试图解释的东西"，而不是"我们解释的依据"。[36] 从这个角度看，问题就不是"做吉他的都是什么样的人"，而是"做吉他的人拥有什么样的经验"。如果制琴是"从经验中学习"，那么要学习的究竟是什么？为什么那种经验是令人向往并值得拥有的呢？因为经验可以是一个反复无常的老师。并非所有人"学到的都是一样的教训或以同样的方式学习"，历史学者琼·斯科特（Joan Scott）观察到，"经验既可以证实已经知道的东西（发现已经学会发现的东西），也可以颠覆已经被我们认为是理所当然的东西。"[37] 我认为，初出茅庐的匠人希望通过制琴的教学场景学到的东西，其实是在后工业社会中成为白人、男性和经济自足之人的一种方法，而这种方法本身就具有文化意义。

唐·温德姆（Don Windham）在罗伯托-维恩制琴学校的第一天，正如他所说，是"完全不可思议的"。[38] 每学期开始时，学生和导师都会做自我介绍，告诉大家他们来自哪里以及为何来这里学习。温德姆成长于加州欧申赛德（Oceanside）的一个"大部分是黑人和墨西哥人的社区"。他说自己"易怒并对很多东西感到失望"，而且会"痴迷于某些"他尚未"搞清楚"的事情。36岁的他已经在罗伯托－维恩制琴学校任教 10 年了。但在第一天踏入学校，聆听校长比尔·伊顿的演奏后，他感觉自己进入了一个陌生的世界：

> 当天晚些时候，我们在演讲室欣赏了那次表演，比尔 [·伊顿] 在那里安装好所有的设备，并开始演奏——他是那种新世纪音乐家，所以演奏的也是那种新世纪的东西，而且他告诉我们闭上眼睛，想象自己在一个山洞或其他类似的地方。我只是觉得很不自在。我看着周围这些嬉皮士，想的是："哦，伙计，我被嬉皮士包围了！我该在这里吗？这真的是适合我的事吗？"不管怎样，结果还可以，但第一天非常奇怪。那时我心里只有一个小舒适区。

温德姆打量着其他学生，其中许多人都"穿着扎染布料做的衣服"，他认为自己是唯一"看起来像是 20 世纪 60 年代的墨西哥摩托车手"，并拒绝加入伊顿那场前往弦乐器古老过去的声音之旅。他对"嬉皮士"的厌恶可以追溯到高中，当时他在一家理发店打工，虽然我不太清楚具体是因为什么，但他应该有过一段不愉快的遭遇。与我交谈时，温德姆并不认为自己是墨西哥裔美国人，但他意识到，其他人可能会根据他的外貌和家乡——这些都是他曾试图以某种矛盾的方式与之保持距离的文化标记——而将他视为墨西哥人。他告诉我他的"小舒适区"是一个"安全港"，这是他对自己摩托车手身份做出的一种心理学解释。"我只是一个没有安全感的人，"他解释道，"这就是为什么我要留一头长发，还要蓄大胡子。我只是不想让人和我说太多话。"他说他18岁时加入海军是为了将自己与朋友以及他出身社区的那种粗暴性格剥离开，"离开高中后，我想离开[欧申赛德]的其中一个原因是，我已经有朋友被逮捕或入狱了。我只是觉得，如果还待在镇上，那我很有可能最终也会步他们的后尘。而且我不想被他们牵扯，因为我完全不想因为一些可能是极其愚蠢的事而锒铛入狱。"

尽管如此，温德姆在退役后还是回到了老地方，恢复了自己的社交生活，成了一名贝斯手，在各个乐队演奏，有"使用古怪乐器的乐队"，还有"大概是某种朋克摇滚之类的"乐队，各式各样的都有。他找到了一份修理汽车的工作，并进入当地的社区大学学习，学费由军队支付。然而，除了哲学课外，没有什么课程是他真正感兴趣的。他曾希望不要重走父亲的道路——高中毕业后结婚，并在一家机械厂做一份累人的工作——但却一直成绩平平，他觉得自己的余生注定要去修理刹车了。"从我出生长大以来，就一直非常消极，"他说，"我只是觉得很多事情都没什么希望。"但是，当从一个与他一起"搜罗吉他"的朋友那里了解到罗伯托－维恩制琴学校时，他就渐渐有了未来在当铺修理和转卖吉他的想法。温德姆下定决心，卖掉了他当时正在改装的一辆1949年的雪佛兰汽车，搬到了凤凰城，决定用自己的积蓄、贷款和退役福利费，赌一个不一样的未来：

温德姆：我对当时的工作地点和工作内容都不满意，真的。我［在军队］有了酗酒的毛病，所以，我感觉所有事——好像我总是搞砸自己所做的事情。做修车工时，我从来没有搞砸任何人的车或造成任何问题——从我这里开走的车不会出现轮胎脱落或其他什么问题。但我总是觉得，要么我没有在做应该做的事，要么没有达到我做某件事应有的水平，要么就是觉得没什么成就感。但是，当我来到这儿［罗伯托－维恩制琴学校］时，情况起了变化——我们做了几把吉他，而且我成功地做出了那些吉他，那算是一个成就。我没想到会有这么难。

我：为什么说会有这么难？

温德姆：做吉他这件事，其实是精神上的挑战。手上的功夫并不是什么大问题，因为你就是要培养手艺之类的，而且我做得还不错。但是，我只是最后感到很惊讶，我真的觉得自己做了一些什么，而我已经有一段时间没有真正觉得自己做了一些事了。所以，这在某种意义上可以说是为我打开了一扇门。

说做吉他"难"，是"精神上的挑战"，也就是承认吉他制作涉及的不仅仅是手工上的灵巧或技术的熟练。那种"成就"感，特别是完成第一件乐器时，包括一种与高雅品位和自我管理相关的社会地位。对于像温德姆这样的蓝领来说，虽然在修理汽车和摩托车时非常果断，但处理木材似乎是件相当深奥难懂的事。温德姆苦恼地承认，当被要求带自己的凿子到学校时，他带了一套

"冷凿子"——用于金属加工的那种，这对机械师的儿子来说理所应当，但却不是适合制琴的工具。此外，他在七年级的手工课上接触到的木工项目使他相信，做一把吉他是相当简单的：

> 在我心里，这一切似乎都会相对容易。但我发现，每个环节都有难点，无论做什么。如果不注意某些小细节，就会错过一些更重要的事情。这已经渗透到我的日常生活中，如果你不注意小事，就会错过一些大事，这绝对是我学到的很好的一课。

在高强度的照明灯下，即使是最细微的工作，也与成品的成败息息相关。事情并不像看上去那么简单，而且每个细节背后都可能存在被"忽略"或完全没有意识到的"更重要的事情"。从这个有利角度看，制作一把吉他就是一项练习，练习的是"注意"到自我和手工艺品之间的关系，以及"注意"到一个人的能力如何反映在另一个人的能力中。"制作一把吉他所教给你的东西，"温德姆说，"是耐心和局限。你了解了自己的局限，即使是把东西粘在一起，形成一个不错的接缝这样的小事情。"任何借口都不能改变接缝做得不好的事实，而且成为一名制琴师意味着要接受返工重做，"而不是发一顿脾气然后把东西丢到一旁"。

温德姆认为，学会接受个人的局限是学习和培养知识和技能的第一步。"了解自己的局限这件事，最酷的一点就是，这些局限不会一成不变，"他说，"所以，也许今天我做不到，但是如果我努力，迟早能做到的。"成长的局限性和可能性这种意识也会"渗透"到日常生活中，这也表明了在制琴中，"学到教训"的"主体"既是匠人自己，也是工作台上的吉他：

> 他们告诉我们，通过这门课，我们会学到很多关于自己的东西。起初我不相信他们，但到了最后，你会发现那是真的。所有的创造力以及你投入吉他中的一切，这些都来自——也许是来自你已经看到的东西，但是你会从中吸收些什么，然后再坚持一会儿就有机会把它们放回去。那些东西来自你的内心，不管它是否与某些东西很相似。无论是什么，你都会想要努力地表达出来。

温德姆认为，制作一把吉他包含对自身创造潜力的持续认知。虽然有些人可能会低估自己作品的原创性——大部分罗伯托 - 维恩制琴学校的学生都是在标准款的基础上制作略有变化的吉他——但他意识到，创造力不仅仅与吉他设计有关。它还涉及通过"吸收些什么""坚持一会儿"然后"把它放回去"来培养审美天赋。他认为，制琴是一门"艺术"，因为无论是在身体层面还是情感层面，他都将自己作为某种构成材料投入乐器之中：

> 我能画出不错的东西，但不认为自己是那种所谓的艺术家。我不能把感觉转换成色彩或其他什么。但是我知道我做吉他时的各种感觉，以及制作那把吉他所经历的情绪起伏，还有挫折感之类的。但愿所有这些感受，或者说不管是什么，经由你挥洒的汗水，都能深入所有的木材之中，全程只用手

在接触——正是这些使我做的吉他成为我的艺术作品。尽管它可能看起来和其他人制作的 [吉布森]J-45 的外形一样，但在那把吉他里面有更多东西——这些东西里都有我的影子。这就是它成为 [自我] 表达的原因所在。这跟组装一个标准款吉他不一样。它不是先做 A，再做 B，再做 C，最后做 D 这种按部就班的工作。你会遇到各种小问题，然后你会对自己感到失望。你必须求助于自己——比如告诉自己"我必须这么做，只有这样才能解决问题"。如果你在乎，就会仔细考虑每一个流程，并且真的会在上面投入很多时间和心血。

温德姆回忆起当时为他"打开的那扇门"，从罗伯托 – 维恩制琴学校毕业后，他就成了助教，他说感觉自己在情绪上没有那么压抑了，而且"沉浸在自己的世界里"。他曾经总是拿嬉皮士开玩笑，现在则开始认为他们"就像普通人一样"，只不过"他们在表达情感方面更开放一些"。他"不是一个很情绪化的人"，但随着时间的推移，情况发生了变化。他现在相信"每个人在本质上都是差不多的，都希望发挥一些创造力"。对于那个曾经"紧绷"的自己，他现在会困惑地摇摇头：

过了几年，我回过头来才意识到，对我个人来说，这真的是一个转折点。有很多人给我起了个绰号，叫"唐看法"，因为我对所有事物都有自己的看法，但那些看法都很封闭狭隘。我以前不是个思想开放的人，即使我可以坐在教室里和别人聊天，但其实我并不在乎别人。罗伯托－维恩制琴学校的经历好像让我变得开放了一些，能稍微多关心别人一点了。我主要是跟那些对他人更开放、对其他想法和事物更包容的人瞎混在一起。我能够更开放地对待人们，而不只是让他们知道我生活中那些看似私密的细节，那些归根结底只是表面上的细节。能够对每个人，包括对我自己更诚实，这就是我所说的那个转折。

温德姆开始学着与一茬又一茬的导师和学生一起"瞎混"，他们来自不同学年的班级，文化风格也各不相同，这使得他更能接受差异，也在与他人的关系中表现得更真实。他对嬉皮士的敌意消失了，对自身阶级和种族身份的焦虑似乎也减轻了。学校，就像一个由集体组成的导师，给了他一份礼物，而他觉得自己有义务回馈这份礼物。"我觉得我欠罗伯托－维恩制琴学校一些什么，"他解释道，"因为它改变了我内心深处的一些东西，教会了我一种看待世界的方式。"他满怀渴望，想要将这种看待世界的方式迁移到其他事情上。"我不在乎他们是否记得我，"他说，"但是希望[罗伯托－维恩制琴学校]仍然会专注于重要的事情，能赋予人们看世界的新角度。那是一个重要的地方，无论它有多么小。"2010年，温德姆与凤凰城音乐界的关系日益密切，于是他离开了罗伯托－维恩制琴学校，开了自己的音乐商店和修理工坊，并在那里售卖自己手工制作的 Haymaker 吉他。

彰显权力

2004 年，贾森·科斯塔尔（Jason Kostal）有过一段强烈的自我反省期，一天，他从梦中醒来，突然顿悟：

> 我醒了——当时大约是凌晨两点——然后说了一句"我想要学做吉他"，真的不是夸张。有趣的是，我所渴望的并不是为了谋生而学习如何做吉他。我渴望的是懂得某样东西是如何制作的，又是如何组装起来的。作为一名演奏者，我当时一直在收集各种吉他，我觉得自己在乐器上花了很多钱，但并不真正理解为什么一把吉他比另一把吉他更值钱。所以我被这个行业吸引，不过并不是真的想要进入这个行业。我只是想多知道点儿东西。我渴望学习那些知识。[39]

当时，科斯塔尔正在埃默里大学（Emory University）攻读工商管理硕士学位。之前八年他一直在服役，在"世界上所有的主要热点地区"担任特种作战部队军官，而现在，他准备在美国找一份工作。要不是因为他那一代的西点军校毕业生实在是忍受了太多高强度的作战行动——他们面临的军事部署比自越南战争以来的任何一代军人都要多——否则是否继续服役会是一个值得认真考虑的选项。事实上，他已经光荣地履行了对国家的责任，也觉得现在是时候去探索不一样的未来了。他对制琴的"知识渴求"并非凭空而来。青少年时期，科斯塔尔就曾在密尔沃基的威斯康星音乐学院（Wisconsin Conservatory of Music）学习过指弹吉他；

在西点军校时，他也经常在军营、纽约市及周边的场馆为音乐家们做开场表演。尽管他已经放弃了成为职业吉他手的梦想，但音乐仍是他生命中永恒的意义来源。

无限的好奇心促使科斯塔尔跟随亚特兰大的吉他匠人肯特·埃弗里特（Kent Everett）学习吉他制作。在课程中，学生们会观看埃弗里特演示制作一把吉他的过程，还会做笔记，问问题，但不会自己实际制作乐器。科斯塔尔越来越渴望做点儿真东西，便开始在业余时间制作吉他，在必要时会向埃弗里特请教。2005年，他接受了盐湖城一家世界 500 强公司的零售管理职位。然而，经历了一年的幻灭后，他选择遵从自己的内心。

"我当时想，'哇，我还年轻，未来还有很多时间，不能把余生花在我不喜欢的事情上'，"他解释道，"我觉得在服役期间，我已经牺牲了很多对我来说很重要的东西，不是钱或其他什么，而是时间。"科斯塔尔辞掉了工作，收拾好所有东西，然后搬到凤凰城，参加了罗伯托 – 维恩制琴学校 2006 年的春季班课程。那年秋天，他被聘为助教，两年后我见到他时，他还是助教。"我放弃了一份丰厚的薪水和一份表面上看起来极其诱人的好工作，"他回忆说，"我放弃那些是为了寻找我的幸福，成年后，这是我第一次有那种感觉，每天早上醒来时都很兴奋地要开始新的一天。"

科斯塔尔知道，成为吉他匠人的决定在一些人的眼里可能很奇怪。背离了西点军魂的他，担心自己已经"让整个军校失望了，因为自己没能当上可口可乐的首席执行官之类的"。然而，当他在 2008 年参加第十次同学聚会时——"有史以来规模最大的最佳优等生聚会"——他惊讶地发现，这些朋友最欣赏的正是坚持做

吉他匠人：工业化时代的手工艺者

自己所爱之事所需要的勇气。每个人都拍拍他的背，祝贺他"打破了成规"，勇敢地过上了能让自己幸福的生活。然而，与其说这种满足感来自"做自己"的自由，不如说这是源自能够培养自己有待开发的一面：

> 我的生活似乎与大多数人那种千篇一律的方式截然不同，但我选了这么一条路，所以自己感觉也还算很舒服。我没有那种很常见的音乐家才有的心态，这在某些方面对我很有帮助，但这也可能对我有所妨碍。因为我发现，许多处于光谱另一端的人拥有更强的创造力，而我是一个更偏向分析性、内驱力强的人。我希望随着时间的推移，我在创作中的艺术性可以更多地体现在我所做的事情上。但就现在来说，我仍然是一个很纠结的 A 型人格①的人，努力要在这个世界上找到属于我自己的路。

科斯塔尔的职业生涯轨迹并不符合常规预期，因为他身处的那个社会渴望在经济和军事上占据全球主导地位，而他的做法公然挑战了该社会所具有的权力再生产方式。[40]在这个政治体制中，"千篇一律"的社会进步模式，通常就包括在精英形式的高等教育和军事战斗中脱颖而出，以此为劳动力市场和国家政府的高层领域和部门获得权威和财富做准备。[41]选择退出这种精英体制，就是

---

① A 型人格最早由美国心脏病学家迈耶·弗里德曼（Meyer Friedman）等人提出，指雄心勃勃，争强好胜，具有强烈而持久的目标感。

让自己在后工业时代脱离那些能让自己实现阶层流动，并可赋予自己职业地位的诸多制度。然而，虽然科斯塔尔渴望展示一种不同的个人效能，但这不代表他完全排斥新自由主义的意识形态。他正以一种创业者的方式寻求实现一种能力的内在"光谱"，并在市场中以"一人公司"的身份取得成功，就此而言，他还是把经济独立的稳定性放在了心上。[42]

制琴的教学场景是引导其参与者进入一种替代权力主流表达的职业路径。然而，替代路径并不必然与主流互斥。大多数制琴师，无论是男性还是女性，都在寻求实现个人效能和物质上的自给自足，而这在传统上是与中产阶级的男子气概联系在一起的。被视为入会仪式的手工艺教学就是一个过程，向其参与者展示了这种身份的构成要素，以及取得这种身份的方法。正如人类学学者玛丽莲·斯特拉森所说的，成人礼"明确了一些实践，而借由这些实践，人们便'知道'并能归类自己的特质"。重要的不是这些能力在本质上是"男性的"还是"女性的"，而是仪式会告诉参与者"从身体中将其潜能抽出来"的方法，从而让他们知道什么是"男性的"或"女性的"。[43]

制琴中，表述行为的技能库在传播方面也存在类似的挑战：让学生——进而让消费市场——懂得制造可用且在经济上有价值的乐器所需的身体习惯和思维习惯。然而，在这方面，并非所有教学场景都是一样的。科斯塔尔观察到，要想学习如何打造一把"世界级"的吉他，以及如何发挥自身的这种能力，就需要一种特殊的入会仪式：

吉他制作学校有海量的知识，可以用来学习如何制作一把常规的吉他。但是那些知识也只能带你走那么远了。我发现，当你去吉他展时，你会看到各种各样的世界级吉他。但是，那里并没有什么信息来源会告诉你，如何从基础知识的学习中获取世界级的知识。有很多书教你如何制作一把更好的基本款吉他，但没有什么书会告诉你"要想在高端精品市场售卖吉他，你需要怎么做。这是制作那类吉他必须做的事"。[高端精品市场上的]每一个人都在年复一年的试错中学会了这些。对我来说，我想缩短这条学习曲线，或者在开始这条学习曲线时便已经在学习中走得足够远。

在罗伯托－维恩制琴学校待了两年后，科斯塔尔觉得自己进入了"停滞期"。他现有的水平和想要达到的水平之间存在巨大的鸿沟，而他认识到，跨越这道鸿沟所需要的知识和信息是无法在书本或学校中找到的。然而，除非用一生时间经历"试错"的过程，否则他无法确定这些知识到底都有什么，也不知道如何获得这些知识。试想有一个在巴布亚新几内亚想要入会的吉米人（Gimi），他进不去长老们那个不轻易接受外人的小圈子，他只能站在外面，而这些长老却可以利用社区魔笛的力量，同样，科斯塔尔感觉到还有一些手工艺秘密有待勘破。[44]秋天，他将在加州奥克兰参加欧文·绍莫吉（Ervin Somogyi）讲授的吉他调音课。他相信，这次经历会让他沿着自己的"学习曲线"前进。之后，为了不让别人听到，他压低了声音，明显有些得意地向我透露，绍莫吉已经邀请他去面试学徒工了。

图4-9　欧文·绍莫吉，身着华丽的长袍，2009年希尔兹堡吉他展。照片由作者拍摄

　　在大部分北美的吉他展览上，欧文·绍莫吉都会在最后一天于人群中闪亮登场。他威严而优雅，穿着一件拖地长袍，上面印着金红相间的吉他图案，在各个摊位之间走动。有人说他是"制琴界的尤达大师"，这是称赞他在训练崭露头角的匠人方面作出的贡献，也是形容他经常散播精辟见解的嗜好。至于独立制琴师对绍莫吉在摊位前来回晃悠这件事的看法，我只能猜测。对许多

人来说，他那种巡视一定是略显滑稽的装模作样。但他在展览结束后会给一些选定的制琴师和客户发电子邮件，详细写出自己的评论，由此判断，我想不少制琴师在他经过时都会屏住呼吸，想知道自己的作品是否能入他的法眼。

在一个没有正式仲裁者来评判手工艺价值的消费市场中，那些能以高价售卖吉他的人会被授予文化上的权威地位。这些吉他匠人不仅赢得了同行的关注和尊重（有时略有勉强），而且他们的作品也成了那些雄心勃勃的工匠们想要达到并渴望超越的标杆。为了避免被遗忘，绍莫吉通过这样的晃悠提醒人们注意，吉他展览总体上是一个教学场景，其中，制琴师之间的地位差异使得人们看到了制琴界的市场之手。

作为为数不多的还在积极开班授徒的制琴师之一，绍莫吉花了相当多的时间传授吉他制作手艺。最开始的时候，他招收学徒的决定具有经济方面的意义。"我有好多好多年都是独自工作的，"他回忆道，"我赚的钱不够雇佣任何人，所以，对我来说，招些愿意用工作换取指导的人是很自然的事。"[45] 但是，当看到学徒来了又走——有些心态积极，有些则不那么积极——他就想弄清楚，在不那么明确的期望之外还有些什么东西。在其他方面，他开始变得越来越挑剔，决定只考虑那些有吉他制作经验的人——到 20 世纪 90 年代，要想满足这个先决条件，人们可以先在北美众多的制琴学校学习。

避开了那些零基础的初学者，他就不用忍受补救措施这类苦差事，也不用经常担心有人会在使用电动工具时出事故。"除了其他事情，"他解释道，"我实际上有一项业务要经营，需要保证一定的现金流。如果我雇了某个人，他在六个月的时间里都毫无用处，就会影响到我生活中的其他人。"然而，即使事先接受过培训，学徒们也需要投入大量的时间和精力。绍莫吉观察到，学徒们对生产力有负面影响，这是学徒制变得如此罕见的主要原因：

> 一个人若想有效地接收学徒并培训他们，那就需要具备一种态度，一种对手艺无私奉献、虔诚恭敬的态度。你的注意力就不能放在生产力和赚钱上，因为学徒们都非常低效。起初我并没领悟到这一点，但现在已经很清楚了。播下种子并看着下一代成长是一件很有满足感的事，而且他们会接过薪火，并传递下去。缺点是，无论你为学徒做什么，这个过程的学习曲线都有自己的一套逻辑，有自己的发展势头，而一旦事情进展顺利，学徒们知道自己在做什么，他们就会离开，于是你就得从头再来。这真的很有趣，而且对学徒制的有效运作来说也是不可或缺的。

绍莫吉告诉我们，将手工艺的全部技能通过在职学徒培训传授给后来的人，这在经济上是没有效率的。只有诉诸礼物的逻辑，才能使提供学徒工作的决定变得合理。作为制琴共同体内的一种天赋劳动形式，投资于年轻人的教育不仅是对所收到礼物的回报，而且从理论上讲，这种行为也应当约束下一代，让他们也承担起类似的感恩劳动作为回报。然而，代际传承的理想与资本主义社会中的竞争现实之间存在矛盾。与家族企业内部的所有权转移不同，手工艺学徒阶段的知识产权转移很少能以合同的形式确立下来，无法获得政府力量和亲属间非正式认可的保障。

没有商标侵权或所谓的子女义务这样的壁垒来阻止某个忘恩负义的学徒开办工坊，与自己的前导师直接竞争。此外，教学场景本身就可能是一个关于传授和接受何种知识的斗争现场。如果师傅想传授的是一种生活方式，而学徒想学的是傻瓜式的技术和明确的规格尺寸，那双方都注定要受挫。同样，如果学徒不顾相互信任和牺牲的义务，想要加速知识的传承速度，那么手工艺作坊就会成为一个施展诡计的舞台，而不是赠送礼物的场所。[46]

最大的传承失败出现在一些年轻的匠人身上，他们越来越愿意使用计算机化的机械来做那些原本用手工进行的操作。虽然有效使用数控机床程序需要技术能力，但实现复杂设计所需的手工技能也会相应贬值。结果，很少有制琴师寻求或提供传统木工技术培训。作为一个认为自己首先是位"艺术家"的匠人，绍莫吉率先承认，即使他不招收学徒，他的制琴方法也会被认为是"低效的"：

这个行业中许多年轻的新星都是左脑型人才和技术能手，这很好，但他们不是我想教的。他们对非技术的东西不感兴趣，可我感兴趣。我知道这项工作有很多非技术方面的内容。我的方法效率低得惊人。我做出了极好的、令人钦佩的成果，但没有一件是迅速完成的。如果我能把一切流程化、标准化，并把我的方法限制在更小的范围内使用，那我就能赚更多钱。我不知道我做的是"对的"还是"错的"。但是我所持的这种态度是有影响力的。在这个文化里，没有什么人真正支持我去当艺术家，如果我担得起艺术家这个词的话。人们钦佩我，但大多数人不会效仿我，他们会走另一条路。

绍莫吉将自己与那些"左脑型"的制琴师区别开来，呼吁人们关注内在能力——"右脑型"的创造力，正是这种能力赋予他制作的乐器以经济价值和美学魅力。事实上，对他来说，"效率低得惊人"可以看成某种个人品牌。他用手工雕刻出来的琴头和琴桥之所以令人印象深刻，正是因为它们无法用数控机床来复制。根据型号和客户的具体要求，绍莫吉制作的乐器往往要运用令人惊叹的重体力手工艺，包括分段的音孔圆花饰和复杂的镶嵌图案，还有精致的雕刻艺术作品——以及在一把名为"赋格"（Andamento）的杰作上呈现的堪称惊人的马赛克拼贴。

绍莫吉的工作远非"流程化和标准化"的，在很大程度上违背了大规模量产乐器的理念。甚至在吉他展览上，他的摊位也不会对实用性让步。他没有像大部分制作者那样把乐器放在简易金属吉他架上，而是用套着女士晚宴手套的叉状物来支撑吉他琴颈，营造出一种高级定制的展示效果。另外，令其他匠人望尘莫及的是，他还大大咧咧地制作了不少乐器贴纸四处分发，贴纸上写着："我的另一把吉他是绍莫吉做的。"

在2009年的希尔兹堡吉他展上，我有机会与杰森·科斯塔尔谈论他的学徒生涯。科斯塔尔已经与绍莫吉合作了大约六个月，承诺的三年学徒期才刚刚开始。他在那天上午的绍莫吉"吉他调音"公开课中担任幕后助理，负责调试并移动绍莫吉用来做演讲演示的舞台道具。科斯塔尔有一双惺忪的眼睛，就像一个睡眠不足的人，但他精力充沛，滔滔不绝地向我讲述我们在罗伯托－维恩制琴学校见面后发生的事情。回想起前一年11月参加的调音研讨会，他针对绍莫吉非正统的教学法表达了自己的感受：

> 我上过欧文的［调音］课，但非常沮丧地离开了，因为我就是那种"我想要答案"的人，而欧文的方式更像是"我要提出一大堆问题"。一直等到回家以后，我才意识到，他实际上给了我一份礼物，他强迫我深入思考自己的制作过程，并运用我所知道的东西来使这个过程变得更好，这就是他的教学风格。"当然，"［他会说］，"我可以告诉你我是怎么做的，但我所做的都是为了我那把改良版的D型吉他。如果你想做一把客厅［吉他］，而想要用我告诉你的方法来做，那是行不通的。"所以，他的回应通常是让你自己探索。正是因为这样，信息一直被牢牢地掌握着。不是"我不想和你分享"，而是"我希望你通过自己的努力找到我所知道的答案，而且如果半路上你走偏了的话，我会指导你、引导你。但是，你还是要通过自己［与材料］的互动来到达终点"。[47]

绍莫吉并不提供"答案"，而是提出具有启发性的"问题"，这好比送给学生们一份"礼物"，向学生们展示如何从自己身上汲取"已经知道的"。这种教学模式非常适合手工艺训练，这种训练与工艺材料的亲密关系有关，而不是对程式化解决方案的机械运用。但它也给那些对这种学习方式毫无准备的人提出了新的要求，这种学习方式既关乎自我的诸多方面，也关注木材的声学特性。关于"面试"，科斯塔尔于圣诞节前后在绍莫吉的工坊里待了两周，他说："这是我做木工以来经历过的最困难的事情之一——智力上的，创造力上的。"除了长时间讨论他对制琴的兴趣以外，他还被分配了一系列需要细致的计划和耐心的手工才能完成的任务。第一天，科斯塔尔拿到了一块粗加工过的木块，是由废料压制而成的。他的任务是只用手动工具——刨子、锉刀、刮刀、凿子、手锯和砂纸——做一个边长三英寸的正立方体：

> 这件事，如果按照我习惯的想法，我会想：好吧，我要去带式砂磨机那里做一个立方体。但现在用的是凿子，而且有六个不同的面——有些是横纹的，有些是斜纹的——用凿子可能不太好弄。所以我需要学习怎么用这些工具，学会如何把它们用到材料上。等到非常接近那三英寸的界限时，我就得想：好吧，我一点儿错也不能犯，该怎么做呢？该怎么调呢？我要做点儿什么确保各个地方都方方正正呢？

尽管没有时间限制，科斯塔尔还是决定在第二天早上完成所有任务，即使这意味着他要熬到大半夜。经过了那么久的积累，他有足够的机会去仔细思考他现在被要求展示的手工实践与那些体现他之前"习惯的想法"的实践之间的明显差异。对于以前依赖各种电动工具和夹具所做的工作，他现在有了新的想法，认为"艺术家要接触每一块木材，并手工完成大部分工作"。在完成的

每一项任务中，他都能更清楚地看到，他被要求展示的手工技术
是如何被直接转化为制作一把具有美学特色吉他的过程。

科斯塔尔举了一个例子来描述他做过的最困难的任务：制作
绍莫吉吉他所用的一种标志性的琴头——这个琴头的设计很复杂，
具有抛物线形的曲线、斜面（bevel）和一个闪光点。他意识到，
仅仅制作出看起来像是真的东西还不够。"如果他做的斜面只有
八分之一英寸，"他说，"那你做的斜面就不能比这大哪怕万分
之一英寸。他其实就是想看看，我是否认识到它所有的这些不同
之处。"

到了周末，科斯塔尔还不确定自己的表现如何。绍莫吉自始
至终的态度都是亲切热情但也实事求是，人们无法轻易看出他在
想什么。直到周日，在科斯塔尔去机场之前的早餐时间，绍莫吉
才邀请他做自己的学徒。回想起来，科斯塔尔觉得，即使学徒生
涯一无所成，在绍莫吉工坊的那两周也是无价的。"实际上，结
束那场面试时，我就觉得自己成了更好的制琴师，我的手艺也变
得更好了，"他说，"因为回家后，我对自己用手工工具做事的
能力更有信心了，而我过去都是用电动工具做的。"他对自己能
力的认知发生了改变，带着一种新获得的个人效能感回到了凤凰
城，他"扔掉了所有的刨槽机"，给自己买了"一堆非常好的凿子"。

制琴的教学场景为参与者提供了一种感受自我和这个物质世
界的方式，而这种方式支持了一种发自肺腑的探索感和个人赋能
感。与工业生产力不同，手工制作的效力并非建立在提高效率或
创建家族企业的基础上。手工匠人专注于成为一个具有创业精神
的自我，而且是通过展示一种集体而非企业的文化技能来实现这

一点。学习用手来生产手工艺品，需要从声木中绘制出一系列共振频率，还要调用工匠的一系列身体能力和心理能力。归根结底，与工业化的替代方案不同，手工操作通过与非人类物质的亲密接触，培养了一种对个人转变保持开放的心态。

制琴业中，手工生产和工业化生产的分化是一个相对晚近的现象。作为一种物质实体和原真性的象征，钢弦原声吉他诞生于20世纪初，处于艺术与科学、手工与机械复制、民间音乐与消费文化的十字路口。它带来的力量反映了市场社会中为了人类尊严而进行的不懈斗争，在这样的社会中，真正急需的知识基本上没有被具体表达出来。在这种政治环境下，手工制琴体现了一种渴望，不是完全退出经济竞争，而是公然反抗后工业资本主义的商品化逻辑。作为前工业化生产方式的产物，手工吉他即使不能超越，也起码能与高技术工厂最好的产品相匹敌。它的起源令人费解，它的存在是一个悖论，而对于任何想知道它是如何在一双戴着手套的手中成为一件独特艺术品的人来说，它又呈现出一种无法抗拒的诱惑。

第五章

吉他英雄

一般来说，一切个人所有物都与其所有者有密切联系，它们象征着个人经历，这种经历即使是私人的或秘密的，也会增加此人社会身份的价值。……但是有一些所有物，它们的显赫起源、传承，或者因与神祇、神圣权利、祖先或崇高地位有关从而具有的教化权威，使得这些特殊的所有物与其他事物甚至同类事物有所不同。在有着复杂政治等级的社会中，珍贵的所有物可能会逐渐具有历史重要性，这使它们的经济价值和美学价值变得绝对，并超越一切类似的事物。……以这种方式，某些所有物在主观上变得独一无二，当它们获得绝对价值而非交换价值时，它们就会从普通的社会交换中被拿掉。

——安妮特·韦纳（Annette Weiner）

《不能让与的所有物》（*Inalienable Possessions*，1992）

站在一个小舞台的明亮灯光下，欧文·绍莫吉眨了眨眼镜后面的那双眼睛，看着台下的 50 多个人，他们大多都是制琴师，正聚在一起庆祝绍莫吉的新书发布。绍莫吉手里拿着一套两卷本的其中一卷——《有反应的吉他》（*The Responsive Guitar*），而另一卷《制作有反应的吉他》（*Making the Responsive Guitar*）则放在旁边的一张桌子上。桌上还放着一把吉他，那是绍莫吉 1980 年为温德姆·希尔唱片公司的吉他手丹尼尔·赫克特制作的。那个晚上，这把赫克特用过的吉他会被正式捐赠给南达科他大学（University of South Dakota）的国家音乐博物馆，成为馆内的永久乐器藏品。为了这场盛会，葡萄酒和奶酪早已准备就位，在场的人都意识到，这对绍莫吉和北美制琴运动来说都是一个重要时刻。现在，一种曾经激进的观点已经被证明为真了：平面钢弦吉他这种常见的民间乐器可以——如果一次只手工制作一把的话——成为艺术品，而且它的下一代如今正被载入史册，进入物质文化的宝库。

这次活动是在 2009 年的蒙特利尔吉他展上举行的，就安排在当天展览结束之后。邀请函是提前发出的，这为接下来的一系列活动增添了一种私密而排外的气氛。绍莫吉首先感谢了此次展览的发起者雅克－安德烈·杜邦（Jacques-André Dupont），感谢他组织了这次发布会。绍莫吉从自己写书的动机开始讲起：

> 我制作吉他的时间要比在座的大多数人都长，也许是比在座的所有人都长，这是我毕生的事业。在成年后的大部分时间里，我做过吉他，修过吉他，卖过吉他，买过吉他，我也思考过吉他，梦到过吉他，做过跟吉他有关的噩梦，也幻想过吉他。在做所有这些事的过程中，我花了大量的精力来弄清楚吉他到底是什么，它们是如何运作的，以及为什么它们有不同的声音。[1]

他写的那本书就是对这些问题的回答。他解释说，与市面上的其他书不同，他的书不只是讲"绍莫吉是如何制作吉他的"，还囊括了"吉他制作背后的思考"。后一点实在是太有吸引力了，他甚至用了单独的一卷来阐述这个问题。在书中涵盖的多个主题之中，我对他强调的最后两个主题很感兴趣：如何评估吉他的价值，如何售卖它们。"一旦你放下手里最后的工具，并给你正做的吉他装上弦，你就得到了这件华丽、闪亮的乐器——你怎么知道它好不好呢？"他说，有一套"中性标准"，可以用来判断一把吉他的音质和制作技法。知道这些标准是什么，并培养关键能力来判断乐器的不足之处，这也是制琴师学习如何制作一把好吉他的方法，也恰好是有眼光的顾客在购买吉他时使用的标准。

绍莫吉接着转到"卖吉他"的环节，他观察到，新生代的制作者多半不会在制作吉他之前考虑他们后面会如何处理自己的作品。对于这类制作者，他列出了一个有益的守则清单——我后来发现，清单上的建议多达 226 条。[2] 他的教学想强调的是手工吉他的市场营销，而不仅仅是制作，这反映了当今制琴师在销售自己制作的乐器时所具有的高度自我意识。堪称先驱的匠人们曾经面临的挑战是说服顾客购买手工制作的吉他而不是老式的或工厂制造的乐器，而今天的"造市商"必须把已有的市场需求专门导向自己制作的吉他。[3] 为了做到这一点，他们必须使自己的产品既拥有与同类乐器相同的理想属性——绍莫吉的评价标准——也要能因自身的独特品质脱颖而出。

从这个方面看，手工吉他市场是一种"品质经济"（economy of qualities）——一个经济竞争的竞技场，其中，参与者之间的激烈竞争并不表现为各种价格战，而是表现为各种策略，这些策略会帮助他们"证明"乐器的质量，或将他们乐器的质量与市场上的其他乐器区分开来。[4] 在描述自己的工作时，手工匠人通常会与大规模量产乐器做比较，强调手工实践的独特性：如何根据买家的喜好来定制吉他，以及如何为每把乐器调制不同的声音。但如果"个性化品质"是每把手工吉他的特征，是制琴师描述吉他时使用的策略，那么他们又该如何将自己的作品与同行的作品区分开来呢？在一个相互扶持和信息共享风气盛行的行业里，市场竞争会呈现什么样的状态呢？

答案就在绍莫吉新书发布会等类似活动展现的造市（market making）手法中。他公之于众的这本书相当于他个人技能库的一份档案，同时也是对制琴手艺这一更大的公共档案的贡献。它也是一种资格认证策略。作为一个非写实的制琴故事，绍莫吉的书是作为他所制吉他的辅助产品而进入市场的，有助于强化他的品牌，并提高他在制琴界的地位。这本自出版的图书是精美的精装版，它是赠送给这门手艺的"礼物"，会在制作者、收藏者和严肃的爱好者之间流传。对于那些怀着感激之情买下这份礼物并努力吸收书中知识的匠人来说，这本书包含的信息价值可能会超过书的价格（265 美元），绍莫吉定这个价格是为了支付出版成本，而不是为了赢利。在这一礼物交换领域——与市场本身密不可分——制琴师的声誉得到了提升，资格认证策略也得到了体现。

一群富有的国际收藏家推动着制琴师如今身处其中的市场。作为个体，这些精英买家对特定乐器的需求以及特定匠人的作品产生了重大影响。博物馆、交易商和匠人都从他们的慷慨捐赠中获益颇多，和他们一道，大收藏家推动了一系列在形式上可被称为"价值锦标赛"的活动。这些仪式化的经济事件与常规的市场交易不同，因为它们具有"好斗、浪漫、个人主义和游戏式的精神气质"。[5] 这些活动就像是情感上引人入胜的"深层游戏"，将所有层级的吉他手带入了古董吉他和手工吉他市场，它们也为竞争者提供了一些机会，让他们可以在其中展示自己的文化智慧并提升他们的社会地位。[6] 但是这些价值锦标赛多半是权力和特权的竞技场。在这一具有排他性的造市层面上，利害攸关的完全是"如何处置所讨论社会的核心价值信物（token）"。[7] 手工吉他，以及它所体现的男性独立和创造力的梦想，在北美已经成了这样一种信物。

绍莫吉转向桌子上的吉他。"我在这行干了 40 多年了，"他说，"而且我现在被看作某个值得注意的、重要的、知识丰富、有些贡献的人，在某种程度上，这些评价都是对的，其中许多评价都是从这把吉他开始的。"他把这件乐器作为一个发源地，从那里开始追溯他职业生涯的发展历程，继而把它作为整个北美制琴界的一个参照点。

他解释说，20世纪70年代，手工制作的大多数乐器都是马丁D型吉他的复制品，因为那就是顾客想要的。直到1976年威尔·阿克曼（Will Ackerman）创立温德姆·希尔唱片公司，音乐家们的喜好才开始改变。阿克曼为当时的一批吉他手——亚历克斯·德格拉西、迈克尔·赫奇斯（Michael Hedges）、丹尼尔·赫克特，还有他自己以及其他一些人——录制了唱片，影响了公众对原声吉他独奏音乐的看法。绍莫吉观察到，有这样一些乐手，他们想要的乐器必须能做钢弦吉他此前从未做到过的事情：

> 因为温德姆·希尔唱片公司，一个新标准被提上了台面。那些来录音的艺术家们需要一把这样的吉他，它听起来要很棒，用来录音时效果要好，在琴颈上下都能弹出平衡的音调来，这样你［在一品位置上］弹奏的声音就能和你在琴颈高音部分弹奏的声音相媲美。此外，这些人都是指弹吉他手，是新一代的音乐家，这些人会坐着弹奏。因此，为吉他设计一个合适的平衡中心就变得很重要。D型吉他做不到这一点，它的设计是让你站着弹的，肩上要系一条皮带；它的腰部凹陷小，会在你的大腿上滑来滑去，而且往往有点头重脚轻。所有这些要求都被温德姆·希尔唱片公司一并提出来了。

绍莫吉当时住在加州的奥克兰市，此前已有多年制作古典吉他和钢弦吉他的经验，丹尼尔·赫克特找到他，想要定做一把比工厂制作的 D 型吉他更精致复杂的乐器。绍莫吉为赫克特设计的这款乐器就是他的第一把改良款 D 型吉他，或叫 MD 型吉他。这款吉他琴身腰部更窄，有佛罗伦萨式的缺角，并使用了传统的材料——巴西玫瑰木、欧洲云杉木、桃花心木和黑檀木——"MD 型"很快成为温德姆·希尔唱片公司几位乐手的首选，直到今天也是绍莫吉最受欢迎和最易识别的吉他型号之一。

但是，MD 型吉他成为具有历史意义的吉他，并不是因为赫克特的名气。在绍莫吉回溯性的叙述中，关键角色是这把创新乐器本身。他的叙述无关一位知名艺术家的认可，而是有关这把手工吉他本身的系谱。"我们在 [今天吉他展览] 展厅看到的那些吉他，"他坚称，"都是这把吉他的兄弟姐妹。"尽管他承认同时代的其他吉他匠人也重新设计了标准款式——因此把他们制作的乐器称为兄弟姐妹而不是后代——但他仍然标榜自己是第一个成功做到这一点的人，把他的作品放在了一场大变革的前沿位置，这场变革彻底改变了制琴师及其客户看待吉他的方式。

后来，赫克特定做的那把吉他又重新进入绍莫吉的生活，当时，经由正常的业务往来，这把吉他落到了保罗·赫米勒（Paul Heumiller）的手中，他是梦想吉他商店（Dream Guitars）的老板，这是一家位于北卡罗来纳州阿什维尔（Asheville）附近的精品店。绍莫吉告诉我们，在得知这把吉他可以交易后，他"劝说赫米勒不要把它当作一件商品，而是考虑把它捐给一家博物馆"。赫米勒照办了，过了一段时间，他们才找到了一位愿意接收这把吉他的博物馆馆长。绍莫吉故作严肃地说，难题在于他本人还活着。

图 5-1　亚历克斯·德格拉西和丹尼尔·赫克特，他们手里拿的是绍莫吉制作的 MD 型吉他，1980年。照片由欧文·绍莫吉提供

"他们真的需要等你死了，才会开始关注你。我尽可能快点死，但是……"观众们笑了起来，笑声中带有几分欣赏之意，一个男人喊道："你可得活久点儿啊！"绍莫吉似乎真的很感动，他介绍了赫米勒和那位博物馆馆长安德烈·拉森（André Larson），并告诉观众，这位馆长会"照顾好我的孩子，可以这么说"。

　　赫米勒简短地讲了几句话，然后就把话筒给了拉森。"你们

很多人可能知道，欧文 [·绍莫吉] 是我最喜欢的匠人，"拉森坦承，
"我自己就用着一把他做的吉他，我把它当成自己的孩子。所以，
当这把吉他出现时，我就知道我们必须用它做点儿特别的事。"

　　拉森，一个退了休的男人，他举止庄重，向我们展示了将要陈
列赫克特订做的那把吉他的实体收藏馆的快照。为了避免有人认
为一座位于"飞越之地"①中间的公共机构无足轻重，他告诉我们，
他所在的国家音乐博物馆（National Music Museum）有着惊人的乐
器藏品数量，多达 14 500 件，这些乐器中最早的可以追溯到 16 世
纪。博物馆的原声吉他收藏量位居世界前列，包括一把由安东尼
奥·斯特拉迪瓦里制作的吉他（已知只有 4 把存世），几把 17 世
纪和 18 世纪的意大利吉他，还有各种马丁吉他、吉布森吉他，以
及其他不知名匠人所做的乐器。我们了解到，赫克特订的那把吉
他将被陈列在一个名为"伟大的美国吉他"的展厅，这个展厅还
有约翰·丹杰利科（John D'Angelico）和詹姆斯·达奎斯托制作的
拱形吉他，一同展出的还有他们完整的工坊，其中有图纸、笔记本、
工作台和一些原始工具。

　　"这可真是莫大的荣誉和优待，这件乐器能作为美国伟大制琴
师作品的重要典范，"拉森总结说，"我们期待有一天，你们中
的许多人能到南达科他州的弗米利恩（Vermillion）朝圣，在这件
乐器的新家看到它。"当拉森走回座位时，赫米勒站起身来，向
为梦想吉他商店提供乐器服务的制琴师比尔·蒂平（Bill Tippin）
致敬。

---

　　① 美国人用来形容东西海岸之间内陆土地的说法，常含有轻蔑之意。

　　赫克特用一个带有两个变调夹的装置来辅助弹奏这把吉他，变调夹是通过两个脚踏板操控的，以便在一首曲子中间实现变调。[8]由于长期使用加上常年国际旅行的损耗，这把吉他已经有了相当程度的磨损。"但是比尔做了大量的修复工作"，赫米勒说，"并让吉他重获新生，有望能继续用个几十年。"活动接近尾声，英国指弹吉他手迈克尔·沃茨（Michael Watts）为这次发布会画上了句号，他用赫克特定做的那把吉他弹奏了一首迷人的乐曲。

　　当他演奏时，我想象着这把吉他在博物馆的"生活"。一方面，身处那些令人敬畏的同类展品中，它将向所有看到它的人宣告，一项工艺传统演变至今仍充满活力；另一方面，它被放置在玻璃柜中，凝视着好奇之人扁平的鼻子或无聊之人无精打采的眼神，陷入沉默。也许它会被租借出去用于特别表演，或者像被囚禁的斯特拉迪瓦里提琴一样，供志愿者或博物馆员工定期"练习"使用。无论它的命运如何，有一点是相当明确的：它将在一个脱离现实生活的礼物交换领域中流通，它的价值已经不再由市场决定了。

　　当人类学家遇到这种"去商品化"时——一种战略转移，即商品从市场交换中退出而转入非商业领域——他们想到的往往是"库拉圈"（Kula ring），巴布亚新几内亚马西姆（Massim）岛民之间的一种仪式性交换制度。最初描述库拉圈制度的是马林诺夫斯基的经典著作《西太平洋上的航海者》（*Argonauts of the Western Pacific*），自那以后，库拉圈已经成为人类学中具有范式意义的制度，它讲述了通过仪式化的礼物交换而赢得的权力和名望是如何影响和依赖普通商品贸易的。[9]

做库拉交换时，有经济能力的男人互相交换有价值的贝壳礼物，这就把马西姆群岛的各个岛屿连接成了一个交易回路，其中，贝壳项圈向一个方向移动，而贝壳臂镯向另一个方向移动。当贝壳礼物从一个男人传给另一个男人时，这些人会得到一部"传记"（biography），能反映给出礼物之人的社会地位和接受礼物之人的声誉。在幕后，通过相关的商业交换，参与库拉交换的人就与其他岛屿上的人际网络建立了战略联盟，增强或改变了贝壳材料这种贵重物品未来的流动路径。

在这个礼物赠予系统中，同样参与库拉交换的伙伴之间不是竞争关系；事实上，他们是在和自己岛上的商人竞争，与其他社区有影响力的人建立联系。在这个价值锦标赛中，那些熟练的玩家可以获得"不朽的声名"，但这要花费他们很多年的时间，让某个特定的库拉贝壳在各个岛屿之间做一次完整的循环流通，并返回他们自己手中。只要库拉贝壳还在流通，他们的名字就一直会在"传记"中。[10]

在某种意义上，绍莫吉的书和他捐赠的那把赫克特的吉他都是仪式化的"礼物"，当它们在一个与手工吉他市场本身相关联但又分离的特权领域中流通时，库拉制度的一个核心原则也在制琴界发挥了作用。在这两种情况下，利用经济资源将商品转移到礼物交换网络，是一种获得社会地位的手段。[11]这并不是说这样的转移纯粹是出于自我利益，而是要强调这样一个事实，即如果没有这些策略，吉他匠人很难将自己的事业扩展到熟人圈子以外。美国制琴公会的公开展览是这一文化领域（cultural realm）的早期尝试，远早于手工乐器市场的建立。如今，还有几个类似的国际性吉他展，它们扩大了匠人社交网络的范围、效果和持续时间。就像乘着独木舟出发去另一座岛屿，准备冒险、交换，以及努力成名一样，参加制琴界价值锦标赛的这些匠人们，将手工吉他引入了一个流通领域，其中，手工吉他不仅仅是一种乐器。

转移的禅意

"为什么头脑正常的人会来参加一个名为'作为禅修的吉他收藏'的研讨会呢？我永远也不会知道。"[12] 杰夫·多克托罗（Jeff Doctorow）带着自嘲的笑声欢迎着我们一行的二十几个人，我们都是来 2009 年蒙特利尔吉他展听他演讲的。我，作为其中一员，觉得他演讲的题目实在太吸引人了。收集 100 多把总价值 100 万美元的吉他，这有什么禅意可言？

之前，我和多克托罗在公开展览和私人活动中有过几次交集，在这些场合中，经常能看到他站在某个制琴师的展位前或安静的角落里，俯身看着一把吉他。多克托罗 50 多岁，蓄着山羊胡，剃了个光头，他确实有某种僧侣般的风度，甚至被问及收购这些吉他花了多少钱时，他都表现得兴致寥寥。"我会毫不犹豫地说，"他宣称，"我从来没有，也永远不会把买吉他当成投资。于我而言，那完全是无关紧要的事。首先，它们是乐器，而不是金融工具。"

他说，把吉他当作期货市场上的商品来投资的人，往往会把吉他锁在柜子里，从不弹奏它们，也不让它们像乐器那样经历岁月变迁。对他来说，这简直就是犯罪。然而，他并没有想让其他人效仿自己的收藏哲学。"我只是从我的心路历程中分享一些自己的经验，而那也是一段很棒很有趣的历程。"他从未想过要成为一名收藏家，也拒绝那样的标签，相反，他以"吉他爱好者"自居，也希望别人这么看待他。

多克托罗小时候做过鼓手，但一听到吉米·亨德里克斯（Jimi Hendrix）和杰里·加西亚（Jerry Garcia）的音乐，他就立刻转向了电吉他。大学毕业后，他成了一名职业吉他手，不外出旅行时，他就靠教别人弹吉他来养活自己。26岁时，因为"厌倦了依靠他人谋生——无论是俱乐部老板、乐队成员还是经纪人"，他去了父亲的出版公司工作，在那里，他展现了销售杂志和广告版面的天赋。有了稳定收入后，他的"强迫性上瘾和占有欲"就有了肆意发挥的空间，而且在意识到这一点前，他收藏的那些各色各样的吉他就已经颇具规模了。

他说，一开始收集古董乐器时，他做了"不少疯狂的事情"，这些事"现在回想起来好像很愚蠢"——比如收集各种型号的湖水蓝颜色的芬德电吉他。直到偶然与手工制琴邂逅，他才明确了什么是适合自己的吉他收藏：

> 那是一种发自肺腑的本能反应。我拿起一把吉他，就会在差不多十秒或十五秒内知道它是否是适合我的那把吉他——我是否想要它，它是否在对我说话。可能是声音，可能是外观，也可能是顺手的程度；通常是所有这些因素综合考虑。就是那么快。我说的不是钱、价格，或者诸如此类的事。我说的是和吉他的直接联系。我就是知道，无须多想，我尽量不去

费太多脑子。这是一件非常感性的、充满激情的、神奇的事情。我认为，其中的部分乐趣在于，似乎对我来说，吉他是有生命、会呼吸的东西。有太多太多很棒的吉他匠人，但我觉得这有点儿像体育运动。任何一天，任何一支队伍都可以打败另一支队伍，不管后面那支队伍曾经赢得了多少个冠军。我想，一位很棒的吉他匠人在任何一天都可能做出一把非常平庸的吉他，相反，一位毫无名气的吉他匠人也可能突然做出一把出色的吉他。这就是其中的一部分乐趣，也是发现吉他的一部分。

多克托罗察觉到了吉他市场里的一个风险因素——杰出非凡的吉他是被"挖掘"出来的，而不是由匠人的声誉保证的——于是，他热衷于识别哪些吉他会直接与他"说话"。用他的话说，和一件"神奇"的乐器一见如故，会立刻建立起一种下意识的联系——"无须多想"——这种联系胜过了金钱上的考虑。然而，他的偏好，还有其他收藏家的偏好，直接影响着独立匠人的职业生涯，也影响着他们经营的生意所处的价格结构。的确，如果没有这些慷慨的手工艺赞助人，北美吉他的国际奢侈品市场在今天也不会存在。[13] 通过将精选的吉他从市场交换转移到自己广受赞誉的收藏之中，多克托罗所做的可不只是调查制琴界价值锦标赛中的竞争者。他选出了赢家和输家，并凭此为市场设定评估标准。

2000 年，40 岁的斯科特·奇内里（Scott Chinery）死于心脏病，多克托罗继承了他的衣钵，作为手工匠人的朋友和捐助者。奇内里白手起家，29 岁时成了千万富翁，他通过销售以麻黄为主原料的健美和减肥产品赚了不少钱，并把其中的大部分财富投资到了古董吉他和手工吉他上，到他去世时，这些吉他的数量已经超过了1000把。[14] 奇内里经常会做出一些惊人之举，比如 1989 年，他花了 18 万美元购买了蝙蝠战车①。他在制琴界投入颇多，稳固了一批极有前途的匠人的名望和地位。1992 年，他委托琳达·曼策精确复刻了一把毕加索吉他，这款吉他是曼策于 1984 年为帕特·梅思尼制作的。奇内里死后，这把复刻品转手到了西海岸的一位经销商手里，现在则成了多克托罗手中最珍贵的藏品。

1996 年，奇内里向 22 名制琴师发出委托，要他们制作一批最好的拱形吉他。已故的詹姆斯·达奎斯托曾为他设计过一把蓝天旭日穿顶吉他，受此启发，奇内里要求参与制作的匠人们用同样的蓝色来完成他们的乐器。"这些优秀的制琴师把这看作一场友好的竞争，"他当时说，"结果，他们做出来的吉他超越了他们曾经做过的任何作品，而我们最终收集到了有史以来最棒的拱形吉他。"[15] 这次委托从一开始就是一场价值锦标赛，奇内里的蓝色吉他收藏将在华盛顿特区的国立美国历史博物馆展出。[16] 奇内里的事业不仅向我们展示了华丽的乐器，也为制作这些乐器的工匠们创造了需求，这项事业开创了一个先例，可以让富有的投资者凭借一人之力影响定制吉他的市场。

遵循这种收藏策略，多克托罗已经购买了制琴界一些最独特的乐器。而能入他法眼的匠人就包括史蒂夫·克莱因（Steve

---

① 这辆蝙蝠战车是由汽车改装大师乔治·巴里斯（George Barris）制作的，作为 1966—1968 年《蝙蝠侠》电影的特技用车。

Klein），一位来自加州索诺玛的有创新精神的吉他匠人。20世纪70年代，克莱因开始实验一系列设计理念，在制琴界引起了轰动，这些理念受到了迈克尔·卡沙（Michael Kasha）提出的有悖传统的声学理论的影响。[17] 卡沙认为不同的共鸣板有不同的振动频率，克莱因将这个观点与自己的艺术想象结合，制作了一系列引人注目的乐器。他制作的原声吉他，有的采用了特殊音梁形状，有的设计了非对称的琴桥，有的音孔不在中间；此外他还制作了一些改进了人体工学设计的，或不带琴头指板的，或装有特色竖琴琴弦的电吉他。20世纪90年代末，多克托罗买了两把克莱因制作的吉他，并和他成了朋友，还在2003年自掏腰包出版了一本关于克莱因的书。[18] "出版那本书为我打开了很多门，"多克托罗回忆道，"我开始出名了。正是从那时开始我名声在外，成了吉他世界里的收藏家和大人物。"

2003年，在希尔兹堡吉他展上，多克托罗看到了弗雷德·卡尔森做的飞梦吉他，便买下了这把琴，从那以后，在制琴师的眼里，多克托罗在制琴界的地位就确立下来了。正如他所说，他与那把飞梦吉他的联系是一瞬间发生的：

> 我就像个小孩！我在过道上走着，看到一大群人盯着它看。我一直在附近徘徊，每次都走得离它更近些，大约过了一小时，我终于鼓起勇气[对卡尔森]说："我能拿起它弹一下吗？"我之前从未见过弗雷德，但后来他成了我的朋友。我只是非常幸运，在希尔兹堡吉他展上看到了那把琴。我对它很着迷。它实在太独特了，声音又很悦耳，而且它所有不

可思议的地方都自有原因，也都说得通。那是一把有三十九根琴弦的乐器，有一个普通的吉他琴颈、像竖琴吉他那样的六根次低音琴弦，以及许多像日本十三弦古筝那样的高音弦。但真正吸引我的是一组十二根的共鸣琴弦，这些弦经由一根空心管穿过琴颈，当你弹奏吉他上任何一根琴弦时，其他弦都会同步振动。所以你甚至不需要知道自己在做什么——你只需要敲击它，它就会持续不断地发出声音！

我逐渐意识到，对多克托罗来说，"禅"意味着孩童般的好奇心，以及对听觉满足自发的享受。将工艺品作为礼物来体验——"我只是非常幸运……看到了那把琴"——使得他能够探索其特色，其中的每次发现都是一种激动人心的愉悦。冲破经济理性，富有想象力地追溯制作过程，这使得他能够在仪式交换的层面上参与到制琴市场之中：提供资助性质的货币礼物，同时将财务风险方面的考虑留给那些不那么富于幻想的收藏家。这并不是说他的决定没有经过深思熟虑。多克托罗无疑是在赌，他赌的是卡尔森做的乐器会升值。但是，他解释说，演奏迷人乐器、肯定有才华的匠人，以及建立强大有韧性的社交网络，这些所带来的乐趣并不是收藏的附属品——这恰恰是关键所在：

> 对我来说，这真的算是一段旅程，而且确实很有趣。这就是我做这个的原因，这就是我努力从中得到的——纯粹的享受、满足和善缘。也许这就是为什么我会不断回顾一些故事，回顾一些因为我的所作所为而发生的事。我很幸运，因为自

己的这个爱好，一些我最喜欢的吉他手现在成了我的好朋友。
顺便说一下，我认为吉他收藏总的来说是一种对生活的隐喻，
其中有比吉他更重要的东西。真的很难形容，这几乎就像踏
入了什么潮流之中，开始变成某个东西的一部分——我不太
确定那到底是什么，也许真的就是人类精神。

收藏吉他之所以可以成为一种"对生活的隐喻"，恰恰是因
为这一行为创造了一个艺术世界，在这个世界中，协作活动是由
一种赋予手工劳动以文化价值的集体意愿组织起来的，如此，手
工劳动便能在一个技术发达的社会里逆流而上、蓬勃发展。通过
这样的交换模式，在那些世界之中流通的物品就开始有了价值，
这种价值由社会实践而非抽象的经济理性所确定。[19] 因此，当多克
托罗将他的行为形容为"踏入一种"比自己更大的"潮流"之时，
我相信，他说的是这样一种感觉，即把吉他从商品状态中抽离出
来，然后重新将其部署到一个文化领域中，在这个文化领域内，
吉他可以被理解成"人类精神"的标志，并显而易见地代表着经
由礼物交换而可能实现的创造力。

尽管这种高度的目的感可能是高尚的，但它并非没有批评者，
也并非没有风险。因为被转移的价值必须待在市场之外才能发挥
它们的存在主义魔力，因为"再商品化"（recommodification）的
威胁一直存在。多克托罗的演讲快结束时，一位男观众问他，他
在收藏的过程中是否有过任何一次"周转"；收藏规模是一直在
扩大，还是说他曾卖掉一些吉他而去买另外一些？多克托罗深深
地叹了口气，回答说：

如果我看到了自己真正喜欢的，觉得我必须得到，如果需要的话——尤其是当下 [大衰退时期]——我就不得不卖掉或置换几把吉他来得到新的。那种"呃，这把吉他烂透了，我烦它了"的情况从来不可能出现。只有把它当作一个垫脚石来得到其他吉他时，才会 [把它卖掉]。但我偶尔也会卖吉他。妻子和我曾经欠缴一大笔税单，而她又对我指责个没完——妻子和吉他，这可不是一个好话题——那么我就会迅速卖掉一把吉他，付清全部税单，这样就能在几个月时间里堵住她的嘴，[大笑] 抱歉，忍不住了！每次我买来或换来一把吉他时，都会带着一种意图和期望，就是我会一辈子爱它、弹奏它，并希望永远也不必和它分开。这就是为什么卖吉他赚钱对我来说不是很好的事情。

家庭需求可能会侵犯制琴世界的神圣性，这凸显了市场转移的不稳定性。即使吉他只是短暂地重新进入商品状态，但它作为仪式物品的地位也会受到质疑，因为由"一辈子爱它"的情感承诺所保证的那种亲密感，会随着价码签带来的隔阂而终结。再商品化的戏码通常像是婚姻关系中夫妻之间的冲突，这指出了这些交易的终极利害关系。如果不幸的乐器被扔回市场履行家庭义务，它的主人必须面对这样一个事实，即家庭的经济利益在礼物交换领域，并不总是与个人不朽的追求相一致。在这样的时刻，手工吉他及其象征的男性独立，可以毫不客气地回归熟悉的商品形式。

经济上的公民资格

第一届希尔兹堡吉他匠人展（Healdsburg Guitar Makers Festival）于 1996 年 8 月在雄鸡庄园（Villa Chanticleer）——索诺玛葡萄酒之乡一个迷人的山顶度假胜地举办。与美国制琴师公会举办的展会不同，希尔兹堡吉他匠人展从一开始就打算办成一个商业博览会。该活动由制琴师商业国际的总裁托德·塔格特（Todd Taggart）和吉他匠人查尔斯·福克斯、汤姆·里贝克（Tom Ribbecke）一同组织，共有 68 家参展商，其中许多都是塔格特的老东家制琴师商业公司（Luthiers' Mercantile）的客户。1994 年，一家拥有德国声木公司西奥多内格尔（Theodor Nagel）的跨国企业收购了塔格特负债累累的邮购业务。然而，在互联网繁荣和高技术初创企业推动的"新经济"中，随着手工吉他需求的飙升，制琴师商业国际很快便复苏了。

硅谷近在咫尺，时机也已成熟，一场为期 3 天的活动即将举办。该活动旨在使制琴师受益，并提升展会赞助商制琴师商业国际和 String Letter 出版社的形象，后者是最近出版《原声吉他》杂志的出版商。活动组织者充满热情和干劲儿，试图一改手工吉他制作在一般大众眼中的形象。[20]焦点不是弹奏特定牌子吉他的名人，而是制作吉他的匠人，在商业化的吉他世界里这是第一次。《经济学人》（Economist）上一篇热情赞扬的评论文章扼要地阐述了这个新颖的想法，称希尔兹堡吉他匠人展上的顶级匠人是"工艺之神"。[21]

伦敦的一家财经新闻周刊的记者也在现场，这场活动完全可看作时代变化的标志。古董市场上那些令人向往的乐器，它们的价格越飙越高，甚至到了许多投资者都无法承受的地步；与此同时，当代手工匠人的作品也一年比一年更有吸引力。但是，这个新市场的评估标准很不稳定，而且那些"神作"被打造的过程也笼罩在迷雾之中。不但糊里糊涂的收藏者和高端消费者不敢相信自己的直觉，吉他匠人也被地位焦虑所困扰。所有人都渴望一种可以使市场竞争规则变得更清晰的机制。

1996 年的希尔兹堡吉他匠人展就是第一次迭代，自那以后，它便成为吉他匠人必经的仪式，也是集体造市的首要舞台。把匠人们安排到一起，让顾客和匠人评估竞争力，如此一来，制琴界就把一种此前未曾出现过的经济交换平台以制度的形式确立下来。现在，匠人们推销他们制造的物品时，不再通过交易成本很高的经销商或与其他同行一起在地区手工艺品集市上竞争售卖，而是加入一场价值锦标赛。在这个过程中，他们不仅要竞争销量，还要争取一群难以捉摸之人的好评，这群人里有收藏者、经销商和记者，他们形成了一个小圈子，左右着公众对匠人们所制造的乐器的看法。

迈克尔·凯勒（Michael Keller），这位来自明尼苏达州罗切斯特市（Rochester）的吉他匠人，站在雄鸡庄园一片巨大的橡树和红杉树林中。亚历山大谷（Alexander Valley）的美景尽收眼底，令他赞叹不已。1978 年，托德·塔格特和汤姆·彼得森（Tom Peterson）从温哥华的比尔·刘易斯（Bill Lewis）手里买下了刘易斯制琴供应公司（Lewis Luthier Supply），自那以后，凯勒就一直是制琴师商业公司的客户。凯勒最近从波特兰搬到了明尼苏达，这样就能住得离妻子的娘家近一些，他们一起抚养孩子。凯勒担心从专业角度来说，他已经"从地球的边缘掉了下来"，他唯一可以指望的，就是通过制琴师商业公司与制琴界保持联系。借助美国制琴师公会的季刊加上与塔格特的电话交谈，凯勒一直与支持他生意的社交网络保持联系。然而，他对希尔兹堡吉他匠人展毫无准备。"在这座山的一侧，景色真是美得令人难以置信，"他回忆道，"他们为所有出席的匠人准备了一场盛大的烤肉宴，那种氛围就像是'哇，我们到地方了！'"[22]

希尔兹堡吉他匠人展所赋予的这种"到地方"的感觉源于对匠人身份的认可和赞赏，这些匠人在一个日益全球化且技术逐渐成熟的市场中创造了某种经济价值。就像中世纪的近战或长枪比武中的骑士，吉他匠人受邀在一场"友好竞赛"中展示他们的才能，以提高公众对他们技艺的认识——一个能惠及所有人的共同目标。竞赛的奖赏就是现场的销售额，它会颁发给"最佳的"匠人，尽管如此，在场的每一个人都被视为站在北美制琴运动前线的先锋人物。

对独立匠人来说，这种回报可能是巨大的。尽管凯勒在第一次参展时没有卖出一把吉他，但他认为那是他生命中的关键时刻："希尔兹堡吉他匠人展绝对是我的职业生涯在全国层面起飞的关键。"与他尊敬的吉他匠人并肩而行，同时他自己也被看作有为的匠人，这些都证实了他工作的价值，并使他可以把自己看作运动场上一名严肃的竞争者，而这场竞赛承诺参赛者可以获得经济成功和文化认可，成为对社会有用的人。

想要在"全国层面"获得认可，就要明白一点：拥有一个"职业生涯"就包括规划一条清晰的职业轨迹——从开球到落地得分，人生每一步该往哪儿走都有条不紊。对于那些在 20 世纪 70 年代刚成年的制琴师来说，获得这种身份认同在道德和经济方面充满了不确定性。如果是越战老兵、受过大学教育的专业人士或熟练的蓝领工人，那自然会获得全社会的认可，但如果选择放弃或无法获得这种认可，那就很难想象会有怎样的进步或成就了。凯勒第一次与一位颇受好评的制琴师相遇的经历就表明了，要想受人尊敬，就要先去这个国家的首都。他对制琴的兴趣可以追溯到杰弗里·埃利奥特（Jeffrey Elliott）1976 年在波特兰州立大学（Portland State University）的一次演讲：

> 全国范围的原声吉他活动开始升温。史密森尼美国艺术博物馆举办了名为"和谐手工艺"的手工原声吉他展览，杰弗里·埃利奥特是 15 位参展人之一。美国的一个重要机构首次大方地承认，一些重要的乐器是在美国制造的。当时，[制琴运动]当然还处于起步阶段。

在这种国家归属感的愿景中，专业成功的标志是"新生儿一般的"手工吉他来到华盛顿的事实，在那里，手工吉他通过其中一个"重要机构"获得了全国性的关注。长期以来，前往华盛顿的朝圣之旅在大众探索如何理解美国公民身份的过程中是不可或缺的。正如文学学者劳伦·贝兰特所说，"前往华盛顿"的故事"描述了美国人感到有必要跨越的真实及概念上的距离，这并不总是因为他们想要夺取国家掌握的空间，有时也是因为他们想要获得一种真正是美国一分子的感觉，即使这种感觉经常是转瞬即逝的"。[23]
对于那些收入前景仍存在问题的制琴师来说，史密森尼美国艺术
博物馆的认可缓解了他们在获得完全的经济公民身份（economic
citizenship）方面持续存在的焦虑。

在这场运动最初的几年，争论的焦点是匠人们所做出的财务
选择的正当性。他们对经济自主权的追求与同种族、同阶级的其
他人的创业雄心是一致的，他们在几乎无法养活自己（更不必说
养家）的情况下仍然坚持做个体匠人的事实，引发了不少争议。
政治理论家朱迪丝·施克莱（Judith Shklar）曾说过："一个好公民
是一个能赚钱的人，因为自力更生是真实的、民主的公民身份不
可或缺的必要品质。"[24]大萧条以降，有报酬的职业——以及曾有
过的"家庭工资"①——一直是工人在美国主张公民身份的主要依
据。[25]放弃这种形式的政治参与，即使只是暂时的，也会使制琴师
脱离主流思想所推崇的合理性。

吉他匠人在制琴运动中找到了主流社会普遍拒绝给予的认可。
凯勒回忆了美国制琴师公会1977年在塔科马举行的年度会议，当
时他还带着妻子和刚出生的孩子一同参会。讲到在蒂姆·奥尔森
的父母家——奥尔森的姐姐和姐夫住在房子后院的一顶圆锥形帐
篷里——露营时发生的"所有反主流文化的幽默"时，他喜形于
色。他说，那是一段激动人心的时光，那个时候，他觉得自己是
一个"真实共同体"的一分子，而联系这个共同体的纽带就是共

---

①　家庭工资（family wage）是指足以养活一个家庭的工资收入，指向的是男
性负责家计，女性负责家务的一种家庭"理想模式"，这意味着男性的工资收入应
该足以养活妻子和孩子。

同体本身在经济上所处的边缘地位。

      公会是一个令人振奋的因素，因为音乐商店不在乎，工厂也不把我们当回事。没人知道接下来会发生什么，而且我们感觉自己在圈子之外——在商业之外。我们和那些"穿西服的人"没有什么往来，如果你明白我说的是什么意思——就是那些管理工厂并处理众多重要进口事务的人。那感觉绝对就像是处在另一个世界，不是很严肃的那种，但那的确感觉是我们的世界，你懂吗？就好像它不属于任何人，只属于我们。我参加了很多很多手工艺展、艺术节和文艺复兴节（Renaissance festival）。我有数不清的匠人朋友——刀匠、珠宝匠、陶瓷匠、锡匠，你能想到的都有。感觉一切都是反主流文化的，感觉一切都脱离了主流。我记得当时的感觉是，我们不再依赖音乐商店，我们不依赖大众媒体，我们甚至不指望公众的认可。每个人——我遇到的大多数人，就是喜欢这样做。

似乎没有什么比"穿西服的人"和他们所代表的商业领域更加远离欧洲文艺复兴时期的艺术世界了，在艺术世界中，是匠人而非企业享有至高无上的地位。[26]但是，是否生活在"主流"之外，取决于一种观念上的对立，即工作是为了自我实现还是获得"公众认可"。对于早期的匠人来说，其中的紧张关系往往通过性别差异方面的因素得到缓解，因为配偶的工作成了家庭的支柱。正如凯勒所承认的，"我能活下来，全靠我的妻子——她一直想拥有她自己的事业"。他说，如果没有妻子作为小学教师所获得的薪水和医疗保险，"我永远不可能继续制作吉他，因为有一段时间，我做的东西都是卖不出去的"。

虽然凯勒靠修理工作获得了一些收入，但还是没能完全承担起养家糊口的责任，这让他饱受家人的批评，家人们希望看到他完成大学学业，或者从事符合他们所知的负责任的男人应该做的工作。他回忆道，他越是认真地制作吉他，别人就越会指责他的选择是错误的：

> 我的家人看到了我实际在做的事。我是一个体面、踏实的孩子，有工作，结了婚，还有小孩。我没有贩毒，也不酗酒，也不是小偷或入室窃贼，我只是有点儿——你懂吗？那完全超出了我父母和家人的普遍经验。我的继父——我很小的时候父母就离婚了，我的父亲也消失了，我的母亲再婚了——我的继父总是 [说]："啊，这该死的吉他！你得成为一名机械师，你的手真是太灵巧了！"直到他去世的那一天，他都认为制作吉他是我一生中犯的最大错误。他们会说："哦，我的上帝啊，你太有天赋了——当个机械师吧！"但至少，当我开始得到一些认可之后，他们最终还是接受了，这大概是在十年之后，也就是在我开始在一些杂志上突然出现，开始在展会上展出作品以后。

置身于家人的"普遍经验之外"，也就会在婚姻和生育这样的私人领域里表现出对传统规范的背离，在这些领域中，合乎体统的公民身份这一规范观念已经日益明确。[27] 凯勒认为，若在这个道德主宰的领域中犯下不可挽回的"错误"，那就等于做出了放荡或非法的行为。最终平息亲人忧虑的并不是他作品本质上出现的内在变化，而是在大众文化中公众对他作品性质认知的更新。直到他制作的乐器开始在全国性媒体上"突然出现"，他的亲人才不再把他当作独自在自己的作坊里做事、羞于提及的无足轻重之人。在凯勒看来，他个人的成功反映了手工吉他制作在全国范围内总体上的复兴：

> 哥伦布在 1492 年登陆美洲时，还没有美国。但在欧洲，乐器制作，尤其是小提琴制作，已经相当发达了。美国在 1776 年建国时，欧洲已经有了 400 年的手工乐器史了。18 世纪，意大利、法国和德国的小提琴市场都是极其庞大的。因此，美国作为一个非常年轻的国家，还有很多事情要做。我们没有历史，你懂吗？所以，在这个国家刚建立的时候，我确信是有一些乐器匠人的，可能在波士顿和其他地方。但是到我出生的 20 世纪 50 年代，恰好出现了产业革命，工厂生产主宰了世界。而且，美国也在某种程度上扮演着文化追赶者的角色。这就是我对乐器制作市场的看法：在某种程度上，它只是在追赶世界其他地方的市场。

凯勒将他对国家归属感的追求与这个国家渴望在世界舞台上获得承认联系在一起。他以美国制琴业的状况作为衡量标准做出了判断，认为这个国家相对来说还处于"婴儿期"，这种做法将他的劳动定位成了富于男子气概的国家建设行为，而这一劳动行为赋予他的国家一段"历史"和在全球范围内竞争的能力。在这种情况下，"工厂生产"的主导地位阻碍了手工艺的发展，直到20世纪60年代，凯勒这代人才介入其中，着手纠正这种状况。制琴师们从20世纪90年代开始享受到的那种认同感尤其令人满意。史密森尼美国艺术博物馆展览之后的20年里，制琴师们不仅在技术上日臻成熟，他们的手工产品也成为工厂制造商无法忽视的力量。在与旧世界展开的"文化追赶"游戏中，新世界赢得了胜利，为此，美国和加拿大都要感谢本土的匠人们。

因此，1997年第二届希尔兹堡吉他匠人展在很大程度上决定了一切。[28]展会地点没变，但参展方的数量增加了，而且组织者也预期有更多人参加展会。凯勒在前一年花了几个月的时间为此做准备，铆着劲制作了两把吉他，想要在展会上与人一较高下。"上飞机之前，我妻子在机场对我说的最后几句话，"他回忆说，"其中有一句是'我希望你能卖掉点什么！'"他开玩笑地回应说，他应该带一捆干草和工装裤，好让自己与众不同。"那个时候没人知道我是谁，"他解释道，"我没有史蒂夫·克莱因、杰弗里·埃利奥特、威廉·格里特·拉斯金或琳达·曼策那样的地位和知名度，但状况正在逐渐好转。"

第一天，就在展会开幕后不久，一位来自波特兰、喜欢收集吉他的律师来到凯勒的展位前，弹了弹他的乐器，然后就走开了。在接下来的一小时里，凯勒看着这个人在展厅里走来走去，弹奏其他展位上的吉他，最后又回到自己这里直截了当地问："桌上这些吉他，每把多少钱？"凯勒如实相告。那人又问他，如果买两把是否有折扣，而凯勒回答说展会才刚刚开始，现在就谈折扣还太早了。接着，那人拿出了自己的支票簿，并让凯勒把两把吉他邮寄到指定地点。凯勒震惊了，他打电话给妻子。"她震惊得要命，"他重温那一刻，"她说：'怎么样，亲爱的？'我说：'哦，我刚把我的吉他卖掉了——两把都卖了！'"

凯勒这一出乎预料的成功很快不胫而走，他不但获得了"来自明尼苏达的成功者"称号，回到家后还发现有更多订单等着自己。下一届展会——现在已成为一年两次的活动——于 1999 年在圣罗莎（Santa Rosa）的韦尔斯·法戈艺术中心（Wells Fargo Center for the Arts）举办，这次展会为凯勒带来了更大的成功。"我接了一大堆订单，"他说，"突然之间，我觉得我可以靠这个展会谋生了。"在接下来的六年里，订单源源不断，而且凯勒的作品还出现在了《原声吉他》杂志和一本由 String Letter 出版社出版的有关手工吉他的书里。[29] 但是，他仍然不是这一行的超级明星。他意识到自己应该做些别的事情来成为超级明星，但并不知道具体应该做点儿什么：

> 要怎么让自己出名呢？我是想问，吉姆·奥尔森是怎么成名的？好吧，他跟着詹姆斯·泰勒、利奥·科特基（Leo Kottke）、保罗·麦卡特尼（Paul McCartney）这些人，并让这些人用他制作的吉他。这的确是一种有效的方式，因为大众消费者就是喜欢追随名人。但是，除此之外，你要如何创造像琳达·曼策或约翰·蒙泰莱奥内（John Monteleone）① 曾

---

① 美国制琴师，曾于 2002—2006 年制作了"四季"吉他四重奏组合，使用了大量珍贵木材，选用了金银、钻石、红宝石、珊瑚等装饰材料，其中每把吉他都象征一个季节，具有独特的音色与风格。"四季"吉他现收藏于美国纽约大都会博物馆。

有过的那种轰动——除了把活儿干好之外。其中混合了运气的成分，也有部分是市场营销的结果——而我一直都不擅长营销。

2004年，他迎来了突破。当时，一位富有的吉他收藏家从迈阿密海滩赶来，在希尔兹堡吉他匠人展上找到了他，并提出了一个不同寻常的要求。亨利·洛温斯坦（Henry Lowenstein）当时正在寻找一名制琴师，为他制作一把琴身较小的吉他，退行性关节炎已经在他的手臂、肩膀和双手扩散，因此他希望有一把适合自己演奏的吉他。他还想在琴上镶嵌一个由3000颗珍珠组成的复杂图案，这样一来，如果某一天他不能再弹琴了，只要看着它也会很开心。洛温斯坦告诉凯勒，10年来，他做梦都想要这样一把吉他，但一直没找到愿意做的人。凯勒后来得知，洛温斯坦当时已经与展会上的其他人聊过了，他们都拒绝了这一委托，但都推荐了他。

凯勒一方面受宠若惊，另一方面也有些担心，他与洛温斯坦讨论了差不多两个小时才同意接受委托。"他请我做的事是非常冒险的，"他指出，"他和我谈的这件事，要付出我生命中的三四个月时间，而这份努力价值25 000美元，如果最后的成品他不喜欢怎么办？但是他喜欢我，还说'你就是我要找的人'。他叫来了他的妻子，并搂着我拍了张照片。"

凯勒做完那把吉他后，洛温斯坦让他亲自把琴送往迈阿密，并额外出钱为这把吉他在飞机上订了一个座位。那天晚上，他受到了非常令人愉悦的接待。洛温斯坦和他的家人一直通过凯勒定期在他的网站上发布的照片来追踪这把吉他的制作进展。洛温斯坦最终把吉他从琴盒里拿出来时，凯勒说，"他很喜欢那把吉他，甚至大喊'天哪！'"。洛温斯坦一家举办了一场庆祝晚宴，奉凯勒为上宾，洛温斯坦的哥哥还正式感谢他给这家人带来的所有幸福。

凯勒离开之前，洛温斯坦告诉他，《原声吉他蓝皮书》（*Blue Book of Acoustic Guitars*）的编辑想围绕他那把"做梦都想要的吉他"做一篇专题报道。[30] 事后看来，这就是凯勒一直等待的改变职业生涯的契机。"当那篇文章在《原声吉他蓝皮书》上发表后，"他说，"对我来说简直是一次大爆发。突然之间，我变得炙手可热。我成了世界级的制琴师，为一个非常重要的收藏家制作了一把价值25 000美元的吉他，并被收录在世界上最受尊敬的书中。"新得到的名声使他开始思考明星身份的奇妙性质。曾经关上的门再次打开，他沮丧地意识到，职业上的成功往往取决于少数几个有良好社会地位的把关人的行动：

> 我在 [罗切斯特] 这儿已经住了25年了，而报纸突然说："哇哦，你说这家伙上了《原声吉他蓝皮书》是什么意思？派个记者过去问问！"你懂的，哇哦！然后他们想要亨利 [·洛温斯坦] 那把吉他的照片，之后当我制作那把包豪斯吉他 [一个大胆的新款式] 时——哦，天哪，他们也想要它的照片。出现在一本杂志和一本书里之后，突然之间，我就有了信誉度。现在，我不再是那种古怪的嬉皮士了，你懂的，就是那种拖着一条腿在作坊里走来走去，[用低沉的咆哮声] 喃喃自语"吉他，吉他"的人。虽然那是真的，也让我很生气。现在，这

对我来说是很可悲的。不管你的作品有多好，都需要别人来
说它好。现在，这对我有很大困扰。

好的作品自己会说话的信念是工匠精神的基石。在市场文化
中，做广告、刻意讨好和自我的"品牌创建"可能是必要的恶，
但无论如何，吉他匠人们一致认为，乐器的质量对有鉴别能力的
玩家来说应该是不证自明的。的确，正如白人男子气概的特殊待
遇和特权常常被认为是一个人的内在特征，"优秀的手艺"被认
为是手工艺品的内在属性，而不是可被他人授予的品质。然而，
正如制琴师们已经发现的，国家归属感不会自动产生。那些在制
琴界的价值锦标赛中获胜的人，必须面对一个令人不安的事实，
即明星不是天生的——明星必须被制造。

品牌营销剧场

2008 年 4 月的那个早晨，迈阿密海滩会议中心的主入口挤满
了排队的人，不知道的人会以为那里是机场。制琴师们提着吉他
的琴盒，小贩们拖着装有万向轮的行李箱，成群结队地穿过一排
玻璃门。吉他展要到 10 点才开始，但为了参加 9 点的研讨会，也
因为错误地估计了从酒店走过来的时间，我早早就到了。一名警
卫把守在上行电梯的下方，只允许那些有徽章的人上到举行展览
的二楼。我慢慢地穿过大厅，来到一张桌子前，桌上展示着音乐
家们的专辑，这些音乐家也都会来这里弹奏制琴师们的乐器。

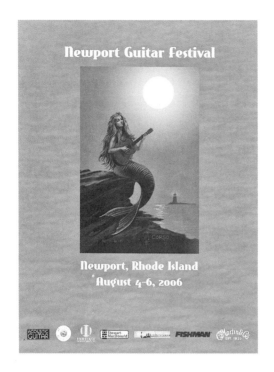

图 5-2　2006 年第二届纽波特吉他节活动手册封面。这使人联想到希尔兹堡"美丽悦耳"吉他节的那张合成照片，正在唱歌的美人鱼和月光照耀下的港口，召唤出了一个充满危险的人／非人的充满诱惑的领域

　　我拿起一张 CD，看着它的封面，此时我注意到大厅后面有一扇门开着，里面是一个漆黑的礼堂。门边的金属支架上有一块小牌子，上面写着"抵押品拍卖"。这个时间没有人进出，但附近停着一辆清洁推车，这表明该房间已经准备好在当天晚些时候使用。这一具有讽刺意味的场景发人深省。当时，佛罗里达正因次贷危机而陷入混乱——距离联邦政府拯救华尔街的大企业还有几个月时间——这场展览的组织者竟然希望能让公众对 5000—50 000 美元一把的吉他产生兴趣。那个时候，在佛罗里达南部举办一场吉他节的时机看上去不是很有利。

但是在制琴界，大笔的支出很少仅被市场逻辑所驱动。2004—2008 年，作为对希尔兹堡每年两次展会的补充，手工吉他制作者还可以参加 3 个主要的展会，每一个展会都由一名有着独特愿景的个人创办。第一个出现的是纽波特吉他节。该活动在罗得岛州的纽波特举办，与纽波特民谣音乐节（Newport Folk Festival）同期，2004 年 8 月首次举办，并于 2006 年再次开幕。纽波特吉他节是由马萨诸塞州的吉他匠人尤利乌斯·博尔格斯（Julius Borges）组织举办的，他试图创立一个活动，能让习惯了独自工作的制琴师放松下来，享受同行之间的友谊，要知道，在希尔兹堡的展会变得"过于拥挤"之前，他们也曾享受过这样的友谊。

与这种怀旧的愿望一致的是，纽波特吉他节的一位关键赞助者是托德·塔格特，他现在是制琴联合公司（Allied Lutherie）的老板，他在 2000 年离开制琴师商业国际后，创办了这家木材供应公司。正如博尔格斯所描述的那样，他的目标是举办"一个非常棒的派对，还附带一场极富吸引力的吉他展"。[31] 他说，从一开始，该活动的预算就很低：

关于纽波特吉他节，我最喜欢的一点是，我就像那些电影里的米奇·鲁尼（Mickey Rooney）[①]，[会说]"我们要开始表演了！我们会有一个车库，会张贴海报，一切都会很棒！"其实，那只是一件很小的事。我没有钱，预算来自收取的摊位费，还有一些赞助费。这就是我可用的所有的钱，大概五万

[①]　好莱坞传奇男演员，曾获奥斯卡终身成就奖，出演过《博物馆奇妙夜》。

美元。我们只是想要办一个展览，我努力想办法做到。这件
事要想办成，就需要[吉他匠人们]齐心协力，否则，我们就
办不成。而且，如果你没有请到什么重量级的人物——人们
知道那些重量级人物都有谁——你也办不成。

最后，大名鼎鼎的制琴师来了，展览便有了一种庄重和与众
不同的感觉。活动举办的地点也增强了上述感觉：位于纳拉甘西
特湾（Narragansett Bay）一个私人小岛上的凯悦酒店，只能通过船
只或一条长堤道到达。前往纽波特民谣音乐节的摆渡船就停靠在
附近，因此吉他节也吸引了大批忠实的民谣爱好者，与此同时，
由于邻近波士顿和纽约，吉他节也吸引了一批对住豪华酒店习以
为常的狂热爱好者。

尽管博尔格斯已经证明了东海岸有吉他展的需求，但举办这
样的展会所需付出的努力却不是他能长期承受的。两位企业家认
识到了这一点，于是挺身而出：雅克－安德烈·杜邦于2007年7
月创办了蒙特利尔吉他展，而亨利·洛温斯坦承接了纽波特吉他
节，并在2008年将其搬到了迈阿密海滩。

尽管出现了一些帮助匠人进入地区性市场的小型吉他展，但
蒙特利尔和佛罗里达的这两个展会明确表明，它们在努力提高北
美制琴师在国际上的竞争力。这两个展会与希尔兹堡吉他节以及
原来的纽波特吉他节有很大不同，因为负责运营的个人并不直接
参与手工乐器的生产制作，他们既不是材料供应商，也不是制琴
匠人。杜邦和洛温斯坦都是吉他收藏家，他们有足够的资源担任
活动的主办人，能够投入大量的资金并承担相应的风险。这些展

会可能最终会通过广告费、摊位费和门票销售为投资者赚到钱，因此这些活动被有意设计成与希尔兹堡吉他节竞争的舞台，在这个舞台上，制琴师们的"品牌营销剧场"出现了。[32] 作为价值锦标赛，所有这 3 个展会都发展出了独特的"品牌"或策略，以推销独立制琴师的作品，并向公众介绍手工吉他制作的经济价值和美学价值。

如今，希尔兹堡吉他节这个品牌已经走过了 16 个年头，它已经成为其他展会定位自身的标杆。它的意象令人联想到制琴师商业国际在索诺玛葡萄酒之乡所处的位置。除了商标标语"制琴师的艺术"，希尔兹堡吉他节在吉他和葡萄酒之间做了一个明确的类比，并相应地提出了一个评估手工吉他价值的观点。[33] 与品鉴美酒及其地域风味一样，制琴师商业国际认为，对吉他的鉴赏力与培养对"音质"的鉴赏能力息息相关。[34] 这个展好比一场奢侈的"吉他品鉴会"，其中，参与的观众被邀请在他们弹奏——或聆听专业音乐家弹奏——各种不同木材制成的乐器时，让他们的"耳朵"更敏锐。令一些人吃惊的是，制琴师商业国际并没有根据制琴师的声誉或经验水平对他们进行明显的区分。新手被安排在更有经验的匠人旁边，除了他们乐器的价格——有时候甚至连价格都没有——没有什么其他东西可以用来区分新手和大师。制琴师商业国际的业务经理纳塔莉·斯旺戈认为，那样的区分会破坏"善意"，而"善意"正是展会的主要目的：

[该活动] 是无利可图的，它永远不会赢利，因为我们不会把任何 [员工的] 劳动力算进去。而且我们投入了那么多的

时间。比如说，我们9月就要开始准备下一年的展会了，而且它很受欢迎，非常受欢迎。所以每次我的老板说"哦，我们做得很好"，我就说"不，不，我们做得不好"。我们爱它。我不是说我们不应该搞这个活动，那是一种善意的姿态。它给我们带来了生意，但是说到善意——我的意思是，这是其中最重要的部分。它给我们带来了客户，为我们增加了曝光度，也给我们的客户提供了曝光的机会。可以说，它在总体上推动了吉他制作这项事业，而且，我认为，人们对这门手艺的兴趣渐浓，这部分要归功于公众对吉他制作有了更多的认知。[35]

希尔兹堡吉他节颂扬吉他制作这项活动，以及制作吉他所使用的原材料，而不考虑独立匠人的身份地位。就像参观葡萄酒厂之旅不能不去参观葡萄园一样，制琴师商业国际也为木材和其他制作用具的展示和销售留出了一个大的展厅。斯旺戈估计，制琴师商业国际的客户中，75%是业余爱好者，他指出，如果条件允许，资深匠人更愿意直接从原产地购买木材，这样就省去了"中间商"及其成本。"对吉他制作这项事业在总体上的推动"也许缺了某些匠人和收藏者所希望的那种精挑细选，但失之东隅，收之桑榆，独特性缺失了，但业余爱好者和专业人士的雄心抱负获得了支持。制琴师商业国际没有在价值锦标赛中挑选赢家的经济动机，而是创造了一个向所有人开放竞争机会的活动。

蒙特利尔吉他展的主张则非常不同。[36]雅克-安德烈·杜邦的核心理念——他会用自己那种抑扬顿挫的法国口音来说——"制

图 5-3　"制琴师的艺术"突出展示了 2001 年第四届希尔兹堡吉他展上制琴师的形象和参展乐器的高质量照片。玫瑰木和合欢木吉他的线条被描绘成了"葡萄园"的波浪，在视觉上将葡萄酒的"地域风味"和异域木材的"音质"联系了起来

琴师不是参展商，他们是明星"。[37] 他的意思是说，制琴师应该得到和爵士乐名人一样的对待——作为蒙特利尔国际爵士音乐节的副主席，他在工作中经常与那些爵士乐名人打交道。与希尔兹堡吉他节一样，"蒙特利尔"仅招募 100 位匠人，而且匠人只能通过受邀的方式参与。但是杜邦认为，要想成功地打响这一展会的知名度，就需要认识到，并不是所有的明星都能燃烧得如此耀眼：

　　我想要建立一个制琴师明星体系。此前，当我坐在第一届 [蒙特利尔] 展会中，看着人们在展会中的行为时，我意识到那里是有明星存在的。我得做些强化工作——在那些家伙身上多放几盏灯，因为他们会成为耀眼的明星，会得到很多关注，也会为展会带来更多关注，这对刚开始起步的制琴师来说也是好事。所以，这对我来说非常重要，我能得到明星，而他们会得到身为明星应得的东西。这还会帮助那些年轻的吉他匠人，或者是那些有待被人发现的匠人。

这并非易事，吉他匠人是一群对真实的和想象的身份差别异常警觉的艺术家。不过，有一个深层次的原因，即不太知名的匠人会因"耀眼明星"所带来的公众关注而受益，这可谓一箭双雕，既能安抚受伤的自尊心，也能满足那些大人物。[38]尽管如此，"建立一个制琴师明星体系"首先需要找到这样一些匠人，他们的乐器正是经验丰富的收藏家想要的。为了做到这一点，蒙特利尔吉他展的宣传材料会重点突出乐器的图片，这些乐器都是组织者认为已经或可以从普通交易中抽出来，在制琴艺术界的非市场领域流通的。无论是在广告中，还是在海报、活动手册和 T 恤衫的设计上，与其他人的作品相比，某些匠人的乐器会有更加突出的展示，这样的做法很明显带有展览组织者自身美学知识的烙印。

例如，蒙特利尔吉他展的第一款 T 恤衫上印有 12 把吉他，每一把吉他上都写有制作者的名字和电子邮件地址。2008 年的活动手册封面上描绘了一把无品牌吉他的轮廓像，它是由无数小吉他图案组成的，以此代表众多匠人的作品。但是，展会上能够买到的海报却与此相反：每一张海报的中心都是一把特定匠人所做的吉他，而背景则是一大堆特别小的吉他。我怀疑，我对这种诱惑的反应跟很多人一样。我买了一张海报，上面是我很欣赏的制琴师的作品，我还请这位制琴师在海报上签了名。如此一来，我便可以带一幅图像回家，而不是昂贵到令人却步的实物。

即便用于宣传蒙特利尔吉他展的视觉图像没有具体指出独立制琴师的名字，但对于任何熟悉匠人独特风格的人来说，那些被精心挑选出来的吉他的制作者是谁，都是一目了然的。通过诸如此类的宣传活动可以看出，蒙特利尔吉他展的定位更像是一家艺术馆或拍卖行：在这样一个地方，手工艺的行家可以找到质量最好的吉他，经验不足的消费者也可以相信，他们看到的乐器确实具有审美价值和经济价值。杜邦意识到了他在制琴师的利益方面所发挥的市场影响力，也很乐于承认自己能发挥这种影响力：

这些人需要一个市场营销团队在背后支持他们，这正是我的强项。我努力想要找到一种为他们服务的方法，并确保其有效。如果你打开下个月的《顶级吉他杂志》（Premier Guitar Magazine），会看到我买下的一个广告，这个广告将介绍五把即将在展会上出现的手工吉他。我不会把展会的 logo 搞得很醒目，然后说"来看看这些很棒的制琴师"。虽然我实际表达的也是这个意思，但我是这么说的："这里有一些典范之作。"这个广告宣传了一些制琴师的作品，对他们来说，这么做有非常实际的价值，因为他不必为此 [广告] 付钱。同时，这也是我要传达给整个行业的信息："在蒙特利尔吉他展上，我们把制琴师放在首位；我们让他们成为主角，他们是展会的明星。"当然，我不会展示他们的面孔，因为最重要的是他们制作的吉他。

在制琴界，展示吉他而非制琴师面孔的这个决定并非惯例。例如，2009 年，蒙特利尔吉他展和希尔兹堡吉他节的活动手册封面采用了相反的表现策略，前者的封面看起来像一个超现实的梦境，后者的封面则像一本高中毕业纪念册。不展示制琴师面孔是蒙特利尔吉他展这个品牌的基本特色，但具体做法不是强调对吉他本身的关注——2007 年希尔兹堡吉他节的海报也是一幅用很多吉他图案组成的拼贴画——而是利用一种三维透视法，将前景的图像

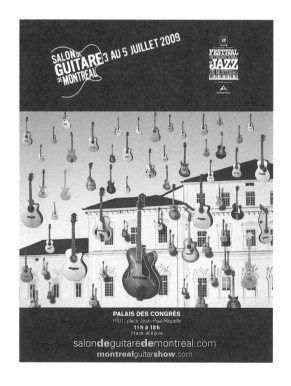

图 5-4 2009 年蒙特利尔吉他展活动手册的封面。一幅有关制琴师"明星体系"的超现实主义梦境

同背景的其他图像区别开来，以突出前景。以制琴师的"营销团队"身份行事，意味着要明确地将他们的作品当作艺术品来推广，而不仅仅是当作创作音乐的工具。

"我看待吉他，就像人们看待雕塑或一幅很棒的绘画作品一样，"杜邦告诉我，"我在这方面的投入就像人们在艺术中的投入一样。"[39]他既强调视觉的美感，也强调声音的美感，把吉他收藏描述为一种赞助行为。在这个过程中，他唤起了一门手艺的神秘性，这门手艺要依赖贵族的赞助才能存续：

> 在我看来，用自己的双手制作一些东西有种高贵的感觉。有些人身怀我自己完全不具备的技艺，对于他们，我总是印象深刻。而且，我喜欢吉佩托之类的形象——一个人在他的作坊里，到处都很乱，其实只是感觉上很乱，那里有各种工具、木材，还有灰尘和一支蜡烛。[笑]看到一棵树时，我喜欢说"这是一把吉他"或"这是一把小提琴"。而且，和吉佩托用那块木头做了个木偶一样，这些人在某种程度上用的也是相同的方法。所以，从根本上说，我觉得这很浪漫。这就像过去的时光，而且对我来说，看着一块木材变成最终的成品，这就像魔法一样。我感觉很幸运，自己有能力给艺术家资助。这也是浪漫之中的一部分，就好像在较久远的年代，一个贵族能够委托——我们现在不再做这样的事了——别人创作一幅画。

杜邦认为，吉他制作之所以变得"浪漫"，要归功于那些认可并支持吉他制作的人所具有的高尚品德。如果不是为了这一情感上的远见所伴随的经济敏感性，吉佩托那杂乱的阁楼和原始的光源就只能是一个象征贫穷的遗迹。正如杜邦所理解的那样，这一场景的情感承诺在于赞助人和匠人之间的交换。如果艺术家的天赋在文化上被低估了，那么赞助人就是"被赋予了"权力去纠正错误的人——有点像匹诺曹故事里的蓝仙女。

"这里有一种浪漫，"杜邦坚持说，"当你和某人交谈，然后说'你能为我做一把吉他吗？'的时候，我对他们说的是'做一些让你感到骄傲而我会感到兴奋的事'。"在这种情况下，客户"购买"的不是一件商品，而是制作一件非凡艺术品的表演。这种交换被比喻成较久远年代里的艺术赞助体系，而这样的比喻也清晰地表明，这种交换更多被视为对当前社会经济秩序的背离。在蒙特利尔吉他展的品牌营销剧场之中，那些缺少手艺来表演制琴这种"高贵"艺术的人，也可以演绎出贵族式礼物交换的"高贵性"，而在这样的礼尚往来之中，赞助人付出的礼金会因匠人天才般的劳动而被放大，而手工艺品的商品属性可能被完全忽略。

佛罗里达的纽波特吉他展（Newport Guitar Show）①在举办了两年后就被无限期搁置了，而这一展会曾试图以一种完全不同的方式来营销手工制作的吉他。作为一位涉外律师和吉他收藏家，亨利·洛温斯坦厌弃其他吉他展所表现出的精英主义，也不认可NAMM展会的排他性——这样一个音乐行业的贸易展会，迎合的

---

① 即前文提到的纽波特吉他节，洛温斯坦将展会搬到迈阿密举办后，将其更名为纽波特吉他展。

是经销商、采购代理商和业内人士的需求。他把经营音乐商店和免税店所学到的技巧运用到了他设想的所谓"面向大众的 NAMM 展会"上。[40] 他的营销策略侧重于增加参加高端吉他展会之人的数量，以及他们经济状况的多样性。从理论上说，要想触及大量受众，就需要吸引大众市场，所以，在展示工匠工作的活动中，他会把吉他配件以及较便宜的原声吉他和电吉他都纳入其中。

因此，在 2008 年迈阿密海滩的展会上，工厂量产的乐器占据了会议中心一层的一个大展区，而手工制作的乐器则放置于二层。这一安排实际上是把活动场所一分为二，一部分是针对无产者（proletariat）设置的"廉价商品部"，另一部分是为有钱人准备的高水平的"高级商品区"，洛温斯坦在此处借鉴的是一种零售营销原则，一种区分阶层的办法，"旨在激起人们对社会的不满和嫉妒情绪，继而引发购物的冲动"，这一原则自 19 世纪 70 年代起就一直影响着百货公司的布局设计。[41] 然而，在这种情况下，把阶层的不同标志紧挨着放在一起，也是为了培养一种观念，即手工吉他是奢侈品，与高档汽车和手表一样，属于同一份购买清单，是社会地位的标志。

佛罗里达举办的纽波特吉他展所培育的品牌，与其举办场所的形象和活动联系在了一起。尽管由独立匠人制作的吉他在展会的广告宣传中被放在突出的位置上，但这些宣传图像主要是纽波特吉他节原有 logo 的一个改良版。这个 logo 以前描绘的是一条美人鱼，在月光照耀下的港口弹奏吉他，而现在这条美人鱼则暴露在日光之下，还戴了一副墨镜，新 logo 明显是金发沙滩美女和盲人黑人音乐家结合在一起的产物。虽然美人鱼 logo 可能意指由消费者

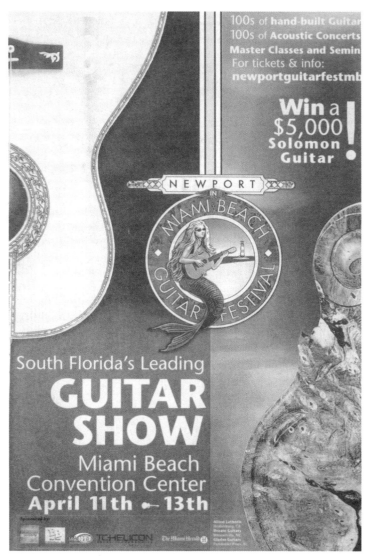

图5-5　2008年迈阿密海滩吉他节活动手册的封面（新闻用纸）。
纽波特吉他节的那条美人鱼在南佛罗里达的阳光下戴上了黑色墨镜

的欲望谱写的海妖之歌，但展会举办的地点——2008 年是在迈阿密海滩的会议中心，2010 年是在塞米诺尔硬石赌场酒店（Seminole Hard Rock Hotel and Casino）——清楚地表明了活动重点关注的受众是哪些人，以及什么样的交易是得到鼓励的。通过吸引财力雄厚的赞助商和那些喜欢车展、老虎机的消费者，洛温斯坦希望将手工吉他推向大众市场："如果你把一场 [吉他] 展览做成一个只为少数、不可一世以及最杰出之人举办的茶话会，那么你只能办一个非常、非常小的展会，也没有能力向全世界传递相应的信息。这是我想做这个 [纽波特] 展会的首要原因。我曾去过一次希尔兹堡吉他节，然后觉得，'天哪，没人知道这个展！'"

　　洛温斯坦是一个极致的奢侈品消费者，在患上严重的关节疾病因而想要定制一把吉他之后，他才开始了解制琴的世界。有鉴于此，他声称，在符合其市场画像的人群之中明显存在着一个巨大的宝藏，尚未被开发。尽管如此，他说，一些制琴师也不得不被连拖带拽地用如下这种方式来理解自己的经济利益：

　　　　他们说："行吧，如果吉布森要去，那我就不想去了。"为什么？因为他们已经习惯了被吉布森的广告所淹没。这种想法很愚蠢，能搭上谁的顺风车，搭上去就是了。有人是为了吉布森的莱斯·保罗电吉他才去的，然后这些人也会走上楼，看到一把独一无二、价值 12 000 美元的吉他。你会花 12 000 美元买一把谁都能拥有的吉他吗？不会。所以，无论是吉布森的吉他还是手工吉他，都有生存的空间。我们会在迈阿密海滩的会议中心里看到大型车展。"好吧，我们需要一辆给孩子开的本田"，你可以看到这样的情况。但我其实是来看兰博基尼、法拉利和莲花这样的车。然而 [制琴师] 却说："好吧，如果你们在另一个展厅里展示了本田汽车，那我们就不去展出我们的汽车了。"这得有多么愚蠢啊，是吧？我忍了，但我再也没有耐心了。要么生存，要么死掉——真的会死。即使我们会提供一张免费的展桌，很多人还是没钱来参展。路费都掏不起！

洛温斯坦并不认为（至少没有公开表达过）除了贫穷或"愚蠢"，还有什么其他原因会让匠人们在他的商业模式面前犹豫不决。在他看来，资本主义的市场应该是一个包容性的公共领域，其中，资本积累的障碍被清除了。为了实现这种包容性，他试图促进信息在吉他行业的不同细分市场之间流动。他将市场美化为一个民主的空间，试图表明自由市场资本主义可以为所有阶层的消费者和任何规模的企业带来好处。援引新自由主义的咒语——对资本有利的事对所有人都有好处——洛温斯坦怀抱着达尔文式的信念指出，那些拒绝参与交叉营销的匠人会因无法取得商业上的成功而"死掉"。[42] 佛罗里达举办的纽波特吉他展是一种尝试，试图为匠人们开辟一条进入国际奢侈品市场的新路。正如他所说：

美国制造的吉他具备一种产地声望，就像我会想要一只德国或瑞士产的手表，或者想要法国的香水一样。亚洲人卖给我们廉价的吉他，他们赚的钱越来越多，如此一来，他们也就有更多的钱来购买我们那些昂贵的吉他。不过，你必须把我们的吉他放到奢侈品行列，这样的话，当亚洲人有钱买吉他时，就会想到我们手中有他们想要的东西。如果我们只是一帮他们没听说过的散兵游勇，卖着价值25 000美元的吉他，那他们是不会想到我们的。但如果他们点击奢侈品购物网站，然后发现"哦，对啊，如果真的想从美国买些好东西，那就买一把凯勒做的吉他"，他们会怎么做？他们就会订购一把凯勒做的吉他。很多人不明白这一点，但我怀有期待——如果自比为棋手的话，这相当于多算了十步。对吧？这就是未来的发展方向。

洛温斯坦这种下棋的比喻，所假设的是一种全球性的政治经济学，其中，赢家了解市场规则，并预先想好了未来要走的几步。佛罗里达举办的纽波特吉他展可被看作一场跨国的价值锦标赛，是在全国价值锦标赛基础上的一次迭代，旨在将手工吉他定位成一种奢侈品，而通过与其他奢侈品的比较，吉他的价值也体现出来了。这一展览在推动手工乐器商品化方面可谓理直气壮，不仅强调了为商品定价所应当依据的等级，还突出了这些商品有能力成为精英"品位"的"具象符号"，而任何对消费文化象征方面的事比较敏感的人，都能识别这种"品位"。[43]

但是，手工吉他是如何具有像奢侈品一样的价值的呢？要如何为社会区隔（social distinction）定价？为了在活动期间回答此类问题，洛温斯坦出席了一个名为"吉他营销概论"的专家咨询会。他解释说，如果你聚焦于一套"客观的"标准，那么手工吉他就可以被当作商品。他指出，乐器通常会有较高的投资价值，只要它们是由出身名门、产量不高的匠人制作的，并且以稀有的木材、创新的方法以及精致的装饰为特色。"音质"在他看来，并不是衡量价值的可靠指标，因为它"太主观了"。他认为，唯一可用于衡量一件乐器音质的市场价值的方法，是看受人尊敬的乐手是否会像弹奏其他乐器那样弹奏它，如此才能证明它的"声望，的确是一把听起来不错的吉他"。[44] 因此，尽管备受业内质疑，南佛罗里达举办的展会可以说是在制琴界创建了一个新的品牌营销剧场，试图使手工吉他的市场合理化。

不能让与的所有物

2011 年 3 月一个寒冷的早晨，我瞥了一眼悬挂在大都会艺术博物馆入口处的横幅，上面用粗体字写着"吉他英雄：从意大利到纽约的传奇工匠"。借用了许多摇滚偶像以及那款以他们为灵感制作的电子游戏，博物馆显然想借此机会，吸引那些不习惯踏足这一散发着古代大师气息之场所的人。这一展览展示了各种各样的鲁特琴、小提琴和吉他，可以从今天这个新的黄金时代一直追溯到意大利制琴的"黄金时代"，正因如此，这一营销壮举取得了成功。对此，我也感到十分欣慰。自第一届希尔兹堡吉他节展现手工吉他的商业价值以来，已经过去了 25 年。如今，手工吉他的美学价值正被国际艺术界所认可，风头正盛。

熙熙攘攘的大厅里，我注意到了我的同事让－克里斯托夫·阿格纽（Jean-Christophe Agnew），一位研究资本主义和美国消费文化的历史学者。他是博物馆的会员，弄到了两张讲座的门票，讲座内容与此次展览中出现的制琴师有关，我们还约好一起去看展。戴上游客胸牌，我们穿过如迷宫一般布满艺术装饰的走廊，来到指定的展厅。展览地图指明了参观展览的动线，还告诉我们如果想观看补充信息、采访和音乐表演，可以下载一个应用程序。[45] 我不想成为一个不爱交际的人，所以抵制住了把耳机塞进耳朵的诱惑。但当让－克里斯托夫和我被眼前所见吸引时，"大都会吉他"（Met Guitars）这款手机应用程序的吸引力就很清楚地展现出来：光看玻璃展柜里的弦乐器可能会令人异常不安。正如马丁公司把经典民谣引入自家的博物馆一样，每个大型吉他展都会提供"小型音乐会"和"聆听室"，策展人也意识到人们渴望听一听展出的乐器。[46]

但在这场展览中，吉他音乐的缺席令我感到不安。我试着控制自己的焦虑情绪——哇哦，一把由斯特拉迪瓦里在 1700 年制作的吉他！[47]——我逐渐意识到这场展览有着令人无法抗拒的视觉冲击，以及它所宣扬的欧洲起源神话。[48] 来博物馆的观众只能看而不能听，不能触摸吉他或拨动它们的琴弦，这要求他们把制琴当作一种艺术来欣赏，仿佛制琴所雕琢的就是木材本身，而不是乐器所发出的声音。展览中，这些吉他被当作体现了超群手艺的手工艺品，而不是用于演奏动人乐曲的工具，可以说，它们呈现出一种蛰伏的状态，尽管诱发了人们在听觉上获得享受的预期，但这种预期又必须被延迟满足或干脆不予考虑。[49]

在这片声音的荒漠中，我们的注意力反而被引向了策展人的

"声音"，通过此次展览的标签、展品目录和多媒体应用程序，策展人阐明了把这些乐器集中起来想要讲述的故事。这也是一个有关起源的叙事：有关一个"民族"手工艺传统代际传承的宏大历史传奇。这场展览表明，要想欣赏世界最伟大吉他匠人所拥有的才华，我们只需要看看安德烈亚·阿马蒂（Andrea Amati）在1559年、安东尼奥·斯特拉迪瓦里在1711年制作的小提琴，19世纪移居纽约的意大利移民所制作的瓢形曼陀林，以及三名意大利裔美国匠人所制作的拱形吉他（时间跨度从20世纪30年代一直到今天），从中发现它们之间所具有的家族相似性。

在这个系谱中，关键人物是约翰·丹杰利科（1905—1964），他是那不勒斯移民的后裔。丹杰利科在小意大利^①长大，并在他叔祖父拉斐尔·恰尼（Raphael Ciani）开的制琴工坊里学会了如何制作那不勒斯曼陀林。后来，这种款式的曼陀林渐渐不受欢迎了，于是丹杰利科开始仿制吉布森的L5拱形吉他。最终，他发展出了自己的设计美学，创造了带有装饰艺术和纽约风格图案的乐器，这些乐器现在是世界上最有价值的古董吉他之一。尽管丹杰利科的乐器是"复制品"，但是策展人观察到，"他是特别卓越的匠人，[因为]他的乐器很快就呈现了自身独特的技术复杂程度，也体现了其独特的声音品质。他的手艺拥有傲视几代人的资本。"⁵⁰而且，这场展览证明，丹杰利科传给他的关门弟子——詹姆斯·达奎斯托的正是这种民族遗产。

在为达奎斯托（1935—1995）专设的展区中，最显眼的是一台

---

　　① 通用语，指意大利人聚居的地方，类似于唐人街。

平板显示器，它以循环播放的方式展示了若干影片片段，取自一部拍摄于 1986 年的纪录片《纽约客特辑：手工制作一把吉他》（ *The New Yorker Special: Handcrafting a Guitar* ）。这部纪录片着重讲述了在 20 世纪 70 年代，达奎斯托在其位于长岛的作坊里制作他的作品中一款最知名的吉他的故事。[51] 他穿着一件背心，看起来就像《欲望号街车》（ *Street Named Desire* ）里年轻的马龙·白兰度，简直可以说是男性魅力的化身。走近一点，我能听到影片的声音，音量很小。在作坊本身的声音和钢琴音乐交织的嘈杂背景音中，我听到一个男人在说话，那是达奎斯托，他的话带有明显的纽约口音。这个片段中还穿插剪辑了一些制作场景，以及他与丹杰利科的一些档案照片。

我看得入迷，意识到这离身的声音与屏幕上那个男人的形象已经分离开来，盘旋在空荡荡的工作台上方，工作台上零散放着各类工具和设备。[52] 我推测，这样做的目的是鼓励参观者想象自己就置身于达奎斯托的作坊之中，出现在制作现场。[53]

但当我转身去追让-克里斯托夫时，我被这个幽灵般的场面里那明显脆弱的男性身体所震撼。虽然影片的画外音创造了一种在场的幻觉——达奎斯托说的话似乎与本次展览策展人说的话是在同一时空出现的——但现实中空荡荡的工作台表明他的确不在场。对于看过这部影片的制琴师来说，达奎斯托那无保护的身体——没有防护手套、护目镜和喷漆时要用的防毒面具——预示了他在 59 岁时会发作致命的癫痫，同时也提醒人们，在他那个年代，木屑和吉他抛光剂的危害性被大大低估了。[54]

从 20 世纪 90 年代达奎斯托的乐器到同时期约翰·蒙泰莱奥内

图 5-6　詹姆斯·达奎斯托在长岛法明代尔（Farmingdale）的作坊里。照片由蒂姆·奥尔森拍摄

的乐器，它们在视觉上的过渡几乎是无缝的——外观上实在太相似了。虽然生于 1947 年的蒙泰莱奥内从未做过学徒，但他和达奎斯托非常熟悉，而且二人在制琴运动中都处于"艺术转向"的前沿地带。从他们对历史元素的戏谑挪用，还有他们在琴头、指板延伸部分、护板、音孔和拉弦板上所做的形状创新中可以明显看出，他们制作的吉他和曼陀林具有雕塑一般的品质。在博物馆的灯光下，云杉木、黑檀木和枫木经过抛光的轮廓和表面，看起来就像是用黏土或石头制成的，而木材的纹理和复杂的贝壳镶嵌看上去就像是用画笔画上去的。这些手工吉他既养眼又悦耳，它们不仅反映了当代制琴业的审美，也体现了富裕赞助人日益增强的影响力，这些赞助人不再"收集吉他"，而是委托匠人制作艺术品。

在展览的最后，让－克里斯托夫和我看到了吉他四件套，这四把吉他构成一组，制作于 2002—2006 年，被蒙泰莱奥内称为"四季"（Four Seasons）。每把吉他都是独一无二的，设计的初衷是想凭借声音和装饰细节，使人联想到一年中的不同季节。这几把吉他陈列在独立的展柜中，人们可以"全方位"地观看，它们可以说是精湛技艺的巅峰展示。这四把吉他不仅有精致的外观，而且每把吉他低音侧的"音埠①"也透露了与其季节主题一致的内部场景。

我听到蒙泰莱奥内援引安东尼奥·维瓦尔第（Antonio Vivaldi）1723 年的小提琴协奏曲《四季》，如数家珍地评论着他制作的吉他。与达奎斯托的纪录片一样，他的"画外音"与展览的元叙事

---

① 即 sound port，吉他侧板上的音洞，以便让演奏者听到最好的共鸣。

相互融合，放大了一种精心组织的愿望，希望将今天的制琴起源定位于欧洲的手工艺传统。这组"四季"，与作为一个整体的"吉他英雄"一样，其中，精湛的手艺是与意大利式的巴洛克风格联系在一起的，而对这种遗产的视觉化呈现，使得这手艺好像是白种人群体的财产。因此，在"大都会吉他"这款应用程序中，对蒙泰莱奥内的称赞是"意大利裔美国人悠久手工艺传统的生动体现"。[55]

"四季"吉他按冬、春、夏、秋的顺序排列在讲演台上，观众席很快就坐满了，让–克里斯托夫和我在靠后的地方找了位置坐下。经一位馆内同事介绍，大都会艺术博物馆乐器馆馆长杰森·克尔·多布尼（Jayson Kerr Dobney）大步走上讲台。他说，大多数人听到"吉他英雄"这个词，想到的都是那些很棒的吉他手。"就本次展览来说，我们想要改变这种情况。我们想要说：'不，在我这里，真正的吉他英雄是那些制作吉他的人，是复兴这一传统的手艺人，以及，从许多方面来说，他们也是一些吉他手心中的英雄。'"[56]多布尼的讲话令人愉悦，不时还穿插着一些音乐片段和乐手们对丹杰利科、达奎斯托和蒙泰莱奥内的评价。那些被重点介绍的吉他手都是白人男性，[57]只有一个视频短片是例外，短片里出现的是玛丽·凯（Mary Kaye），一位20世纪50年代生活在拉斯维加斯的酒吧歌手，她正在用自己的丹杰利科吉他演奏——多布尼告诉我们，"以免你们认为吉他演奏只是男人的娱乐"。

尽管如此，他展示的那些褒扬一致推崇并浪漫化的，都是男人与男人之间共享的那种早期联系——无论是师徒之间，还是制作者和弹奏者之间的联系。在这一点上，多布尼为我们播放的《纽约客特辑》中的选段就很有启发意义。展览中，达奎斯托的声音伴随着他自己和丹杰利科的影像出现：

> 第一次遇到 [丹杰利科] 时，我走进了工坊，那时他刚好完成了一把全新的吉他，一把巨大的浅色"纽约客"（New Yorker）吉他。那真是令人难以置信，我从没见过像那样的吉他。他说："你想试试吗？"并加了一句"小心点儿！"我坐在凳子上，他把吉他放到我手里。我弹了几个和弦。吉他发出的声音令我瞠目结舌。那是个星期六，我说："天哪，我可以每天都来。"他说："哦，不，你可别！"因为那天他心情不好，他就是那样一个人。所以我说："哦，好吧，随你。"他一定很喜欢我，因为我从来不抖机灵，也不会自作聪明。所以，我猜他最终决定的是"我想我们可以试试他"。作为师傅，他会向你展示一些东西，然后说："我就是这么做的。你可以按照我的方法做，或者按照你的方式来，但最好做得跟我一样好，甚至要比我做得更好。"我想，我实际上是按照他所希望的样子来塑造自己的。[58]

这一叙述中的各项元素——放在这个年轻男人手中预示着未来的仪式物品，以及为换取一门神秘手艺的教导而表现出的谨慎服从——都赋予这段叙述以神话般的色彩。在达奎斯托的描述中，大师的不可思议和粗犷的柔情成了一种使手工艺的全部技能得以传承的情感手段。正如这里所描绘的，成为一名制琴师的渴望，是对男子气概的主体间性的渴望，以及对其在情感层面的实现。丹杰利科的吉他那"令人难以置信的声音"鼓舞着学徒，他们想要自己制作的乐器产生相似的声音，但与此同时，也要能在其中听到导师那不可思议的声音。这一渴望相当于一种非语言的调音模式，它使得达奎斯托能够领悟丹杰利科想表达的真实情感，哪怕丹杰利科表现出的是"心情不好"，如此一来，他就能够把丹杰利科与一位沉默寡言的父亲这一形象联系起来，并最终在手工艺品中表达自己。

达奎斯托对丹杰利科的态度利用了一种感觉结构，这种结构更加广泛地影响了制琴的教学场景。正如他通过模仿和共情来"塑造"自己以达到老师的期望一样，手工匠人们也会关注木材的声音和客户的愿望，以便为某把吉他创造出独特的音质。在这种情况下，手工艺技能库的身体训练和直觉表现就有了相同的精神气质，民族遗产因此得以传承。

民族遗产传承、男人之间非语言亲近的叙述，这二者所表达的情感，对演奏者和制作者来说，都具有吸引力。多布尼展示了若干影像资料，其中一条与英国吉他手马克·克内普夫勒（Mark Knopfler）有关，他演奏了一首名为《蒙泰莱奥内》的歌曲。[59]演奏之前，克内普夫勒介绍了促使他创作这首歌曲的原因：

> 意大利有出伟大小提琴匠人的传统，比如克雷莫纳的斯特拉迪瓦里、瓜尔内里和阿马蒂。身居纽约的意大利人也有制作那些F孔吉他的传统，当然这是一个有点奇特的类比——丹杰利科、达奎斯托，现在还有一个叫约翰·蒙泰莱奥内的

男人。我见过约翰·蒙泰莱奥内，那感觉就像是见到了斯特拉迪瓦里——我很确信就是那种感觉。在某种程度上，他就像是列奥纳多·达·芬奇，他正着手给我做一把吉他，那是一把有着像小提琴一样F孔的拱形吉他。现在没法拿给你看，那真是一件绝美的物件。但是，他制作的时候会给我发一些简短的电子邮件，而且他说的都是诸如"凿子在催了，该锯木头了"之类的话。当然，我意识到，他有一种冲动，就是要跟自己的凿子和工作在一起，而这很鼓舞人。

随着这首隐忍深沉、类似华尔兹的歌曲响起，小提琴低沉的声音开始让位于克内普夫勒那悲观消沉的嗓音和原声吉他演奏的声音。在他对制琴的描述中，这项工作产出的是看得见摸得着且独一无二的成果——刨花和一件挚爱的乐器——他在这样的描述中，一再重复着那句"凿子在催了"，以此来强调一种感觉，即蒙泰莱奥内在精神上被自己的手艺所"召唤"。但是，歌曲不仅仅是对手工劳动的感伤赞美，克内普夫勒还为当代制琴业提供了一个欧洲起源故事，他反复讲述了那个"奇特的类比"，即纽约的意大利裔美国籍的拱形吉他匠人与意大利克雷莫纳的小提琴匠人之间的相似性。

这位歌手拉近了蒙泰莱奥内与斯特拉迪瓦里之间的历史联系，声称在今天遇到一位匠人，与在400年前遇到另一位匠人没有什么不同。克内普夫勒在歌中唱道，"四季随着林中的歌曲而流逝"，借用自然循环，他强化了自己对制琴的描述，即制琴是永恒不变的手艺和男性生成性的永恒重现。通过使用人称代词——"我的手指刨在工作，温柔地劝说／我向木材俯身，哄着它歌唱"——他默认自己是一位制琴师，并将自己的"手工艺之歌"视为与欧洲弦乐器制作的"伟大传统"共同延续的存在。[60]

多布尼指向舞台上的"四季"吉他，说道："我看到过像马克·克内普夫勒这样的演奏者是如何从这样的吉他中获得灵感的。"他知道也看到过这种灵感的"奇妙循环"是如何促使制琴师转而创新和制作类似杰作的。接着，多布尼介绍了一位神秘嘉宾，他引导我们"有请当世的吉他英雄约翰·蒙泰莱奥内上台"。这位有着整齐胡须和浓密灰白头发的高个男人，在热烈的掌声中登上了舞台。他举起双手表示感谢，并用深沉而洪亮的声音说道：

> 我亲身体会到，[制琴的]美妙之处就在于，全部主题都与亲密（intimacy）有关，而亲密则是乐手和匠人之间共享的东西。你可以在这些[视频]片段里清楚地看到这种亲密。每位乐手的激情可能都和我相差无几。而且，当你第一次把一件乐器交到一位乐手手里时，你会很兴奋。这件乐器出自你手；当然，你很自豪。随之而来的还有很多。另一方面，在你把它交给一位乐手的那一时刻，某种神奇的事情发生了。我喜欢看着它，如果那是一把好乐器的话。我希望一切都顺顺利利，通常情况也都很顺利。当他们第一次拨动琴弦时，看看他们脸上的笑容吧！然后他们会随意拨弄几下，然后再弹奏几首他们熟悉的曲子。我喜欢看他们的表情。正是这种全方位的联系，让你为这个人付出的每一分精力都有了意义。

恰恰就是这种"亲密"——这种"乐手如何感知乐器"的认识——蒙泰莱奥内接着说，将手工匠人与工业制造商区分开来。他解释道，独立制琴师"不得不满足音乐家的需求，而且理解他或她的需要是什么，他们的渴望和梦想是什么。我的工作就是努力把那些想法和愿望，还有那种渴望，变成现实"。在他的讲述中，一位演奏者的创作欲是一种无形的渴望，只有在能工巧匠的帮助下，才能变成有形的真实。对音乐共同的"激情"使蒙泰莱奥内能够通过聆听音乐家弹奏并"看他们脸上的表情"来了解他们的感受。他召唤出制作故事的最后场景，强调了这样一种时刻，其中——无需语言——一个"全方位的联系"出现了，制作者和弹奏者认识到了彼此的天赋。

如果制琴中的"神奇"可归结为这样的一些时刻，我们可能会倾向于认为它是一件不可言喻的事，是两个有着各自性情的人的偶遇，又碰巧相得益彰。但是，无论多么浪漫，仅以这些概念来构想这门手艺，会错过这些交流所处的更大的场域。作为价值锦标赛，大都会艺术博物馆的这场"吉他英雄"展——以一种其他吉他展览少有的方式——清楚地表明，当涉及哪些乐器以及为什么这些乐器被移出商品交易这样的问题时，文化上的赌注有多么大。这些乐器都是可以被要求用来象征性地代表并在物质实体上证明其父系系谱的，而正是这样的系谱赋予了它们价值。它们象征着跨越了时间的男人之间的"神秘"纽带，颂扬的是影响几代人的权力所具有的"英雄气概"。

说到底，这算哪种英雄气概呢？从某种意义上说，这是一种敢于挑战高技术自动化带来的那种必然性的勇气。那些与神明、祖先和有鉴赏能力的物主永久联系在一起的手工制品，在面对商品交换时，表现出了一种合乎道德的坚韧：这种坚韧体现为一种能力，即这些手工制品的制作者能够从市场交易中获利，但不会服从于这些交易的节约性逻辑。就像马西姆群岛的库拉圈中珍贵的贝壳一样，这些乐器会成为"不能让与的所有物"，其"绝对价值"高于其市场价值。[61]

然而，在另一种意义上，将手工制琴视为英雄壮举的这种赞美，延续了对欧洲历史和霸权的简单化看法。手工弦乐器因在上流人士之间流通而出名，因而可以用来为一个集体的制作叙事背书。在这一主导性叙事中，手工弦乐器所参与的叙事情节不仅证明了它们的确是非凡的乐器，而且认定了正是"传奇匠人"使欧洲的帝国主义有了正当性。这一遗产被男子气概的感伤所掩盖，至今还困扰着吉他匠人们。

第六章

帝国幽灵

人人都知道商品：它是资本主义生产的物质产品，也是消费者欲望所指向的对象。我们对商品习以为常，甚至会想象商品在生产和销售的每个阶段都是为我们准备的，因为它们在不同人之间传递，最终到达消费者手中。然而，我们越仔细地观察商品的链条，就越会发现，每一步——甚至是运输过程——都可被视为文化生产的舞台。全球资本主义是在摩擦中被造就的，因为相异的文化经济体往往是被笨拙地连接在一起，摩擦就在这些不同的链条中产生了。然而，当商品出现时，我们必须表现得像是未曾受到这种摩擦影响一样。

——罗安清（Anna Lowenhaupt Tsing）

《摩擦》（*Friction*，2005）

　　20世纪六七十年代，对年轻的吉他匠人来说，曼哈顿炮台公园（Battery District）的码头区是一个令人生畏又着迷的世界。在这个码头，货物从商船上直接被卸到商用仓库，对制琴师来说，那里可是主要的原材料来源地。制琴师们在码头上四处搜寻着非洲的黑檀木、洪都拉斯的桃花心木以及巴西的玫瑰木，亲身体验野生动植物贸易。众所周知，码头的管理员们会携带武器抵御走私犯和小偷，巨大深邃的仓库围出了一座国际商品市场，这个市场好像街头的市集一样热闹非凡，到处都是玻璃鱼缸，里面有一大批流落他乡的爬行动物，格外抢眼。[1] 要能在粗削的短木条或有裂缝的原木中找到高质量的声木，一双慧眼必不可少。进口商几乎不了解乐器匠人的需求，自然也不会在他们身上花费时间，更何况这些匠人购买的木材量都很小。早期的钢弦吉他匠人跟随古典吉他匠人的脚步，学会了如何在码头找到合适的原材料，古典吉他匠人精通木材选择并与供应商保持了长期的联系，而这些都被证明是必不可少的能力。

　　思考制琴业在过去50年的变化时，吉他匠人会提到在码头和其他补给仓库奔波的艰辛，以此来证明，在过去，不仅获取有关手艺的信息比较困难，而且获取把这一手艺付诸实践所需要的原材料和专门设备也很不容易。在匠人们的回忆中，对木材和工具的搜寻以及获得它们所需的毅力，都给人一种前往文明边缘探险的感觉。2000 年，在《吉他匠人》十周年特刊上，威廉·格里特·拉斯金描述了他在 1972 年给让－克劳德·拉里韦当学徒时的一次码头之行。[2] 拉斯金 18 岁在制琴界初出茅庐时，拉里韦这个比他大几岁的前辈此前就已经和导师——德国制琴师埃德加·门希一起远行过了。[3] 拉斯金在文章开头描述了他们初到码头时的场景，以此强调他们所忍受的不适：

> 我们开着一辆空的老旧厢式货车前往纽约（距多伦多有十个小时的车程）。我们在深夜到达，把车停在了曼哈顿下城的一条街边。我们根本没想过住旅馆，而是把睡袋铺在货车不平整的金属车厢底板上，努力想要睡一会儿。但过往车辆无休止的噪声让这成了奢侈的事。日出时，路过的行人好奇地透过没有窗帘的车窗盯着看，我们只能继续上路。我们在附近一家很油腻的小饭馆点了早餐，然后轮流在肮脏的盥洗室里泼水洗脸。

虽然艰苦的旅行一直都是年轻人的荣誉勋章，但拉斯金对这次远行简陋条件的强调，也在以使命为导向的制琴师与好奇"盯着看"的当地人之间，构建了一种引人注目的紧张关系。借用维多利亚时代的人类学家和探险家所著游记中的经典比喻，他想象自己和拉里韦在他们所遇到的人面前该有多么奇怪，暂时颠倒或终止了野蛮和文明之间象征性的对立。[4] 在这一文化想象中，无畏的旅行者进入了这样一个社会体系，其中，他们被授权去行动——

例如"点早餐"，也受到环境的摆布——"油腻的小饭馆"和"肮脏的盥洗室"，此类环境恰好凸显了他们失去了自己在家中享受的生活标准。遭遇"野蛮"的经历也出现在他们与谈判对象的互动中：

> 行程的第一站就是去见码头的木材商。我们希望买一些黑檀木坯料——一种涂了蜡、切削过的小型原木。进到院子里的办公室，我们所受的对待比那里的虫子好不了多少。我们年轻又邋遢，购买的东西（大概2000美元）连给他们塞牙缝都不够。我看到让－克劳德心怀沮丧，有些不自在，但最终没有出声。最后，很可能是因为看出我们显然不会离开，他们卖了些木材给我们。我们把三根极为沉重的坯木装上货车，离开了码头区。刚过了三个十字路口，车突然停了下来，打了蜡的原木在货车上直向前滑，冲力如此之大，原木竟然冲进了驾驶室，还压碎了中间的仪表盘。收音机算是报废了。

拉斯金认为，为了得到他们想要的东西，就必须付出代价，也就是忍受当地控制着木材交易之人的粗鲁行为或羞辱。那些人视他们如同虫子，又不需要他们的钱，要想排除万难从这些人手中获取自己所需的资源，关键就是固执的坚持，并保持沉默。在文章中，就这一点来说，与岛上的居民相比，拉斯金和拉里韦看上去好像一直占上风——直到黑檀木原木造成了巨大的破坏，象征性地切断了他们与外界的联系。"突然停了下来"之后的状况显然不太吉利。之后他们继续冒险深入内陆，前往怀尔德商店（H. L. Wild），希望在那里找到只有内行才知道的工具：

我们走进了一家非常"陈旧"的店铺，一开始很黑，我们并不确定这店是不是开着。我们进入了一片阴暗之地，工具上蒙了一层灰尘，玻璃柜也很脏，几乎看不清里面装的是什么，墙壁隐藏在陈旧的深色橡木抽屉柜后面，一台超大音量的电视机在昏暗中微微闪着雪花屏。其中一个柜子上放着一个瓷盘，里面盛满了新鲜的鸡肝。还有两只猫——我们这样的人类顾客对它们来说，根本无关紧要——它们大口地吃着鸡肝，胡须上还滴着鸡血。从店深处传来一声警告的咆哮——一只成年德国牧羊犬龇着牙，要不是它脖子上的金属链被怀尔德兄弟中的一位攥在手里，它很可能会猛扑过来。

从码头区到恐怖商店的"阴暗之地"，我们仿佛置身一个既原始又现代的地方。尽管不时被当代远程通信设备的"雪花屏"和"超大音量"的存在所打断，但这一商业区域依然"陈旧""蒙上了一层灰尘"——很明显，这地方"厌倦"了跟上时代的步伐。拉斯金和拉里韦不再仅仅是"虫子"，在那些当地居民的野性之眼中，他们即便不是毫无戒备之心的猎物，也已经成为"不相干的"闯入者。拉斯金将野蛮和文明的意象并置在一起，而这两种意象交替出现——"瓷盘"与"滴血的胡须"，"脖子上的金属链"与"龇着牙"——引出了一个令人吃惊的幽灵般的形象，也就是这位店主，他本身就是野蛮的，而且名字还叫"怀尔德"[①]。

尽管这两个"邋遢"的制琴师最终成功地完成了他们的探索之旅，开着满载着战利品的货车，在午夜时越过了加拿大的边境，

---

① 怀尔德（Wild）的本义即为"野蛮"。

但拉斯金在总结"这次旅行的最后一幕"时提出了一个问题,即他们到底成功做到了什么:

> 海关官员问我们:"本次旅行的目的?"
>
> "访友。"我们说。
>
> "有什么要申报的吗?"
>
> "没有。"
>
> "那些黑色的东西是什么?"
>
> "给货车压舱的,"让－克劳德回答道,"你肯定知道,为了能在雪地里加大牵引力。可它们一直向前滑,你知道它们给仪表盘制造了多少麻烦吗?"

一本正经的面容和机敏的头脑帮助拉斯金和拉里韦免于缴纳进口关税,但他们与海关人员对话时的遮掩,意味着他们身处一个更大的有关地缘政治边界和国家身份的体系之中。美国和加拿大之间的边境管理较为宽松,他们可以轻松地回国,即使那些未申报的商品就藏在他们眼皮子底下——在当时和现在,对于那些没有相应的种族背景和公民身份的旅行者来说,这一壮举是不可想象的。至于放在前座和车厢底板之间的"黑色的东西",在这一历史关头,对民族国家来说是没有被注意到的。它们不会引起怀疑,也不会造成明显的危险,除了略微损坏了制琴师的汽车。然而,即使在这个私人领域,原木"制造麻烦"的能力也可以被创造性地用来维持持续性和稳定——正如拉里韦宣称的,它可以用来"压舱",能在"雪地里加大牵引力"。

拉斯金的轶事意在提醒制琴师同行，他们曾经为了获得行业所需的材料和工具而不得不走那么远的路。如果放到 20 世纪末这个时间点来看——当时的吉他匠人只要打个电话或点点鼠标就可以买到这些东西——正如拉斯金总结的那样，那似乎表明制琴业已经"走了很长的路"。但他描述的探险之旅不仅仅是对冒险故事抒发的怀旧之情。他的故事中还隐含着一种默认，即制琴师使用并珍视的资源在过去都是从殖民地区搜集而来，再运到欧洲和北美的帝国中心。

今日手工吉他的原型是文艺复兴的产物。在十六七世纪用来赠送给西班牙、意大利和法国皇室的巴洛克吉他，通过富有异国情调的构成材料和装饰材料展示了主权帝国的影响力。[5]在新世界，工业革命几乎没有取代高雅的概念。19 世纪早期的吉他匠人，经营着由蒸汽提供动力的工厂，他们介入大西洋的贸易航线，用黑檀木、珍珠母、象牙和龟甲来塑造与众不同的顶级款式吉他，并为富裕的美国人重现了贵族的品位。

那些开拓进取的先锋手工匠人从西班牙吉他和黄金时代的乐器中得到启发，他们在审美上更重视传统材料，而不是 20 世纪 50 年代在工厂吉他中广泛使用的赛璐珞塑料和层压板，他们并未在音质和美感方面做出妥协。[6]然而，自从 1975 年《濒危野生动植物种国际贸易公约》（CITES，后文简称《公约》）禁止了全球的象牙和海龟壳交易以来，手工匠人在古董乐器修复和新吉他制作中使用经典材料的做法，与国内外的法律产生了冲突。

《公约》的更新，加上美洲自身的环境保护政策和出口国家施加的限制，虽然不至于使相关贸易完全禁绝，但如果没有必要的许可证和申报单，进出口或携带装饰有象牙、龟壳、巴西玫瑰木或某些鲍贝的吉他已变得日益困难。在这种监管体制之下，携带违禁材料跨越国境已经是一种犯罪行为，吉他匠人在道德上的清白也不再被视为理所当然。如今，面对"9·11"事件后不断升级的安全担忧，北美制琴师发现，试图越过那些殖民主义遗产还在发挥着一种未被承认的强迫力的商业区域时，会让自己被"帝国所缠扰"。[7]这门手工艺长期以来对异国声木的钟爱，如今使得吉他匠人不得不接受一个新自由主义政府的约束，而这个政府现在重新燃起了帝国的野心。

跨越边境

2009年9月，一批价值超过76 000美元的黑檀木抵达新泽西州的纽瓦克港。美国海关和边境保护局注意到这批木材没有2008年《雷斯法案》（Lacey Act）修正案所要求的进口申报单，便向美国移民和海关执法局报告了这一违规行为，粗心大意的进口商随后迅速补齐了相关材料。然而，在接下来的一个月里，美国鱼类和野生动植物管理局发现，有证据表明，这批违规入境的黑檀木是在马达加斯加非法获取的，于是他们突击检查了吉布森公司在纳什维尔的工厂，没收了计算机记录、装有黑檀木部件的运货托盘，还有几把吉他。[8]吉布森否认有不当行为，指出它支持环境认证项目，并与经销商——全球最大声木经销商之一，德国汉堡的西奥多纳格尔公司——有长期的合作关系。[9]

　　吉布森和西奥多纳格尔两家公司涉嫌违反马达加斯加关于黑檀木、玫瑰木在获取和出口方面的规定。正是违反了这一国外法的行为——这在新修订的《雷斯法案》中是被禁止的——引发了美国政府对这批货物的监管链的审查。[10] 过去 30 年，在有关北美吉他匠人的环境立法中，《雷斯法案》修正案的影响是最大的。在《公约》采取措施禁止或限制的那些特定品种的动植物贸易范围内，《雷斯法案》授权联邦政府监管几乎所有无相关证明的植物和植物产品的国际运输活动。[11]

　　《雷斯法案》于 1900 年正式签署成为法律，其最初的目的是通过将跨州运输和贩卖偷猎猎物定为犯罪行为来保护野生鸟类。在过去的一个世纪中，这部法案被多次修订，覆盖范围不断扩大，如今已经包括多种动植物，以及违反其他国家法律而获得的野生动物。[12]《雷斯法案》最新的修正案现已成为 2008 年农业法案的一部分，它扩大了受保护植物的类别，将木材也包括在内，旨在打击非法采伐。它进一步要求所有涉及原木和木材产品的商业进口必须附有进口申报单。[13]《公约》和《美国濒危物种法案》（Endangered Species Act）都授权政府对其保护的物种进行许可，再加上《雷斯法案》所要求的文件材料，它们不仅能有效地对偷猎者和非法伐木者定罪，还针对携带制琴材料和乐器成品跨越美国国境的活动，将制作手工吉他所使用的未经许可的商品流动也定义为犯罪。

　　吉他匠人并没有很快理解这种新近出现的全球性的海关禁令和边境管制体制所造成的影响。直到 2007 年——当时巴西提议，《公约》应当限制柏南波哥木（pernambuco wood）的贸易——制琴师们才意识到，他们的手艺如今已岌岌可危。突然之间，惊恐的琴弓匠人和巡回演出的音乐家卷入了有关雨林破坏和濒危物种黑市交易这一赤裸裸的政治斗争中，他们开始担心自己的琴弓会被没收。为避免吉他界低估小提琴琴弓所面临的打击的严重性，古董经销商乔治·格鲁恩和吉他历史学者沃尔特·卡特（Walter Carter）指出，如果对桃花心木也采取类似的措施，"国际性的吉他贸易几乎将被扼杀"。[14]

对格鲁恩和卡特来说，问题并非在于是否要将柏南波哥木列入《公约》的附录 2。和大多数制琴师一样，他们支持环境保护工作。事实上，他们反对的是将制成品和原材料都纳入国际监管条款。虽然附录 1 中对（以巴西玫瑰木、象牙和龟壳等为原料的）制成品的限制是强制性的，但巴西的提议意味着，更高级别的审查将首次运用于附录 2 中的产品。鉴于拉丁美洲的大叶桃花心木从 19 世纪开始就在吉他制作中颇为流行，在 2002 年之后才被列入附录 2，我们有理由担心，这样的先例会导致何种后果。

NAMM 代表制琴业控诉巴西的提议，他们游说政府官员，还发起了一场投书运动。巴西对制成品豁免的提议做了注解，显然是出于对这一抗议的妥协，而美国内政部也向携带琴弓的音乐家们保证，他们进出美国时不会受到干扰。[15] 尽管这是一个皆大欢喜的结局，但吉他爱好者们还是将这段插曲视为即将到来的"暴行"的前兆。狂热的官僚主义者可能会没收黄金时代的乐器，这种情况是最可怕的。格鲁恩和卡特共同撰写过一篇有关柏南波哥木的文章，传播很广，在这篇文章中，他们发现，邮递或携带一把 1965 年的马丁 D-28 吉他越过美国边境前往英国或加拿大，将会违反《公约》中的多个条款，他们发出的这一警告在整个制琴界回荡。

即使一把老式 D-28 是在 1992 年巴西玫瑰木受到限制以前制作的，它仍然受到附录 1 有关制成品禁令的限制。即使它的主人富有远见，申请了用于《公约》之前生产乐器的进出口许可——需要支付一笔单次装运处理费用，并等待超过 60 天的时间以获得最终批准[16]——即使吉他原装的下弦枕和上弦枕是在象牙被列入附录的 1975 年之前制作的，仍然会违反对 1947 年后"重制"象牙的限制。此外，如果吉他上还有龟壳制作的护板，那也是非法的，除非能证明护板是在 100 多年前制作的。两位作者警告说，"蒙混"逃过海关检查的日子一去不复返了，更不幸的是，他们还指出，政府网站重点展示的违禁品中就有一把用巴西玫瑰木制作的吉他。

2007 年 10 月，巴西警方逮捕了一个团伙的 23 名成员，该团伙被控非法采伐和出口 13 吨巴西玫瑰木，其中的大部分都出口到了美国。[17] 在拉网式搜查中，两边的边境海关工作人员中也有人被指控向走私犯透露搜捕行动的信息，而且他们也没有注意到隐藏在廉价木材中的巴西玫瑰木所用的出口许可文件是伪造的。美联社（Associated Press）注意到这种"稀有"的热带木材在"制作精良吉他和其他乐器方面广受推崇"，还宣称美国鱼类和野生动植物管理局与巴西当局合作，在马萨诸塞州的一个秘密地点执行了一次联邦突击检查。法庭签发了搜查令，而制琴师们认为，政府调查的目标是一名巴西中间商，几位知名的匠人经常从他手中购买木材。

2008 年，律师兼吉他手约翰·托马斯（John Thomas）在《指板期刊》（*Fretboard Journal*）上写了一篇关于携带巴西玫瑰木吉他一起旅行可能遭遇危险的文章，说自己"站在机场等待安检的队伍中，满身是汗，背上绑着一个大家伙"。[18] 他受到嬉皮士一代的启发——这代人很熟悉违禁药品，也对相关的禁令心怀恐惧——援引了阿洛·格思里（Arlo Guthrie）1969 年的歌曲《飞入洛杉矶》（*Flying into Los Angeles*），这首歌讲述的就是在海关人员面前蒙混过关走私毒品的故事。托马斯列举了美国边防警卫没收吉他的条件，谴责在执行环保法律时所采取的"奥威尔式"逻辑，用"恐怖故事"来吸引读者：

> 如果你的吉他没有用到任何一种《公约》所列明的材料，而政府还是把它没收了，会怎么样？你必须证明政府是错的。没错，就该如此。比如说，只要美国鱼类和野生动植物管理局能证明有"合理理由"认为你的吉他琴颈面板是用巴西玫瑰木做的，你——而不是美国鱼类和野生动植物管理局——就有责任证明你的吉他使用的其实是黑檀木或马达加斯加玫瑰木，而不是巴西玫瑰木。你将不得不聘请一位专家，在华盛顿特区联邦法院的听证会上作证。而且，即便如此，你又如何证明你吉他上那个从易趣网上买到的象牙弦枕具体是在什么时候生产的呢？你根本做不到。

在撰写这篇文章时，只有两起联邦政府没收吉他的案例见诸报端。这两起案件都与同一名加拿大经销商有关，据说他将若干乐器寄送到美国的工厂维修，却没有申报吉他上镶嵌的白色鲍贝，《美国濒危物种法案》禁止使用这种鲍贝。美国鱼类和野生动植物管理局没收了这些吉他；根据托马斯的说法，尽管海关人员很有

图 6-1　海关对《公约》执法力度和"9·11"事件后机场安全措施的加强，让吉他爱好者深感恐惧，载于《指板期刊》2008 年秋季刊。插画由 Robert Armstrong 创作

可能误判了吉他上鲍贝的种类，但这位经销商两次都被判处 225 美元罚款，吉他也被强制没收了。[19] 这篇文章的主旨很明确：严苛的环境法给吉他所有者造成了沉重的负担，这些所有者——被迫把吉他留在家里——将不得不"拿起卡祖笛作为替代"。

在制琴界以外，围绕《公约》和《雷斯法案》的争吵，即使不能证明环保政治斗争的退潮，似乎也象征着某种自我放弃的心态。对局外人来说，解决办法似乎很简单：如果进出口被禁木材时不能获取所需的文件，那么预期的贸易或旅行就不应该进行。即使在音乐行业内部，匠人的困境也被淡化了。2010 年，NAMM 的公共事务和政府关系办公室组织了一场网络研讨会，但这次会议的目的是帮助匠人们理解并遵守《雷斯法案》的法律规定，基本没有考虑制琴师对《公约》前获取的巴西玫瑰木在合法地位方面的担忧。NAMM 的法律顾问詹姆斯·戈德堡（James Goldberg）与英国鲁特琴匠人保罗·汤姆森（Paul Thomson）之间的交流就很有代表性：

汤姆森：你提到了使用老木材的情况，但不是以出口到美国的角度，而我偶尔会这么做。我想说的是，我没办法证实这些木材是合法砍伐的，因为它们都是在很久以前买的。此外，如果《雷斯法案》是想阻止进口非法砍伐的木材，那就必须有一个木材供应商的认证制度，否则要怎么证明合法性呢？

戈德堡：这是执法过程中遇到的一个困难，我想说的是，对于有这类需求的人来说，对刑事执法的担心真的很没必要。对你们来说，保罗，如果你们运输木材到这个国家，就未成品而言，更大的问题是要确保随附的进口声明或进口商在这边提出的申请，应当包含关于这个产品最有可能使用的相关材料的属种……

汤姆森 [打断]：不，我运的是成品乐器。

戈德堡：好吧，一回事。你必须对木材的属种和原产国做出有根据的推测。

汤姆森：这不是问题所在。我是说这木材是我很久以前买的。

戈德堡：跟你说实话，我不担心这个。首先，执法的可能性微乎其微，无论调查什么问题，政府都无法证明这木材是在什么时候采伐的，而且，如果你有任何记录能表明你是在 10 年、12 年、15 年以前买的，我想这就解决了你的问题。[20]

现在，也许汤姆森想到的"老木材"可能没什么风险，他有"很久以前"交易的单据。但他不是唯一一个小心翼翼利用这个机会寻求法律建议的制琴师，因为他知道，自己说的任何一句话都会成为公开记录。戈德堡的回应中引人注目的地方在于他对法律合理性以及执法人员的信任。

这种信任，与美国更广泛的边境控制所呈现的新自由主义趋势是一致的。这一政策体制强调公民身份证书是法律的强制要求，对于没有公民身份证书的移民而言，"自我驱逐出境"（self-deportation）是合乎逻辑的回应，而这种主张对华盛顿特区和南方各个州的保守派议员很有吸引力。[21] 亚利桑那州 2010 年的移民法案就是这种主张的典型例证，该法案授权警察拦截和逮捕任何不能证明其合法居留身份的人。[22] 正如移民学者阿莉西亚·施密特·卡马乔（Alicia Schmidt Camacho）观察到的，这种对待劳动力跨国流动的方式，把已经在美国生活的 1000 多万非法移民置于法律上的不确定状态，使他们要不断面临被驱逐出境的威胁，同时也阻断了他们入籍的途径。她认为，鉴于这些情况，对这些没有公民身份证书的移民而言，他们的人权会经常遭受侵犯，因为联邦政府和州政府会采取"合法的暴力"将他们驱逐出境。[23]

新修订的《雷斯法案》也将类似的逻辑制度化了。该法案将未在边境出示进口文件视为犯罪行为，赋予美国国土安全部、农业部和内政部这些机构广泛的权力，使它们可以扣押涉嫌含有非法野生动植物的货物、拘留相关人员。和移民一样，制琴师抗议的重点在于担心政府会对整个族群——在制琴中，是对一类商品——进行毫无根据的审查。在 2010 年的一期《吉他迷》（Guitar Aficionado）中，鲍勃·泰勒举了海关官员锯开吉他以确定其所用木材的例子，表达了吉他匠人们的焦虑。受到封面上耸人听闻的

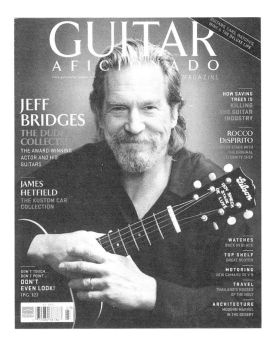

图 6-2　《吉他迷》(2010 年春季号)那个吸睛封面的文案表明，吉他行业及其所支持的那个奢侈品市场，正在被过度的环保规范所"扼杀"

文字——"对树木的拯救如何杀死吉他产业"——的启发，文章引用了他的话，"由于《雷斯法案》，海关人员肯定会关注特定种类的木材……现在对好几个品种的木材都高度警惕，所以他们会做一些你可以称之为'物种分析'的工作"。[24]

在一个"自由贸易"和全球企业的时代，异国的声木和种族群体会遭受相同的政府控制，这充分说明了国家主权的生物政治学。就像没有公民身份证书的移民一样，用违禁材料制成的吉他现在也陷入了"权利"不确定的灰暗地带，既不能成为合法的商品，也不能在国际市场上自由流通。这两个执法领域的共同点是，一种政治理性增加了未经适当授权而跨越美国国境的风险，无论其针对的目标是一种"非本地"植物品种、动物品种还是人种。

新自由主义，正如福柯所指出的，是一种试图管理而非根除犯罪活动的治理术。为了实现这一目的，政策制定者们使用法律机制来影响"经济犯罪"和"市场环境"，而在"市场环境"中，根据这种理论，人们要在诸种可能的行为中"做出选择"，权衡利弊，一方面是实施被禁止的行为所获得的好处，另一方面是被抓住的可能性和后果。在这种政治体制下，政府的干预诱使个人"控制"他们自己的行为，方法就是将国家力量"施加在游戏规则之上，而不是施加在玩家身上"。[25] 新自由主义的边境政策旨在改变进口商和移民对经济的考量——并不会扣押每一把巴西玫瑰木吉他，也不会驱逐每一个非法移民——这就很容易导致这一领域中的混乱、矛盾和权力滥用。

旅行路线

从 1968 年多伦多的一家不起眼的小作坊起家，如今的拉里韦吉他公司已是一家跨国企业，零售业务遍布欧洲和北美，并在温哥华、不列颠哥伦比亚和加州的奥克斯纳德（Oxnard）设有生产部门。关于这家全球性的企业，让－克劳德·拉里韦表示，制造和营销一直是"全球化中最容易处理的部分"。[26] 最大的挑战，根据他的观察，一直都是获取原材料——这是他自 20 世纪 70 年代发明了"拉里韦声音秘诀"以来一直积极践行的使命。直到今天，他还会去很多地方出差，对于公司要采购的所有木材，他都亲自寻找货源。²⁷ 当考虑要给儿子小约翰和马修——二人如今分别管理他在加拿大和美国的业务——留下什么遗产时，他指出了自己与世界各地供应商建立的关系：

> [今天摆在吉他匠人面前] 最大的问题是在全球范围内获取材料。这件事变得越来越难，因为针对某些木材有禁令，也不能再像过去那样运输木材了。现在的情况要复杂得多，也更难获得木材。这就是我还经常出差的原因：为了不借助中间代理商就获得这些材料，我必须亲自寻找货源。我在印度花的时间实在太多了，我喜欢那里的事物，但仅此而已，你懂吗？我挑选木材，精选公司使用的每一块木材——是我在干这个活儿，但这非常值得，因为 [之后] 我知道，我在吉他上用的每一块木材都是正确的。我认为，了解你的货源是非常重要的，而且我一点点教会了儿子们理解这些东西，我为他们开辟了一条路，所以如果我出了什么事，他们就还有一条路可走。重要的是了解货源的所有信息，他们来自哪里，你在和谁交谈，以及你要如何与那个人打交道。当他们有了孩子和孙辈，就会把这些传给下一代——对我和我的供应商来说都是这样。我和大部分供应商都是一辈子的朋友，是吧？他们了解我，也知道我的喜好。

就像 20 世纪 70 年代促进信息交换的联网创业家一样，拉里韦是开辟了交易路线的制造商和木材商，而现在对吉他制作至关重要的资源正是沿着这条路线流动的。对于吉他制作的复兴来说，与这项手艺有关的专业组织不可或缺，也无可替代，专门为制琴精选木材的国际木材市场已经建立起来，它能让制造商和手工匠人接触到乐器级别的材料，而如果没有这一市场，这就很难办到。像拉里韦这样的"木材猎手"，他们的主要精力都放在获取自己使用的木材上，但有些人意识到，出售加工过的木材给其他匠人也可以赚取利润。[28] 对于那些受《全球概览》熏陶的人来说，如果说信息就是力量，那么"了解你的货源"就是一个关键的推论。在被写进法律作为防止非法采伐的保障之前，这句话就包含了一个富有洞察力的商业策略：通过面对面的接触维持一个供应商网络是获得所需原材料的最可靠方式。

很少有制琴师能比比尔·刘易斯更了解个性化采购。20 世纪60 年代中期，刘易斯受雇于乔治·鲍登（George Bowden），在温哥华的地中海作坊（Mediterranean Shop）工作。他讲授吉他课程，维修古典吉他和弗拉门戈吉他，还负责把西部的红杉原木运到鲍登在西班牙马略卡岛帕尔马（Palma de Mallorca）的吉他制作工厂。[29]1965 年，刘易斯花了几个月时间在海外管理工厂，加深了对这个行业的认识。一年后，当鲍登把他在加拿大的业务转交给儿子时，刘易斯也在温哥华开了自己的零售和修理店。除了经营店铺，刘易斯还在街上的一家作坊里制作吉他，并和他的兄弟杰克一起采伐和切割杉木，用来制作乐器。借助与迈克尔·古里安和让－克劳德·拉里韦的友谊，刘易斯在蓬勃发展的制琴界声名鹊起，他开始向手工匠人供应木材，并最终开启了第二事业——刘易斯制琴用品供应公司（Lewis Luthiers' Supplies），并于 1974 年推出了备受期待的邮购目录。

　　这是一本软壳封面的手册，简要叙述了与吉他制作有关的技术，并向读者介绍了一家一站式商店，几乎所有手工制作一把吉他所需的东西都可以在那里买到。早期的零售商会不加挑选地提供各种各样的制琴用品，并假定顾客知道怎么使用它们，与此不同，刘易斯提供了产品的详细信息和使用说明。他的"盒装材料方案"包含了制作若干规格和型号的吉他所需的所有部件，而且明确针对"非专业的制作者"。在商品目录中，刘易斯阐述了一种合作性和商业性兼备的生意哲学：

　　　　乐器制作是一项了不起的业余爱好，它将使用木材和其他材料的手艺与音乐、视觉艺术和设计科学结合在一起。它涵盖了如此之广的领域，就算是一个兴趣广泛的人，即使他已经尽可能地选择了其中的多个方面，还是会真正迷失自我。对我们来说，这是一种生活方式——而且能够与你们分享这一令人心满意足的活动，也是一件乐事。我们一直依赖您为我们提供有关特殊物品和货源的新信息，尤其需要口口相传的广告。我们希望继续这样做，并感谢您给予我们的任何帮助。如果您有任何有关新工具或新供应品的想法，请写信给我们并让我们知道。另外，如果您需要有关乐器或其他方面的信息，也许我们可以提供帮助，或者至少为您提供适当的指引。[30]

　　刘易斯觉得自己是在"分享"一项"业余爱好"，这个想法值得注意，同样值得关注的还有他是如何实现这一想法的。正如他自己不单单是靠制作吉他谋生一样，刘易斯也没指望他的大多数客户也靠此谋生。确切地说，这份名录可被理解为一扇门，通往一种"生活方式"—— 一个文化活动领域，在这里，设想中的男性从业者会"真正迷失自我"，同时需要依赖同路人的支持。为了强调吉他制作带来的挑战，刘易斯将他的盒装吉他套件与他同时出售的杜西莫琴"预制"工具包区分开来，一旦有了后者，只需要再备一把小刀、一张砂纸和组装所需的胶水。[31] "尽管 [盒装吉他套件] 可以被说成工具包，"他写道，"但它们实际上只是一些由粗木和粗加工部件组成的盒装选择包。它们不是预制的，不是用胶水黏合在一起就能行的模块化套件。"那些希望超越"工具包制作"的人，可能得事先拥有或花钱购买所需的工具，这样才能达到专业级的精确度和完成度。

那些工具可以在刘易斯的产品目录中找到，其中还有关于磨刀和使用手动刮刀的贴心提示。回报是显而易见的。在目录的其中一页，在能做出一把桃花心木 J 型吉他的盒装材料旁边，放着一把做好的 D 型吉他，刘易斯在旁边注明："专业人士可以用这些材料制作出价值 300—500 美元 [以 1974 年的美元计算] 的吉他。"盒装吉他套件的描述激发了好奇心和潜在的野心，为阅读产品目录的人提供了一个诱人的回报，让他们去幻想如何将这些材料组合在一起，制作出一件价值超过各个组成部分之和的物品。省钱、做很酷的事，以及学会专业级别的制作手艺，这些都是刘易斯的市场营销策略，而这些也使未来可能成为制琴师的人能更轻松地制作一把吉他，否则他们可能永远不会考虑做吉他这件事。

刘易斯的《乐器制作者产品目录》（*Catalogue for Musical*

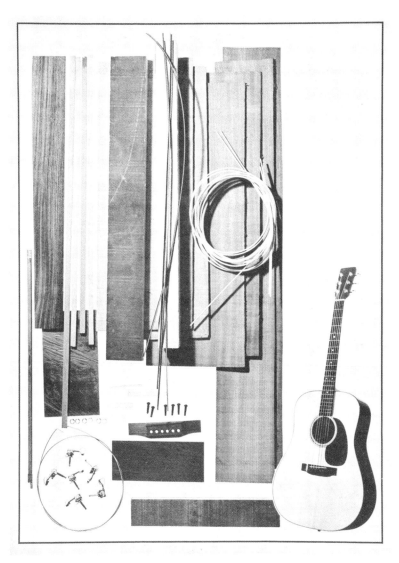

图 6-3　比尔·刘易斯于 1974 年在《乐器制作者产品目录》中呈现的"用于制作桃花心木（或印度玫瑰木）大吉他所使用的盒装材料方案"

Instrument Builders）还提供了一种思考"货源"的方式，而这种方式直到今天仍然很重要。在这份目录中，无论是封面图片——透过吉他音孔看到的森林海岸线——还是工具、木材和乐器成品的黑白素描与照片，唯一能找到的有关人类主体的迹象，只存在于刘易斯及其同事的工作照中。这表明了解货源这件事需要与一些人有私交，熟悉并了解他们，这些人在被迷雾笼罩的荒野树木与用包裹邮寄的盒装粗削木材之间架起了桥梁。

无论是描绘刘易斯从一块云杉粗木材中锯出几套面板，还是用敲击法给一块音板调音，他的那些自拍像都能让观者想象自己置身生产制作过程之中。目录封底的图像——刘易斯和他的全体

图 6-4　《乐器制作者产品目录》封底内页的满版照片，展示了比尔·刘易斯（右三）和他的伐木队在采伐云杉木；他的兄弟杰克（最左侧）拿着链锯

工作人员站在一棵大树前，手里握着伐木工的装备——证实了他的确身处供应链的源头。在某种程度上，手工制作一把吉他意味着从零开始动手，而了解货源则允许制作者设想自己的工作是另一个劳动过程的延续，这一劳动过程源自与物质世界的直接接触，即使他们并不亲自使用链锯。

1972 年，在一个炎热的日子里，古拉布·吉德瓦尼（Gulab Gidwani）沮丧地发现自己坐上了一列开往印度偏远地区的慢车。根据他的讲述，他成了好心办坏事的倒霉受害者。他出生于巴基斯坦，在孟买长大，后来去了美国攻读机械工程学位，并受雇于美国海军，从事军火机械的设计工作。那可是份好工作，而他此前也从未想过要辞职。但那年夏天回家乡度假时，他打开了一封改变他人生轨迹的电报。

吉布森公司当时正拼命在印度寻找黑檀木货源，而吉德瓦尼的弟弟向一位在吉布森公司工作的朋友承诺，他会找家里人帮忙。为了帮弟弟这个忙，吉德瓦尼同意提供帮助，但他以为只要去孟买的大型木材市场打听一下就行了。如果他要找的是柚木，那很快就会有眉目，因为家具行业的木材供应非常充足。然而，说到印度黑檀木，跟他交谈过的商人都表示没见过。在认为自己已经体面地尽到了责任后，他给弟弟发了一封电报，声称"印度没有黑檀木"。

吉布森公司拒绝接受"没有"这个答案。此后不久，吉德瓦尼收到一个包裹，里面装着黑檀木的样品，这是该公司在"失去[其]货源"之前从印度买到的。带着这份证据，他去了印度林业局的地区办事处，并向工作人员展示了他正在寻找的木头：

他们告诉我说："确实，印度有黑檀木，但你必须从孟买出发，走大约 2000 英里到印度东部，进入森林后，你会在那里找到一些黑檀木。"我问他们："你知道有卖黑檀木的经销商吗？"他们说："不，我们不认识做这生意的经销商。黑檀木在印度不是商业木材，产量不大。这种木材也没什么市场，所以也无利可图。但如果你坚持要找到黑檀木，那得走很远的路。"至此，我自己也有些好奇。我想知道这个在美国有需求，但在这里却没人要的东西是什么。[32]

经过 3 天的火车之旅，他来到了一个中转站，在那里，他登上了一列"窄轨"火车。他说，那是一种非常慢的交通工具，甚至一个人只要稳步慢跑就能跟上。经过痛苦的 7 个小时，他来到了一个地方，仿佛是文明世界的最后一个前哨站：

这一切都发生在仲夏。在印度东部，夏天十分炎热——如果把一壶水倒在沥青路上，就能看到水蒸气。气温高达 49 摄氏度，而且那些货车还没有空调，它们的车顶都是钢制的，不过在头等舱有淋浴。那个淋浴唯一的问题是水箱安在车顶上，你只能洗热水澡。所以，有时候会很不舒服，信不信由你，淋浴之后你会觉得凉快一点。但只要过了五分钟，你就想再洗一遍澡了！所以那是一个很诡异的境况，我从没想过会陷入那样的境地。我在孟买住了这么多年，从来没有去过印度东部。我以为孟买就是整个世界，世界的一切都在孟买。你哪儿也不会去，那里有海洋，有群山，我们什么都有。

或者说几乎什么都有。吉德瓦尼来到了靠近孟加拉湾的奥里萨（Orissa），在那里的一个偏远地区找到了他想要的东西。[33] 在那里，黑檀木和其他各类硬木一起被采伐，用来充当耐用且相对便宜的铁路枕木。花 40 卢比（1972 年约 8.5 美元）就能买到一块枕木。吉德瓦尼知道吉布森公司会用这种木材制作指板，于是他给了伐木工 200 美元，并指示他们把原木切成更容易处理的尺寸。他拎着几麻袋黑檀木回到孟买，把这些货发走，并开始享受余下的假期生活。然而，当他回到美国时，很快就被邀请到吉布森总部的所在地芝加哥。公司高层想让吉德瓦尼做他们的黑檀木供应商，并准备给他很有竞争力的报酬：

> 他们问："你能为我们供应黑檀木吗？"我回答："不能，我有一份固定的工作。我不是做木材生意的，连锯木厂都没有。我和木材没有半毛钱关系。"之后他们说："好吧，我们可以多给你一些钱。未来 4 年，我们每个月可以给你一笔 25 000 美元的订单。"实际上，如果他们真的这么想，那我应该让他们先支付一笔保证金。我有点儿天真，毕竟自己不是个生意人。我只知道一家大公司要给我一个为期 4 年的大单，那是一大笔钱。所以我说："好吧，我会辞掉现在的工作，保证给你们弄到黑檀木。"那就是我堕落的开始。

吉德瓦尼回到印度，向自己的母亲借了点钱，在孟买开了一家锯木厂。通过奥里萨的经纪人，他从当地采伐的木材中挑选了一些黑檀木原木，然后横跨整个印度，把它们运到自己的锯木厂，在那里，他可以加工这些木材，之后再把这些经过工厂加工的木材运往美国。他事前与吉布森公司签了一份协议，吉布森公司同意支付每批货物的费用，并承诺在货物到达后立即与海关办理清关手续。在一开始的两年半时间里，一切都按照计划进行。可之后，一切就分崩离析了。

吉德瓦尼收到了银行通知，说6个月前发出的一批货物还没有拿到相应的进口单据，也没有收到付款。此时，又有4个集装箱正在运往新泽西港口的途中，吉布森公司那边没有一个人告诉他发生了什么。眼前的情况令他措手不及，而且他不得不借钱来偿还未付清的欠款，于是吉德瓦尼飞往美国处理此事。20世纪90年代，对于企业重组的受害者来说，公司破产并不是什么令人感到意外的事，但在1975年，一个家喻户晓的公司提出破产申请，仍然很令人震撼。

唯一的客户违约，吉德瓦尼遭受重大打击，他断定自己为了开这家公司已经下了血本，决不能任其倒闭。他仍然指示在孟买的雇员继续发送黑檀木给他，并开始在新兴的制琴共同体中推销他的生意。然而，与此同时，装有黑檀木的货运托盘堆积在他的车库里，而这违反了居住分区法的规定，车库是不能堆放货物的。就在此时，他接到了约翰·伍德罗（John Woodrow）的电话，约翰是俄亥俄州阿森斯（Athens）斯图尔特 – 麦克唐纳公司（Stewart-MacDonald Company）的高级合伙人。

斯图麦克（StewMac）——制琴圈内这样亲切地称呼这家公司——于1968年由克雷斯顿·斯图尔特（Creston Stewart）和比尔·麦克唐纳（Bill MacDonald）创立，两人设计了一种售价不到

100美元的五弦班卓琴。为了筹集运营资金，他们通过自己的班卓琴师用品目录向修理店和业余爱好者销售班卓琴和曼陀林的零部件。伍德罗采购的用于制作班卓琴和曼陀林指板的黑檀木订单，加上来自其他制琴师的订单，使吉德瓦尼新成立的异域木材公司（Exotic Woods Company）得以维持。如今，吉德瓦尼在新泽西州锡克勒维尔（Sicklerville）的库存商品价值超过100万美元，包括用于乐器、台球杆、枪托和定制橱柜的50种木材。

就像之前的吉他生产商一样，那些身处制琴运动之中的人也依赖文化中间人（cultural intermediaries）来获取各地的自然资源。像古拉布·吉德瓦尼这样勇敢无畏的企业家开辟了联系全球的路径，而这些路径构成了人类学家罗安清所说的"资源边疆"（resource frontiers）。她认为，这些"资源丰富"的地区的一个关键特征，就是它们给既有的地理学意义上的地貌带来了"神奇的视野"，这种视野"要求参与者看到一个不存在的景观，至少是尚未存在的景观"。[34] 虽然一些商人很可能在20世纪70年代初就知道印度东部——以及斯里兰卡、西非和印度尼西亚——是极好的黑檀木货源地，但当地的伐木工和中间人必须先做好"找到"的准备，并在同一片森林栖息地中将特定树木从其他硬木中分离出来。锯木厂的运营者还必须愿意以能在世界市场上生产出有价值商品的方式来处理这种木材。吉德瓦尼谈到他与印度、马达加斯加和喀麦隆这些地方的本土货源的关系时，强调的是其中的文化转译（cultural translation）过程：

如果你必须与整个世界打交道，不得不努力从世界各地的不同国家购买木材，与不同的文化相处，那么一切事情都是因地而异的。在一个地方，人们只要打个电话说"把这个发给我"，他们就能得到想要的；而在其他许多地方，人们不得不四处奔波，有时候要去森林里挑选树木，有时候必须去考察一些锯木厂，看看他们正在生产和想要卖给你的是什么货色的垃圾，而你得设法让他们工作，还得培训他们，只有这样，他们下次就算不能满足你全部的需求，至少也能满足部分需求。试图告诉他们你想要什么和期望他们做什么，这在许多文化中是不可能实现的。我们对此很不习惯，但是又必须了解所有不同的运营方式。那些运营方式是：他们想要卖你一些东西，然后[想]"你为什么不想买？"如果你想买，那就麻烦了。而且，你没法向他们解释很多——你知道这是根本不可能的——最终你将不得不妥协；你虽然给了他们一些规格参数，但不会抱有期望。所以，你必须学会接受这个世界准备给予你的东西，事情就是这样。

相异的多种经济体系因资源边疆而汇聚在一起，而吉德瓦尼所说的"妥协"，对于在不同体系之间进行的协商来说是不可或缺的。正如罗安清在对印度尼西亚加里曼丹（Kalimantan）的伐木研究中所呈现的那样，如果观察将商品从雨林送达最终消费者的生产链，几乎在每一个环节上都能找到在全球交易的每个场所出现的"摩擦"。在这个意义上，"货源"不是景观的自然方面，而是文化客体，它必须先被设想出来，然后在供应链的不同节点之间移动的过程中被"制造"出来。同样，资源边疆"不是自然或本土范畴"，罗安清观察发现，"这是一种理论旅行（traveling theory）^①，一种需要进行转译的异质形式（foreign form）"。³⁵

如果我们说北美吉他匠人的创业活动将经济发展的外部愿景强加于环境脆弱的地区，其实就是意识到了这一点，正如吉德瓦尼所说的，对于已经使美国和加拿大在全球范围形成了帝国般影响力的那些资本积累过程，当地的对话者并不一定会认可或能从中受益。³⁶ 因此，"学会接受世界给予你的"就不仅是一种务实的商业哲学，也是对全球资本主义释放出的不羁力量的一种默认。

合法性的边缘

20 世纪 80 年代初，依靠一台"水烟筒"气泵以及一艘安装了大众汽车引擎的耙吸式挖泥船，查克·埃里克松（Chuck Erikson）在山中开采黄金。与其他的业余淘金客一样，他被那些由融雪补给的小溪吸引，是因为金价在 1979—1983 年飙升，一盎司黄金的价值在 1980 年 1 月一度飙到了 850 美元。³⁷ 就他来说，这场冒险也源于整个制琴行业的萧条，原声吉他、曼陀林和班卓琴普遍销售惨淡。当他在一天结束之时称一下那些碎金子的重量，再算一下他劳动的经济回报，制琴和他在制琴界的地位似乎成了另一个时代的事，不值一提。³⁸

---

① 爱德华·萨义德在其《东方学》一书中提出的一个专门性的术语，用以描述论在发展过程中所经历的变迁，包括理论的产生、寻找新的栖息地、适应新环境、适应后的变异。

他于 1965 年在加州凡奈斯（Van Nuys）开了一家名为埃丽卡班卓琴（Erika Banjos）的公司，经营乐器制作、镶嵌和贝壳供应，公司早已关门。贝壳处理设备堆在仓库里，制作班卓琴用的夹具和固定装置也因为找不到买家而被丢弃了。旷野在呼唤，在向他招手示意，它为男子气概的自给自足提供了一个检验场。"住在淘金营地以及在河里挪动石块，是相当原始的体验，"他说，"有些家伙很粗暴，但如果你努力工作，他们会尊重你。来找我的朋友都会问，那个拿着《圣经》和枪的大个子在哪儿？"[39] 作为一名矿工，他还是小有成就的。一年到头，他靠回收废弃金属和为礼品店制作仿制古董勉强过活，其中一些仿制古董还被勘探者用于标记他们发现的矿藏。

全盛时期，埃里克松的生意还养得起几名雇员，而且在提供镶嵌用的原材料方面还比较红火，这些材料包括鲍贝、稀有硬木、龟甲，还有河马牙、象牙以及象牙化石。埃里克松以对贝壳的精密加工以及他独创的分类和分级体系而闻名，他已经在手工镶嵌这个相对细分的领域内占有了一席之地，占据了一个不太大但充满活力的小众市场。1985 年，由于手腕遭受骨折，他不得不变卖手上的采矿权，凭着自己在镶嵌方面的名声，重新做起了贝壳生意。

1989 年，吉布森公司在蒙大拿州开设了原声吉他部门，并收购了埃里克松的生意，目的是满足公司对珍珠加工的需求，并成为该行业的供应商。埃里克松设想吉布森公司会是贝壳的主要客户，于是他开始从加州北部的渔夫和潜水者手里大量收集红色鲍贝。一年后，吉布森公司决定将镶嵌工作转到公司内部，埃里克松就这样从此前合同的竞业限制条款中解脱出来，可以自行销售贝壳了。很快，他就找到了一位准备成吨采购鲍贝的买家——一位韩国商人，专门为家具和时尚产业生产贝壳制成的层压板和纽扣。

埃里克松的企业走向全球化是与一场环境危机同时开始的。鲍鱼是一种海里的软体生物，捕捞它们是为了获取它的肉，还有沿着内壳排列的"珍珠层"或色彩斑斓的珍珠母，但鲍鱼正迅速从加州海岸线上消失。过度捕捞，加上1985年出现的一种名为"肌肉萎缩症"的疾病，严重削减了从下加利福尼亚半岛到俄勒冈的鲍鱼数量，有两个品种几近灭绝。1997年，加州关闭了其南部和中部海岸的所有鲍鱼渔场，而且白鲍鱼和黑鲍鱼都受到了《美国濒危物种法案》的保护。[40]

尽管如此，1988—1991年，当埃里克松在北部海岸的海滩和州立公园钓鱼时，垂钓红鲍鱼还是合法的。拥有一张鲍鱼印花卡和捕鱼许可证，穿戴好潜水服、面罩和通气管的潜水者，只要遵守有关渔猎期、最小尺寸和禁止出售其捕获物的规定，就可以带走有限数量的渔获，供个人消费使用。然而，从20世纪80年代末开始，与逐渐严格的禁令并行发展的环境执法带来了不一致和自相矛盾之处。制度的不确定性为老谋深算的企业家创造了回旋的空间。

埃里克松承认，他在这一时期获取的鲍贝是打了法律的擦边球。凭借如律师一般掌控细节的天赋，他坚称自己不是在"购买"动物或贝壳：

我会把我的卡车停在布拉格堡（Fort Bragg）、瓜拉拉

（Gualala）或海岸附近的什么地方，总之是潜水者在夏天会出没的地方。我能从潜水者那里获得一吨到一吨半的贝壳。渔猎部门过来时会说："你不能购买贝壳。"我说："好吧，我已经买了很多很多很多年了，但是从来没人执行过相关法律。"他们又说："嗯，我们知道，但你们这些人不能把车停在潜水者会来的海滩附近。如果停在这里的停车场，那就没问题。"但在那个时候，还有另外几个家伙正在买贝壳，而渔猎部门的人真的动手处罚了他们。他们试图命令那些人停止交易，但那帮家伙并不理会，所以渔猎部门的人干脆把我们都一刀切了，然后说："好吧，我们现在要执行法律了。"唉，我后来还是一直去那里，但把卡车上写着"购买鲍贝"的牌子换了，改成"为鲍贝换现金"。我就不是在买贝壳，而是在为贝壳捐款了。我打印了一些小纸片，上面写着："这些贝壳是免费送给查克·埃里克松的，是合法获取的，鲍鱼肉已经被吃了。"我们会在这些纸片上签名，还会写上潜水者的潜水执照 [号码]，然后他们就会把贝壳给我。之后，我会去这些人的家里，然后在洗手间里留下几百块钱。[41]

在埃里克松看来，他采用的是与州立公园处理贝壳相同的逻辑。在 MacKerricher 公园和 Van Damme 海滩公园，经由潜水活动捕捞的贝壳会被留在营地，之后会被带到游客中心，在那里，只要捐赠两美元，任何人都可以获得贝壳并把它们带出公园。埃里克松自己也是那些公园的常客，要是公园有 50 只贝壳，他就能出100 美元买下它们，还会要求讲解员给他开一张收据，证明他是从合法途径获取的贝壳。当加州渔猎部门质疑他所获贝壳的来源并试图让他停业时，他辩称自己是通过捐赠获得贝壳的，就像他在州立公园里所做的那样。根据埃里克松的说法，与他交谈过的渔猎部门工作人员倾向于接受这一说法，但高层领导却否决了这样的辩解：

> 他们说："我们开会讨论过了，结论是你不能通过捐赠获取贝壳；事实上，我们已经知会 Van Damme 和 MacKerricher 两家公园，如果你再去那里试图以捐赠换取贝壳，而且它们还让你这么做了，那我们就会让它们关门。"那可是州立公园！结果，我还是会去那里获取贝壳，只不过会隐瞒自己的身份进去拿，然后从他们那里拿到收据。你明白吧，其实我是和工作人员打游击。我实际上会在周末去拿贝壳，因为那个时候渔猎部门差不多就放假了。我会与手里有贝壳的人见面，就在他们的家里拿到贝壳，把它们放到卡车上，盖上防水布，在布上再放一把链锯和一些木柴，看起来就像在搬运木材。我不会把车停在城镇里。如果需要去市场，我会把车停在一个街区外的居民区，这样就不会被人看到。我随身带着一个扫描器，并两次避开了他们在午夜设置的路障，这些路障是为了把满载贝壳的我抓个现行。这就像过去卖私酒一样！我在和渔猎部门玩猫抓老鼠的游戏。

就像那些在禁酒令期间"卖私酒"的人一样，埃里克松违反了政府的一项政策，这项政策禁止销售一种市场需求旺盛的商品。

家酿杜松子酒可能是一种"自制"产品，但野生的鲍鱼不是，而潜水者从水下岩石中撬出并带出水面的动物也是由人类主体"生产"的，并因相似的智谋通过走私进入市场。从这个角度来看，加州在 20 世纪 80 年代末禁止购买和销售鲍鱼壳的做法依据的逻辑，与当今大多数环境立法以及有关移民和毒品贩运的国家政策背后的逻辑是一样的。

这些执法领域的共同之处在于，在目标产品或目标人群以"商品"的形式——作为用于交换货币的劳动力或物品——进入市场之际，政府都在努力打破商品链。[42] 实际上，政府试图打击与受限制的人员和货物有牵连的资本主义企业，方法就是在供应链的关键节点上，在买卖双方之间设置一个法律障碍。新自由主义的转向——自 20 世纪 70 年代以来在公共政策中日益凸显——就在于努力改变人们选择违法的经济环境。渔猎部门将用鲍鱼换现金的做法视为违法，这其实是把鲍鱼变成了一种"未获批准的"商品，一种买或者卖都有风险的货物，目的是降低潜在消费者的需求。

埃里克松对此有不同的看法。正如他从山涧中提取的碎金子可以由他个人合法出售一样，他认为，从沿海水域合法获取的鲍鱼也属于那些投入了时间、金钱和技术来获取鲍鱼的个体。如果潜水者捕获并食用鲍鱼是合法的，那么他们把这种活动的副产品卖给他也是合法的。为了支持这一观点，他指出，三文鱼产业已有先例，加州就允许对游猎获取的三文鱼内脏进行商业销售。带着三文鱼去罐头厂的那些渔民可以自由地"走后门"，将内脏销售给买家，而买家会把这些内脏用作高质量肥料。

"作为一名基督徒，"埃里克松解释道，"我认为我们是被安排在这儿的——亚当的部分工作就是照看伊甸园，而不是任由它荒芜！这应该是与生俱来的，我们需要照顾好我们所处的环境——使用，但不要滥用——我确信事情就是如此。"1991 年 1 月，在这一信念的鼓舞下，他向加州渔猎局申请在州政府监督下公开经营的权利：

> 我打电话给渔猎部门，然后说："我想要做一个正式的陈述，讨论一下在你们的控制之下合法购买这些贝壳的事。你们可以在贝壳上面贴上标签。之后可以审计我和我的账目；可以随时检查我卡车上的贝壳；我会配合你们的律师。"我去那里 [地区办事处] 时，带上了全部的账目，展示了过去四五年里我已经非法购买了多少吨的贝壳、我付了多少钱、我是如何给贝壳定级的，以及我在珍珠母交易中得到了什么。我还带了一把做了镶嵌装饰的班卓琴。我说："这就是用那个你想扔到垃圾箱里的贝壳做的。印第安人从史前时代就开始使用这个了，而现在你说要保护这种资源。我就是在保护！你们说的是'把它扔到垃圾箱去'。那不是保护资源！这些动物是合法捕获的，而你们却要把动物身上用来做这些镶嵌的东西扔掉？"我把我购买所有非法物品的记录都给了他们，他们可以当场逮捕我。这的确有点儿可怕，但我想："我就要这么做，看看会怎样。我要冒这个险。"

最后，埃里克松说，他说服监督委员会的委员批准了一个试验项目，但当地现场工作人员的抗议使这个计划流产了。"这就是政治。"他耸耸肩说。现在看着他，浓密的白胡子，黑色的高顶礼帽，礼服里面穿着 T 恤，下身是蓝色牛仔裤，不难想象，埃里克松就是靠这样张扬的特性赢得了一屋子官僚的支持。我们在2008 年迈阿密海滩的纽波特吉他展上相遇，他坐在一张桌子旁，边上还立了一个标牌，上面写着"世界知名的珍珠公爵"。

自 1992 年埃里克松开展新事业以来，他就一直被誉为"珍珠公爵"，这一称呼源自 20 世纪 60 年代，当时的顾客会走进他在凡奈斯的店铺，然后讽刺性地模仿热门的杜沃普（doo-wop）风格歌曲《公爵伯爵》（*Duke of Earl*）。[43] 标牌的立柱上悬挂着用有毒海蟾蜍的尸体做成的皮袋，桌子上还摆了一圈五颜六色的镶嵌材料，包括各种各样的贝壳、甲虫、蝴蝶翅膀和孔雀羽毛，还有一种叫作 Abalam 的贝壳做的层压材料，这是由埃里克松和他的同事拉里·西菲尔（Larry Sifel）共同开发并申请专利的产品。[44] 桌子上还展示了一把由威廉·格里特·拉斯金制作的吉他，这把吉他的特色就是在黑檀木指板上镶嵌了埃里克松和他夫人的一幅令人惊叹的婚礼肖像——他们打扮成了珍珠公爵和珍珠公爵夫人的模样。

在与渔猎部门的斗争失败后，埃里克松开始了商业转型，而以一个贵族形象登场只是转型计划的一个环节。他不再充当一个国际市场上的贝壳原料供货商，而是在美国进口并经销镶嵌材料，这些材料由他的韩国合伙人在全世界范围内采购，并在韩国和印度尼西亚按照他的要求加工。为了让这门生意运转起来，埃里克松说，他必须"按照西方标准来对亚洲的工人进行再培训"，而且还要满足北美镶嵌艺术家们对工人的要求。"文化方面的问题必须被克服。"他观察到，这样才能让工人理解他的指令并正确地执行。一旦这个障碍被清除了，产品的质量就很高了，他把这归功于他的合作伙伴（他口中"唯一诚实的韩国人"），以及这位合作伙伴运营工厂的工作条件：

> 他们不是耐克童工（Nike kids），他们配有防尘装置。我们还多付了报酬。几年前，印度尼西亚出现劳工骚乱时，我考察了这家工厂。他们说这里有一个家伙——百余位雇员中只有一个——想要闹事。我说："喔，发生了什么？"他们说："其他员工把他管好了。"我不知道他们说的是什么意思！但事实是，我们支付的工资比韩国和印度尼西亚工厂的现行工资水平高出三分之一左右，我们对他们非常好。[2007年]10月，我和马里兰州"珍珠工厂"（Pearl Works）的经理去了那里一趟，他简直不敢相信那家工厂是如此洁净，没有尘土，而且几乎闻不到贝壳的味道。工人们都很开心，也很健谈。当我们和车间经理走过他们身边时，这些工人也不紧张；经理们真的很和蔼。知道那里没有人受到虐待，我们很高兴。

埃里克松将他对环境"滥用"①的担忧延伸到了东南亚工人的福祉上，这证明了他与制琴界其他人有着一样的全球意识。那些欣赏自己所使用的有机材料所具有的独特性的匠人，他们一方面为可持续性感到担忧，另一方面也意识到，这些材料都是从世界上那些政府管控薄弱、当地劳动力受到剥削的地方获取的。然而，

---

① 这里的"滥用"和上段引文最后一句的"虐待"的原文均为"abuse"。

随着越来越多的手工生产被外包给了国际供应商，构成制琴业供应链其中一环的劳动关系已经变得难以辨认且难以监控。当我们说一个外国劳动力因为其工资略高于糟糕的现行水平而被"多付了报酬"时，其实预设了一种薪酬平等的概念，而这一概念在转译的过程中消失了。

尽管埃里克松的首尔和雅加达之行使他确信处理他订单的那些工人是"开心和健谈的"，但"耐克童工"的幽灵还是挥之不去，他（很委婉地）指出了全球资本主义的贪婪，以及潜藏在跨国企业表面之下的可耻做法。正如《生活》杂志在 1996 年刊登的一篇关于巴基斯坦童工的封面报道中所揭示的那样，即使是耐克这种以超级明星的品牌力量为基础的美国公司也不能免俗，他们会与那些在法律边缘运作的阴暗货源做交易——在耐克这个案例中，承包商会强迫儿童成为奴隶，每小时给他们 6 美分，让他们为世界市场生产足球。[45]

如果离货源地较远可以成为不知情的托词，那么政治压力就不会施加在那些经常在腐败官员的支持下经营生意的外国供应商身上，而是会越来越多地施加在对污点产品有需求的一侧，无论是进口公司还是终端消费者。正如"反耐克运动"所表明的，旨在抹黑一家公司品牌的草根运动——在销售点抗议，让购物中心了解血汗工厂的工作条件——是有助于表达道德义愤的有力武器。[46]

类似绿色和平组织这样的野生动植物保护组织也使用了类似的策略，来追踪那些不负责任地获取森林产品的消费者，并让他们为其供应商所造成的破坏负责。[47] 事实上，正是对非法采伐和交易濒危树种所采取的这种处理办法，使环境调查署（Environmental

Investigation Agency）这样一家非营利研究机构得以为 2008 年的《雷斯法案》修正案争取广泛的支持。[48] 环境调查署明确了商品链上的责任归属，和其他环保组织一起成功地利用了美国在世界范围内的权威影响力，对未经授权的商品在全球的流通设置了领土壁垒。

2008 年以后，对进口申报的关注开启了一个新的激进执法的时代。2010 年 3 月，美国鱼类和野生动植物管理局的一名特派员突然出现在埃里克松的家门口，并询问有关他所有的两家公司的情况：一家是珍珠公爵公司（Duke of Pearl），供应镶嵌材料；另一家是线上古董经销商链锯查克（Chainsaw Chuck），专门销售用异国木材和动物制品制成的物件。特派员一开始表示她是在对进出口许可证持有者做"例行检查"，但是她又详细询问了埃里克松新近从哥斯达黎加和马来西亚获得的蝴蝶翅膀和甲虫，这让埃里克松怀疑管理局掌握了一些信息，而要想获得这些信息，他们就得查看他的私人电子邮件。

"没过几分钟，"他说，"事情就很明显了，这根本不是一次'例行'调查！"[49] 尽管埃里克松持有有效的进出口许可证，可以给他从 1965 年以来购买的几乎所有象牙和龟甲的"某种形式的书面记录"，但最终还是被处以巨额罚款，而且那些材料也被没收了，这令他颇为震惊。他相信，要不是因为特派员"好心"，政府就要把账目扔到他脸上了。最后，他被罚款 4050 美元，并被迫交出一个价值不菲的龟壳。他被指控的违法行为是出售"古董"龟甲——吉他爱好者会把这种材料制作成"新的"龟壳拨片。根据《公约》，购买、销售和商业加工附录 1 中的物种都是非法的，即使相关材料是在禁止日期之前获得，并且是在公开市场上购买的也不行。

新帝国主义

2011 年 6 月，弦乐器工匠协会研讨会上的最新消息以闪电般的速度在制琴界引起了轰动。查克·埃里克松和华盛顿特区的吉他匠人戴维·伯科威茨（David Berkowitz）就《公约》《雷斯法案》和《濒危物种法案》组织了一场长达三个小时的专题小组研讨会，农业部、鱼类和野生动植物管理局的官员也将出席，而且出人意料的是，环境调查署的人也来了。这次活动在宾夕法尼亚州的东斯特劳兹堡大学（East Stroudsburg University）举行，组织者准备了一个大型演讲厅。然而，随着消息的传播，一种谨慎和不信任的感觉也随之而来。并不是所有人对于让联邦调查员在展览区周围转悠的这个想法都心存恐惧。在写给鱼类和野生动植物管理局业务主管克雷格·胡佛（Craig Hoover）的备忘录中，埃里克松试图澄清此事：

无论如何，我们欢迎你们所有人来做客，尽管我们渴望自愿遵守规则，但业内没多少人清楚地明白问题出在哪里，也没有多少人真正理解如何实现守法的目标。完全有可能发生的是，一些供应商和匠人可能会带着很久远且未经认证的"家传"玫瑰木、象牙上弦枕，或者是由豪华材料制成的琴桥和下弦枕。想利用这个场合打击别人并不会赢得人心，也对鼓励合作无益。我们愿意与动植物卫生检验局（Animal and Plant Health Inspection Service，APHIS）以及鱼类和野生动植物管理局合作，但如果这会造成问题，公平起见，我们必须建议与会者把那些他们可能会带来的东西放在家里。[50]

胡佛保证，调查人员不会利用参会的机会"采取任何执法行动"，如此，研讨会才如期举行。埃里克松与专家讨论组一起撰写了一篇文章，探讨了制琴师们关切的环境法规。他在那篇文章中透露，正是自己与鱼类和野生动植物管理局之间的争论，促成了此次研讨会的举办。当面临多项非法交易野生动植物的指控时，他辩称，自己是在"不知情的情况下"做出那些违规行为的，而且他获得了相应的许可证，也一直保留着交易记录，并尽其所能地遵守最新的监管规定，因此他认为自己尽到了"注意义务"（due diligence）。

为了支持自己的主张，埃里克松对制琴界的30家类似企业进行了调查，以证实自己对进出口限制的理解即使不是更精准，至少也是与同行一致的。然而，当被要求透露他接触过的人的名字时，埃里克松拒绝了。[51]为了打破僵局，也为了防止出现连锁起诉的可能性，各方一致同意公开征求意见：埃里克松将通过他的文章传播有关监管的信息，而机构官员将出席研讨会，告知制琴师如何"自愿遵守"与濒危物种治理有关的法律。尽管有这些和解的姿态，这一活动还是令人疑窦丛生，怀疑吉他匠人们卷入了一场由联邦政府精心策划的政治迫害。

礼堂里，气氛异常紧张。我在乔治·格鲁恩和制琴师商业国际的纳塔莉·斯旺戈两人中间找了个位置坐下。格鲁恩告诉我，许多制琴业人士都跟出席此次研讨会的机构有过冲突，此时，我看到四位演讲者聚集到了台上。其中两位是穿着休闲装的中年男子，很容易被人当成制琴师，但另外两个人在这个由上了年纪的嬉皮士组成的集会中则显得有点格格不入。其中一位高个子男人穿着整洁的制服，佩戴着徽章；另一个是来自某环保组织的年轻女性，我身边有人说，这个环保组织就是"这个该死修正案的始作俑者！"

埃里克松走上讲台，没戴他那顶礼帽，也没穿礼服，台下渐渐安静下来。他简单提及了他与执法部门的互动，并提醒大家可以在门口取阅他那篇文章的副本。他强调，他的问题源于知识的匮乏。"真是有很多困惑，"他承认，"我不知道自己在困惑什么，但确实很困惑。"他代表广大观众说："今天，我希望，当我们离开这里时，能知道法律规定都有些什么——并知道需要做什么来避免麻烦。"[52]

每位机构代表所做的演讲都差不多有半个小时。来自农业部下属的动植物卫生检验局的乔治·巴拉迪（George Balady）是个例外。他讲的时间更长，偶尔还会用通俗的玩笑来让《雷斯法案》中令人听了犯困的法律条文变得有趣。每位发言人都认为，自己的使命是通过费力地重述立法目的来阐释法律，他们都把自己塑造成了一个中间人，在高层立法者和法律想要约束的主体之间进行调解。

当巴拉迪开玩笑说《雷斯法案》的申报表格已经成为制琴师"最喜欢的文件"时，台下一片嘘声，此时他大声说："不要枪杀信使。"① 又说："我们已经把申报表格分解成了简单明了的文字，所以不太可怕。"然而这种居高临下的程序简化所营造的氛围异常压抑，我甚至开始感觉到不安和厌烦。[53] 等到中途短暂休息时，我跨过椅背来到后面，与后面两排的吉他匠人交谈，那时我才意识到，我的厌烦是多么奢侈。这群人可不是睡眼惺忪、昏昏沉沉地听这场演讲，他们时而恐惧，时而愤怒，时而绝望。

"我还不如现在就割腕算了。"其中一个人说，声音里没有一丝开玩笑的意思。

"我一直是把木材留在身边的，"另一个人愤怒地指出，"我买的那个桃花心木，在我之前，卖家已经持有了 60 年；在他之前的人也持有了 40 年——加起来差不多有 100 年了！那时候可没什么监管链。人们可没有这块木材的收据！"

第三个人严肃地点头表示赞同，他说："我有能用一辈子的储备。我买的很多木材，卖家说都有准确的文件记录，也是从正当途径获得的，但我没有任何书面文件。我刚在易趣网上买了一套 [木材]，卖家说是经过认证的，但我没有拿到任何证明文件。"

无助成了最主要的情感。我听到了一个悲惨的故事：一把贵重的吉他要从加拿大寄给美国顾客，鱼类和野生动植物管理局的检查员为了查验琴身镶嵌装饰所用的贝壳而扣留了这把吉他，导致这把吉他受损，由此我们就能知道，很明显，仅仅"了解法律"是不会减少执法的不透明性或任意性的。制琴师所面对的监管体

---

① "不要枪杀信使"（Don't shoot the messenger）是英文世界的一句谚语，指的是不要责怪或惩罚传递坏消息的人。

制并不是由美国政府管理的统一系统，而是由国内法、国际法、外国法和部族法组成的一个令人生畏的大杂烩。这种政策迷宫因其背后的政治斗争而变得更加复杂。

通过授权美国政府打击未经授权的国际贸易，《雷斯法案》将保护野生动物的愿景——得到了美国林产品行业的支持——强加给那些被认为"太软弱"以致无法保护本国资源的外国政府。正如非洲象牙的前车之鉴所表明的，以"保护自然"的名义强行实施的大象管理计划，往往是"一种不那么容易察觉的知识殖民主义（intellectual colonialism）形式"。[54] 不仅当地关于资源利用的决定被否决，而且偷猎、非法捕捞和走私的经济合理性也被归咎于自治的"失败"。因此，监管全球环境已经成了"新帝国主义"的一项治理术，这种治理术将美国政府的势力范围远远扩展到了美国领土之外。[55]

临近中午，在座的人越来越清楚，这个新的监管机构依赖的就是证明文件。当一个接一个的小组成员都在一直强调自己保留了每笔包含野生动植物产品交易的书面记录时，我开始明白，手工的运作方式是如何挫败了《雷斯法案》旨在施加的经济合理性。在确定一项违法行为是否发生时，一个关键的概念就是"应有的注意"（due care）。乔治·巴拉迪为我们展示了一张有关这个话题的幻灯片，然后他是这样解释的：

何为"应有的注意"？根据第九巡回法庭的陪审团指令来看，应有的注意是指"一个合理谨慎之人在相同或类似情况下所应表现出的谨慎程度"。明白吗？我是说，为了被定罪，你必须明知故犯，去做 x、y、z。这并不意味着你可以突然说："好吧，唔，我再也不会问任何人问题了。我只会拿着这些东西，然后 [说]，'我不知道，没人告诉我！'"你必须采取相应的措施，来证明你曾试图查明那些材料是否是非法制作的。现在，如果你遇到一群扯谎精，你 [可以] 说"哎呀，我在某某日打电话给某某，他们说了 x、y、z；这是文件，这是他们发给我的"诸如此类的话。所以保留这些记录，即使不能让你完全摆脱麻烦，但至少不会让你遇上大麻烦。这会将你的风险降到最低。

"明知"和"不知"，这两种犯罪之间的区别在于被告是否能够证明他们做出了遵守法律的努力。这一区别的核心在于法庭的假设，即一个"合理谨慎之人"将采取哪些措施，以确保他或她购买的野生动植物产品是合法生产的。在这一讨论中，一个"合理的人"指的是试图在购买节点就弄清楚商品链，从而在刑事制裁面前"最大限度降低自身受罚风险"的人。

"你可以问：'树是在哪里砍的？'"巴拉迪建议，"'这是什么品种的树？你要寄给我多少材料？这种材料有多长时间了？'你可以问供应商任何问题——但一定要问。"他补充说，"应有的注意"有着不同的标准，取决于从事特定职业的人可被假定具备的知识。"你们是制作乐器方面的专家，所以比起街上随便抓来的什么人，你们必须有更多'应有的注意'。"矛盾的是，"应有的注意"只能通过书面记录来证实，但即使有书面记录，消费者也不会一劳永逸地"完全摆脱麻烦"。

文件的法律地位不甚牢靠，这与如何理解《雷斯法案》所说的潜在违法有关。因为非法砍伐与合法生意——在森林中的，在锯木厂里的，在船上的，或者在港口的——几乎没有区别，所以，未经授权的木材和木制品贩运可能会在不被发现的情况下蓬勃发展，这是始终存在的危险。那天上午的最后一位演讲者只用一张图片就完全展现了这个噩梦般的场景。

安妮·米德尔顿（Anne Middleton）是环境调查署和森林合法性联盟（Forest Legality Alliance）的代表，后者是一个旨在减少非

《雷斯法案》：从树桩到木板的合法性问题

"受污染"产品的流动：《雷斯法案》的潜在违法行为
可能发生在供应链的任何一个环节

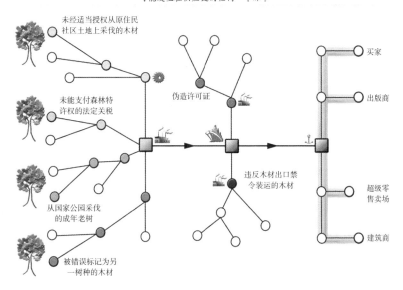

图6-5 《雷斯法案》让终端消费者（右侧）为"污染"了森林产品供应链的潜在违法行为（左侧和中间）负责。图片由环境调查署提供

法森林产品需求的国际组织。[56] 她解释道，这个联盟的核心目标就是与其成员——泰勒吉他公司是其中之一——一起，制定合规的策略，减轻因监管要求而产生的负担。在一定程度上，她用这一橄榄枝化解了被抑制的敌意，而当查克·埃里克松介绍她是一支蓝草乐队的贝斯手时，场下响起了零星的掌声。但当她解释《雷斯法案》背后的法律推理时，整个房间陷入一片寂静：

> 这张图大体描述的是，根据《雷斯法案》，无论违法行为出现在供应链的哪个环节……这一行为都因其违法性而污染了整个供应链，而处于这一供应链任何一个环节的主体，都可能被追究责任。因此，即使你在这条供应链上处于右侧位置，无论是在零售端还是在制作端，若经过回溯发现，违法行为出现在森林中或在森林和你的产品之间的某个环节中，那么你可能就要为那个违法行为负责。[57]

在这一全球资本主义的视域之下，交易未经许可的商品就是对合法贸易的直接威胁。就像排放到河流中的毒素会对下游造成影响一样，非法采伐也被视为"污染"了供应链的每个环节。作为一名人类学者，我有责任提醒大家注意这张流程图所代表的对"污染"的恐惧和对"净化"的渴望。[58] 但即使是像FSC（森林管理委员会）认证——它试图证明从树桩到作坊的每一笔交易的合法性——这样的仪式性机制也不是万无一失的。正如米德尔顿告诉我们的，认证仅仅是证明尽到了"应有的注意"义务的一种方式：

如果我通过了认证，是否意味着我遵守了《雷斯法案》的规定？不，美国政府并不把像 FSC 这样的认证当作解决问题的良方。话虽如此，一个人为了获得认证所经过的步骤，本质上也是在履行"应有的注意"义务。所以，仅仅因为你的产品上有一个 [FSC] 认证标，并不会让美国政府说"哦，很好，你符合《雷斯法案》的要求"。如果他们通过正当程序的检查发现那实际上是不合法的，你仍然会有麻烦。然而，如果你经历了这些步骤，那么从本质上说，就是在履行"应有的注意"义务。

最终人们意识到，完全符合文件要求永远不会把推定非法的可能性从吉他匠人所使用的异国材料中排除出去。虽然图上的箭头表明，污染源自遥远的土地且发生在最终销售之前的某个时间，但不断发展的投资资本、公司企业和国内利益朝着另一个方向移动，创造了资源边疆，正是在这样的资源边疆内，非法活动才有了市场价值。但这种活动的持续存在，并不代表或被认为是问题的一部分。

新帝国主义和旧帝国主义完全一样，在其渗透但无法控制的交易地区和交易领域解封了丰富的资源，并一直深受其扰。过去的帝国，在理解其殖民地污染的威胁时，主要想到的是种族的"不洁"和异族通婚，而今天的帝国势力关注的则是资本积累方面的障碍，无论是获取资源的限制，还是全球市场的低效运作。未经许可的野生动植物交易可谓是一颗老鼠屎坏了一锅汤，它使所有类似交易的合法性都受到质疑，引发了关于雨林破坏、物种灭绝、全球变暖和剥夺原住民权利的指控。然而，为了清理国际供应链上的非法行为，美国政府与其他国家联手，准备让手工吉他匠人当替罪羊。由于命运的奇妙转折，制琴师以及异国的野生动植物都濒临灭绝。

会议到了提问环节，有一大堆人要求发言，为了让所有人都有机会提问，午餐后将重新开会。即便如此，半个多小时过去了，才终于有人问了一个我感觉每个人都想问的问题。罗杰·萨多夫斯基（Roger Sadowski），这位在 20 世纪 70 年代加入制琴界的匠人提出了这个问题：

萨多夫斯基：我想我接下来的话代表了许多匠人的想法，所以我们先把这个问题解决了吧！就我个人收藏的木材而言，我会到处买巴西玫瑰木。我在停车场从那帮家伙的后备厢里或什么地方买的。总之，底线就是我可以不使用这些材料，对吗？

胡佛：不，那不对。你可以在国内用，没有任何要求。没有《雷斯法案》什么事，也没有《公约》的要求，或诸如此类的标准。你仍可以在国内活动。

萨多夫斯基：但不要把它卖给别人吗？

胡佛：你有责任出示文件，证明你拥有的那些样品是在 1992 年以前获得的。

萨多夫斯基：如果我没法证明，就别想了。

观众 [打断]：所以他只有在美国销售 [才合法]？我们说的是一件非常好的乐器！如果买这件乐器的音乐家要去英

格兰呢？

胡佛：如果没有［《公约》］前的证书，他就不能带出［这个国家］。

观众：上哪儿去弄《公约》前的证书？！这木材是他40年前买的。他只能在美国制造并销售这件乐器？但如果买他乐器的那个人要带着琴出国演出怎么办？你是说，他不能把乐器带回来吗？

胡佛：我想说的是，这些材料受到《公约》约束。《公约》的要求是必须附有《公约》前的证书。为了出具一份《公约》前的证书，我们必须证明这些样品是合法获取的。就是这样。这就是问题的答案。[59]

胡佛斩钉截铁的回答和他声音中透露出的不耐烦，让在座的匠人们有些激动。人们身体前倾，眼神闪烁，低声交谈着。乔治·格鲁恩抓住这个机会，强调了要求音乐家们在每次旅行时都获得一份认证——假设他们能获得的话——的荒谬之处。"问题是，"他起身说道，"实际上，这样的乐器有几百万件，我们说的可不是几件乐器的事。"[60]他解释说，与一夜之间就坏掉或过时的消费品不同，吉他可以"保存数百年"。1970年之前，几乎每一个主要的吉他制造商都使用过巴西玫瑰木。1992年之前，仅马丁公司就用巴西玫瑰木制作了超过25万把吉他。"这样的吉他有数百万把，乐手正在弹奏它们。"格鲁恩顿了顿，好让大家充分认识到这一现实情况的重要性，然后他补充说："然而，他们没有意识到自己在旅行时，竟成了国际罪犯！"

胡佛似乎被吓了一跳，他举起双手试图抵挡此刻的攻击。"让我们都各退一步。"他建议道。他提醒大家注意，巴西玫瑰木和象牙在20年前就被禁止了，"你说的这些问题在过去都没有发生"。他承认，政府在让音乐行业了解法律方面本可以做得更多，而制琴师可能已经参与了"违反这些规定的活动"。但过去是过去，现在是现在。他重申，重点是"找出一种方法，使这些活动符合要求"。

在校园自助餐厅吃午饭时，大家的心情都不太好，情绪高涨。我和琳达·曼策坐在一起，与克雷格·胡佛还有其他几位鱼类和野生动植物管理局的工作人员隔着几张桌子。我们在沙拉台前挑选不太让人有食欲的蔬菜时，琳达告诉我，她有一把和梅思尼合作制作的吉他，几个月前被鱼类和野生动植物管理局扣留了。那是一把用印度玫瑰木制作的吉他，上面装饰有精美的指板镶嵌，原计划是将这把吉他从多伦多运往加州的阿纳海姆，参加NAMM展会上一个有关手工吉他的特别展览。显然，NAMM作为进口商，忘了提交相关的申报单。[61]

曼策焦虑不安地与联邦快递的工作人员通了好几天的电话，工作人员后来寄了一盒巧克力以示道歉。从整个事件来看，要不是因为担心损坏一把价值32 000美元的吉他，发货延迟也许看起来就只是一次小小的意外。但曼策仍然被这一小插曲，以及此事对她和其他手工吉他匠人所预示的事情感到震惊：

> 我的木材储备可维持35年。我有巴西玫瑰木，但现在不能用了。我是合法获取这些木材的，我从一个家伙手里得到

了很多玫瑰木——他之前买了不少，但后来死了，他的妻子在他死后 10 年也去世了，从他卖给我这些木材开始算已经有 15 年了。所以我知道这是符合规定的，但却无法证明。我买这些木材花了很多钱，这些都可以算作我的积蓄。而且它们真的都是绝好的木材。要是不能以某种方式加以利用，那就太愚蠢了。我很想要绝好的木材——其中一些我保存了很多年，一直等待着，思考着我要用它们来做什么，才能最好地物尽其用，做出一些绝好的东西，也是我觉得正在被带走的东西。你知道吗，罗杰 [·萨多夫斯基] 开了个玩笑：我们还不如一枪崩了自己。我完全理解他的意思。我不想崩了自己，但是我也不想干了。如果 [遵守法律规定] 比这神奇的才能更重要，那么似乎——也许 [第二个] 黄金时代、那些制琴界有趣的事，现在都结束了。[62]

曼策注意到，在胡佛就座的桌子旁有两把椅子空了出来。由于上午的小组讨论没有人提过北部边境的合规问题，于是她利用这个机会询问了有关加拿大法律的情况，并允许我跟她一起。胡佛冷漠地听着她对此次 NAMM 托运的描述，并只回答说，作为"中间人"，联邦快递负有一定责任。当曼策提到她那些没有文件证明的木材时，胡佛瞥了一眼手表。当我们一起走回礼堂时，胡佛在他的一张名片上写下了加拿大野生动植物管理局与他职位相当之人的名字，并交给了曼策。

小组讨论继续进行。但这一次，安妮·米德尔顿想知道象牙和巴西玫瑰木贸易被禁止后发生了什么变化。"过去几年都发生了什么？压垮骆驼的最后一根稻草是什么？ 为什么现在突然一切都变得如此复杂？"[63]在 2010 年 4 月《雷斯法案》规定的申报要求针对弦乐器生效以前，涉及原声吉他的商业活动只是在理论上而非实践中受到规制，这点显而易见，就像房间里有大象，但没有人愿意承认。

"我不想回到 1992 年，"胡佛说，"我的第一个问题是，在座的有多少人此前申请过巴西玫瑰木的《公约》前认证，但被拒绝了？"

大家都不约而同地猛吸了几口气。过了一会，前排的一位女士大声地叹了口气。"这里没有人会蠢到去申请他们明知自己无法用文件证明的东西，"她说道，"所以这不是一个好问题。"

胡佛马上反驳道："这是一个好问题——因为如果你连自己必须面对的障碍是什么都不知道，那我们还在这里讨论什么呢？"他认为，颁发该认证的美国鱼类和野生动植物管理局的分支许可机构，可能愿意接受一份宣誓证词作为合规的证据。尽管他承认自己不知道认证的条件是什么，但依然提醒我们，如果不申请，就绝对不可能得到许可。"现在，我们似乎在纸上谈兵，因为你们甚至不愿去那里实际申请一次……"

除了我，应该还有人听出了胡佛的话里暗含嘲讽。有几个人开始一起大声说话，但有一个声音非常突出，那是迈克尔·古里安，他现在是为制琴界提供定制镶嵌工艺、贝壳镶嵌、音孔圆花饰和镶边的制造商：

古里安：你知道他们为什么不愿意申请许可吗？其中一

个因素是恐惧。[胡佛试图打断。] 让我把话说完。当他们听说西班牙匠人用的所有巴西玫瑰木都被扣押并全部没收时，这个消息对整个行业的影响就像是热刀切黄油一般。我现在认识很多这些 [人]，我和其中很多匠人的关系都很好。其中一家公司，他们有一间仓库，里面装满了 20 世纪二三十年代产的巴西玫瑰木。它们把所有这些木材都带走了。[64] 你要怎么用文件证明……？

胡佛：它们是谁？

古里安：西班牙政府或其他什么机构——反正是权力部门。

胡佛：好吧，唔，我们现在不是在西班牙。所以让我以在这里应做的事来回答这个问题。要是你想出口一些巴西玫瑰木，应该去许可部门。你提供了证明文件——我们假设它不符合条件。你提供了一份宣誓证词，而鱼类和野生动植物管理局认为仅凭这份宣誓证词不足以给你颁发一份《公约》前认证以便使你能够出口这批物品。这个过程唯一的后果就是你没有得到许可，这并不意味着执法部门会接到通知，然后踹开你家的门。证明这些木材是非法获取或非法进口的责任，仍然在鱼类和野生动植物管理局这一方。你不能证明你是在 1960 年前获取这些木材的事实，并不是他们执法的依据。所以我想说的是，除非你曾试图为那些材料申请《公约》前认证并遭到拒绝，否则我们就只能是纸上谈兵。恐惧是一个因素，这我理解。对于这个问题，我在午餐时回答了有五次之多。我要告诉你们的是，如果申请许可被拒，并不能证明你从事了非法活动。[65]

当被问及是否可以仅凭宣誓证词就获发认证时，胡佛坦承他也不知道。从他的上帝视角来看，自愿接受政府的惩戒凝视（disciplinary gaze）是一个简单的风险评估问题：申请被拒的可能性并不大于获得批准的可能性。然而，对匠人来说，风险却难以计算。美国不是西班牙，但两国政府都是在同一个全球化环境下运作的，其中，国家主权的行使是以贸易政策的面目出现的，这些政策只有利于一小部分表现出了适当理性的经济主体。匠人，以及像吉布森这样的公司并不在其中。

考虑到现行的政策制度，制琴界的一些人认为，吉他匠人应该豁免于《雷斯法案》的申报要求，理由就是他们是某一文化传统的坚守者。当天早些时候，在研讨会小组去吃午饭前，律师兼南佛罗里达吉他展的创始人亨利·洛温斯坦有力地阐明了这一立场：

> 当你谈到吉他不能跨越国境时——吉他是我们文化的基础组成部分——这 [项法律] 阻止的并不是一门生意，也不是一个产业；我们担心的是文化交流。我们担心的是音乐的文化交流，担心的是我们民族遗产的文化交流。顺便说一下，所有这些对于构成《公约》的文件来说都是最基本的。如果你看看联合国的文件，那是所有这些 [规范] 的起源，你就会发现其中有文化豁免——允许人们在国家文化交流的基础上保存自己的文化……这是一个严肃的文化问题。我相信有一种方法可以 [豁免] 所有这些事情，所以我们不会因为一点点

[贝壳镶嵌] 就没收吉他，所以我们不会因为吉他上的一点点东西而扼杀我们的文化遗产。[66]

把手工吉他制作当成"民族遗产"，这与加拿大和美国都有自己的手工艺传统的观点很契合，这一传统延伸（甚至可能超越）了制琴在欧洲文艺复兴末期所享有的地位。[67]然而，论证说这门手工艺的实践者以及其中的人工产品必须豁免于市场法规以保存此种"文化"，就相当于把北美制琴师面临的窘境同美国原住民、加拿大印第安人和其他原住民遭遇的困境相提并论，相比于那些将其治理强加于定居者的国家的宪法，原住民们对主权的主张要更早。根据上述推理，作为"文化遗产"的传承者，手工吉他匠人应当豁免于"杀戮"他们的政治理性，因为他们占据着一种不同的社会"时态"（tense）或者说时间观（temporality），这种时间观使他们能够优先主张国家归属感。[68]洛温斯坦认为，他们是一种"过去"生活方式的典范，能否保持美国和加拿大的民族特性，也取决于他们在当下能否生存。

对于寻求对其独特文化实践的认可的另类社会项目来说，与社会时态有关的政治斗争通常不是个好兆头。正如人类学者伊丽莎白·波维内利（Elizabeth Povinelli）所论证的，通常来说，原住民斗争的结果往往是"裁决的暂时中止"，既不承认也不否认，"中止或搁置那些尚未进入晚期自由主义公共领域之中与交往理性和道德观念有关的社会差异"。[69]美国政府已经将制琴师置于这样一种不确定性之中。通过鼓励独立匠人以个案的方式对《公约》前玫瑰木的合法性进行裁决——没有正式的指导方针或官方责任——

鱼类和野生动植物管理局实际上是将决定推迟到不确定的未来，这让吉他匠人们别无选择，只能在合法性的边缘地带继续经营。

即使我们所目睹的有关社会遗弃和经济剥夺的实例只影响了相对少数人的生计，但在我看来，由此产成的不公正仍然是难以容忍的。但这场政治僵局造成的冲击影响的远不止北美那些最受尊敬的匠人的工坊。《雷斯法案》和其他类似的立法促进了政府机构权力的巩固，使其以国家安全的名义将不同的社会归属模式合法化。在边境，联邦政府会要求出具相应的证明文件，以此来监管国际贸易和旅行，这其实是在调用"9·11"事件后的监视技术，将所有类别的人和物的地位转换为未经授权许可的公民和商品，从而保护一系列经济利益。

在这种情况下，对所谓的"豁免"抱有希望没有太大意义。[70] 吉他匠人在被怀疑的阴影下工作，因为他们坚持使用木材和其他材料，而在他们有生之年，这些都被宣布为濒临灭绝的物种。这些用品，无论是他们过去合法取得的，还是现在于"灰色市场"中得到的，他们当下的坚持被认为是不合时宜和"非理性的"，破坏了政策制定者编造的历史叙事。在这种叙事中，帝国主义是欧洲贵族的罪过，而不是为摆脱殖民枷锁而斗争的北美殖民者之罪。但是，数以百万计装饰华丽的乐器——收藏的、流通的，以及有待制作完成的——讲述了一个不同的故事。它们是新自由主义国家所否认的帝国幽灵；正因为如此，它们的故事才值得被我们仔细倾听。

结　论
匹诺曹的身体

"原来的木偶匹诺曹——他藏在哪儿呢？"

"在那儿，"吉佩托回答着，给他指指一个大木偶。这木偶靠在一把椅子上头歪到一边，两条胳膊耷拉下来，两条腿屈着，交叉在一起，叫人看了，觉得它能站起来倒是个奇迹。

匹诺曹转过脸去看它，看了好半天，极其心满意足地在心里说：

"当我是个木偶的时候，我是多么滑稽可笑啊！如今我变成了个真正的孩子，我又是多么高兴啊！……"

——卡洛·科洛迪

《木偶奇遇记》

2011 年 8 月，联邦探员们在两年内第二次突袭了吉布森公司在纳什维尔的吉他工厂。探员们再次在进口报关单上发现了错误，计算机记录、吉他和装有进口木材零件的托盘又被查封了。2009年，这家工厂被指控从马达加斯加购买非法采伐的木材，该案件至今仍在调查中。2011 年，该公司似乎违反了印度的出口限制，从印度进口了未完成的木制产品——制作指板要用的黑檀木和玫瑰木"坯料"。吉布森公司的首席执行官亨利·尤什凯维奇对"联邦权力的傲慢"表达了愤怒，他举行了一场被广泛转播的新闻发布会，会上，他几乎威胁要将他所有的工厂——以及这些工厂在美国创造的就业机会——转移到海外的低工资地区。[1]

随后，茶党支持者、共和党总统候选人纽特·金里奇（Newt Gringrich）和福克斯新闻频道（Fox News）的评论员愤怒抗议，他们将全国的焦点引向了吉他制作和《雷斯法案》。对于吉布森公司及其支持者来说，争议的问题不是该法所要求的申报条件本身，而是金里奇所说的奥巴马政府对吉布森公司的"仇视"，他要让全世界都看到"大政府攻击了小企业"。[2]本着这一精神，该事件为 2012 年总统和国会选举提供了弹药。田纳西州的民主党议员吉姆·库珀（Jim Cooper）和共和党议员玛莎·布莱克本（Marsha Blackburn）提出了一项立法，针对的就是他们所谓的

《雷斯法案》的"意外后果"。除此之外，他们提出的"救济法案"——《零售商和艺人雷斯法案实施和执行公平法案》（Retailers and Entertainers Lacey Implementation and Enforcement Fairness Act）——要取消对"不知情"的违规行为的处罚，并对 2008 年以前获得的木材给予豁免。[3]

乡村音乐明星公开发声支持救济法案，而环保主义者则单方面谴责该法案。[4] 尽管在共和党的强力支持下，该议案在众议院自然资源委员会获得通过，但由于众议院共和党高层遭遇了美国木材行业的强烈反对，原定于 2012 年 7 月举行的投票取消，法案很快夭折。[5] 同样虎头蛇尾的是政府在一个月以后对吉布森公司一案的裁决。以在"保护世界自然资源"方面取得了进展为由，司法部决定不以任何罪名起诉这家生产商，而代之以 30 万美元的罚款，并责令其向美国鱼类和野生动植物基金会支付 5 万美元的"社区服务费"。[6]

当这一事件跟跟跄跄走向尾声时，针对公众在这个问题上的意见分歧，亨利·尤什凯维奇做出了最清楚的归纳。在吉布森的网站上以及《华尔街日报》（*Wall Street Journal*）的一篇社论中，他指出了《雷斯法案》基本原理中的固有矛盾。尤什凯维奇注意到，联邦政府对违背"规则和法规"行为的惩罚和起诉呈现出"日益增长的趋势"，他恳求政策制定者"停止对资本主义定罪"，同时也要求停止监禁那些违反了"晦涩难懂的外国法"的"企业家"。[7]

在研究全球化和新帝国主义的学者中，很少有人能简明扼要地阐述自由市场意识形态之中相互矛盾的方面。新自由主义是一种政治理性，只要一件事物可以被商品化，新自由主义就能促进相应市场的发展，它提倡的是一种无拘无束的、在最低限度的管制中运行的资本主义。然而，作为一种代表一个地域性民族国家的治理体系，它也必须保护和促进本国公民的经济利益，特别是那些在国内和跨国产业中掌舵之人的利益。[8] 惩戒性立法要求联邦政府培养的公民，必须在生活的各个领域都表现得像是具有风险计算能力的企业家；但与此同时，联邦政府又被要求将它的公民和公民行动所处的市场从繁重的"规则和法规"中"解放"出来。最终，新自由主义化的这一矛盾所产生的影响，在针对吉布森公司的起诉中尽显无遗。

通过《雷斯法案》，美国堵住了非法采伐木材黑市的漏洞，加强了美国木材行业及其工会的竞争力。[9] 环保主义者和行业领袖们有了一个共识，他们都意识到，禁止濒危物种的销售、监控国际港口的货物，对杜绝未经许可的商业活动来说实际上收效甚微。他们认为，为了减少非法资本和非法商品的流动，联邦政府还必须规范那些消费林产品的"守法"公民的行为。为了实现这一点，《雷斯法案》的做法是，如果进口商在判断从其他国家采伐的木材是否合法时未尽到"应有的注意"义务，那么就视其为犯罪。

手工制琴师在很大程度上被排除在有关环境法规的公众辩论之外。[10] 他们的人数相对较少，做的工作相对神秘，经济地位也比较边缘，这些都使得他们容易受到海关人员那些怪念头的影响，而且这些影响几乎不为政策制定者所知。他们遭遇的困境不仅被政府官员和制琴师行业组织的代表低估了，也被环保主义者忽视了，环保主义者更愿意与那些大生产商合作，这些生产商会设法证明自己购买的是合法采伐的木材。[11] 尽管如此，手工匠人仍在使用他们在《公约》实施前获取的玫瑰木来制作世界一流的吉他，而这些玫瑰木的供应量在日益减少。这些乐器，连同数以百万计正处于流通和进入私人收藏中的巴西玫瑰木吉他，值得引起我们的关注。我们如何评价他们所代表的宝贵资源，衡量了我们对现行政策制度进行民主反理性（democratic counterrationality）想象的能力。[12]

树木的声音

在吉布森公司遭遇第二次突袭之后，我有幸与佛罗里达州的吉他匠人阿尔弗雷多·贝拉斯克斯（Alfredo Velázquez）交谈，他是著名的波多黎各制琴师曼努埃尔·贝拉斯克斯的儿子。他对媒体炒作的反应让我理解了为什么《雷斯法案》的惩戒主要落在了独立匠人，而不是那些大生产商身上：

贝拉斯克斯：每个人，我所有制作吉他的朋友，他们都打电话给我 [说]："你听说吉布森公司的事儿了吗？天啊，我们也会受影响吗？"就好像……好吧，我们已经被影响了！大公司经得住风浪，但正是像我们这样把吉他更多当成一门艺术的匠人，这些把吉他制作提升一个层次的人，才是受影响的人。

我：你们和大工厂有什么不同？

　　贝拉斯克斯：我认为，区别在于我们与每块木材结合的程度。我们会按照想要的样子调整这些木材，把它们做成一定的形状，而不是只要有一个普通的外观或一个普通的效果就可以了。每件乐器，我们都按照自己的意愿来赋予它们个性。我告诉大家：我父亲之所以如此受人尊敬，是因为他在自己制作的每把吉他里，都留下了他的一部分灵魂。

　　我：你说的把灵魂留在乐器里是什么意思？

　　贝拉斯克斯：他会抓起一块木材，然后他就像——怎么说呢？——他会和木头说话，非常浪漫。这只是一个非常浪漫的观点。他对木头说话，然后听这块木头想要成为什么。他会观察一块木头——不仅是看样子，还要看纹理走向——他真的会花一两个小时来看，有几次我甚至还看到他几乎花了一个礼拜时间盯着同一块木头，[问道：]"我要怎么黏合这块木头？我该怎么处理它呢？"之后，开始处理这块木头时，他会做一些常规的测量工作，但到了某个时刻，他便开始触摸，按照他想要的方式校准它。[13]

　　他对我说英语，对他的父亲说西班牙语，他的父亲已经95岁了，仍在工坊里工作，贝拉斯克斯清楚地表明自己同父亲一样，都对制琴抱有"浪漫"的态度。正如大多数手工匠人都以类似方式表达过的那样，这种态度涉及的是与制作吉他所用木材之间的一种生动、交互的接触。无论匠人们视他们的工作为一种"艺术"还是一门"科学"——许多人坚持认为二者兼而有之——他们总是会指出自己与木材之间的关系，在这种关系中，作为能动"主体"

的自我与作为被动"客体"的木材之间的概念划分通常都被消解了。对一块木材"说话"，"倾听"它"想成为"什么，就是参与了一个对话过程，通过扩展制琴师工作的范围，以及与一系列弥散的物质现象打交道的能力，使得木材的生命度变得真实可感。[14] 这一"对话"中不可或缺的是一种双边的感知领域，其中，问题和答案既可以从匠人身上或者木材中涌现，也可以完全摆脱"语言"，作为此种接触本身所具有的音质而被体验到。[15]

因此，"开始触摸"是一系列实践的特征，通过这些实践，吉他匠人可以超越预先确定的规格而凭感觉行事，并且能以开放的心态，被木材自由地触摸或引导到其他什么地方。[16] 这样一来，匠人们所强调的，将自己与手工艺品"融合"的说法就削弱了商品化的一个基本前提：这个前提假定，商品之所以有价值，不是因为它们是一种能够吸引人的物品，有一定的社会功能，而是因为它们的市场价格。我认为，在吉他里"留下一部分灵魂"，就是去回想生产这种乐器的那个充满活力的欲望之地，以扰乱或颠覆这种乐器的商品化过程。[17] 手工匠人对每把吉他都保有一种亲切感，尽管在销售时，这些吉他也会被商品化，但他们并没有对潜藏了自己劳动的产品产生疏离感。正是因为这种对手工艺品的持续依恋和认同，将这些手工艺品的流动视为犯罪的做法，便成了对他们职业操守的一种侮辱。

贝拉斯克斯解释说："许多来自欧洲和亚洲的买过乐器的顾客向我们发来了请求。他们希望能把自己乐器的历史价值保留下来，所以只想让我父亲或我自己来保养这些乐器。"但因为害怕罚款和没收，他被迫停止进口需要修理和复原的贝拉斯克斯吉他：

　　我担心的不是用什么 [木材] 来做，我担心的是那些已经做好的乐器。怎么说呢？拥有这些乐器的人会因为持有这些乐器而受到惩戒。虽然我很喜欢巴西玫瑰木，但人们会适应 [其他木材]。而那些制成已久的乐器，谁会有能力担得起这类乐器的进出口呢？那些购买这些乐器用于投资的人，他们会被罚款，或者因为拥有一把巴西玫瑰木做的乐器而被惩戒！如果这些乐器受到限制，而且人们不能适当地照管它们，那么这些老乐器要怎么办，要如何留给下一代呢？

　　人类学者认为，随着时间的流逝，只要物质商品在市场中的旅行路线能够赋予它们一个"传记"，那么就可以说这些物质商品有了"社会生活"。[18] 然而，当贝拉斯克斯提到靠巴西玫瑰木制作的乐器"谋生"时，我听到了他的一些言外之意，他其实是在请我们思考这些乐器作为一种生命形式所具有的内在生命力，以及这种认识中所包含的道德义务。[19] 通过强调这些乐器——以及具有共同观念的跨国群体那些影响几代人的计划——所具有的活力（aliveness），他对于当前占据统治地位的政治秩序的合法性提出了质疑：

　　　　[《雷斯法案》的效果] 就像是把画布从艺术家，从一名画家手中夺走！[政策制定者] 怎么能对我们欣赏的、我们喜欢使用和我们创造所依凭的木材如此无知呢？我看了我父亲所有的新作品，那些作品都很棒。它们就像是我的小妹妹，

[笑] 我有很多妹妹要照顾！事实上，他一直把它们视作女儿，是他的一部分。我创作的那些作品，它们也是我的女儿。每当我拿出父亲的乐器 [修复] 时，就像是看到了家族里的一位长辈。

吉他匠人把自己视为"木材后代"的父亲，这种说法的重要性似乎很容易被低估，被简单地看成一种拟人化的夸张，是在巧妙地用性别和亲属关系这类情感概念来加以粉饰。但我认为事情远不止于此。他们不仅运用感伤来为一种非主流的男性生成性观念服务，还用这种感伤来积极地对抗商品情境本身。如果我们相信工匠的那些话，那么他们与吉他有亲缘关系的主张就提醒我们，倾听琴的音质是有政治含义的。如果我们承认人与吉他有共同的物质性，就必须认识到，我们的共同生存取决于对生命度和环境保护持何种政治观点。从这个意义上说，手工吉他的音质吸引我们去聆听它必须讲述的急迫故事。[20]

那个故事，就像《木偶奇遇记》一样，关注的是森林和手工艺品在全球市场中的命运。[21] 在我看来，在一个工业化社会或农业社会所呈现的社会景观中，匹诺曹穿梭其中的危险旅行——遭遇的无耻之徒、经受怪异的身体变形——可被看作有关商品情境的一个寓言，就像是经过了长期的艰难困苦，木偶的身体被征召用于其创造者预想之外的目的。在旅途结束之时，匹诺曹回头看了看那具身体，庆幸自己逃离了它，还嘲笑它为了佯装自己有生命力而表现出的那些虚荣和做作。在这样的叙述中，商品状态不一定是永久性的。我们可以说，吉佩托的梦想实现了，此时，匠人的作品离开了市场，并作为某人的一件不能让与的所有物而活着，这个人珍爱它，视其为家庭的一员。

　　太阳已经落到地平线下，我从出租车上下来，站在一座旧工业建筑前，安大略湖靠近多伦多一侧隔了几个街区的地方。我按下了12单元的门铃，威廉·格里特·拉斯金很快就赶来迎接我，并带我沿着楼梯走上他在三楼的工坊。1992年，拉斯金和其他11名艺术家和匠人一起买下了这座巨大的砖砌建筑，这里曾是一家床垫厂，他们把它划分成了12个宽敞的工作室。拉斯金工坊的门上贴着标语："警告，非手工吉他免进！"我被领进楼内，依次穿过了一间小办公室、一间装有机床工具的接待室，之后进入了主工作区。我的目光被两扇大窗吸引了，通过窗户眺望邻近的屋顶，可以看到傍晚的天空。

　　和许多个人工坊一样，位于拉斯金的这间工坊中心的也是一个工作台，从房间的任何地方都能很容易地到达工作台。工作台上，一把未完成的琴颈靠在支撑块上。我走上前去，欣赏正在进行的镶嵌工作。在琴头上，拉斯金已经镶嵌了一个对话气泡，里面写着："你的渴望是什么？"指板中央是一个日本卡通人物的脸。"这个特别的人物是一名意外进入某人生活的公主，"拉斯金解释道，"因为这个人碰巧拨错了电话号码。这个画面正是这位公主出现以及这个人感到震惊的瞬间。公主从镜子里出来，而她说的正是：你的渴望是什么？"[22] 由象牙、红珊瑚、黄色刺毛、大溪地黑珍珠、蓝色岩石和绿色菱镍矿石组成的镶嵌，具有很强的视觉冲击力，而贝壳的"变彩"效应使这个场景变得极富动感。[23]

图 7-1 "你的渴望是什么？"——正在进行的指板镶嵌，威廉·格里特·拉斯金的工坊，多伦多，2006 年。照片由作者拍摄

"拉斯金"这个名字已经成了一种吉他镶嵌方法的同义词，这种方法不把镶嵌作为装饰元素，它本身就是一种艺术表达的媒介。他制作的乐器，世界各地的收藏者和演奏者都梦寐以求，现在更是作为奢侈品在流通，而且有几件还成了加拿大文明博物馆（Canadian Museum of Civilization）的永久乐器收藏品。2012 年 6 月，他被授予加拿大勋章（Order of Canada），这项荣誉旨在嘉奖那些"毕生致力改善人类思想、身体和精神"的普通公民。[24] 虽然在制琴界有许多镶嵌专家，但很少有人能发展出拉斯金那种程度的美学特征，使得作品可以迅速脱颖而出。与许多人不同，他很少重

复自己的原创设计，而且他只为自己的吉他做镶嵌。"必须先得是一把好吉他，"他坚持说，"即使镶嵌做得很美，木材也很棒，细木工艺本身也无可挑剔，但如果吉他听起来不怎么样，弹起来也不好，那它就是彻底的失败品。"[25]

虽然拉斯金把吉他称为他的"画布"，但他"绘制"的图像几乎总是与他的客户合作创作的。客户会分享"他们生活中的重要之事"，给拉斯金的工作提供灵感；而从这种被他称为"小说"的自传性材料中，拉斯金提炼出了其视觉叙事的"短篇小说"或"歌曲"：

> 如果某物是为了交流而存在的，那它就是艺术。所以我试着在客户给我的限制范围内，创造一些有意义的镶嵌设计。他们讲述一个故事，唤起了一种情绪；他们也用视觉隐喻来传达意义。我感觉，如果我的设计在视觉上相当于一首好歌，那就是最成功的，这样的一首歌，不仅在第一次听时就能理解其表面意义，而且重复聆听后，还可以感知到更深层次的意义。我希望客户在漫长的岁月里，在欣赏这些镶嵌的时候，都能感到愉悦。[26]

拉斯金的设计所讲述的故事涉及各类图像和主题。然而，作为一个兼具视觉艺术家、吉他手、唱作人和小说家身份的匠人，他的作品也经常反映了创作过程本身——他偶尔会通过在设计中表现自己来发出信号，仿佛冲你眨眨眼。拉斯金著名的作品"傀儡师"（The Puppeteer），是一件明确与吉他镶嵌技术有关的镶嵌

作品。这是 1995 年他为制琴业先驱性的镶嵌供应商拉里·斯菲尔
（Larry Sifel）制作的。斯菲尔要求一个"以镶嵌为主题"的设计，
而拉斯金想到了以下的故事：

> 一个虚构的"镶嵌缪斯"，其形象是一个上了年纪的黄
> 金女郎，她就是控制着我的傀儡师。作为木偶，我的双手创
> 作了能令我愉悦的镶嵌，由相互拥抱和欢笑的夫妇来表现。
> 拉里站在他们下面——在指板"平面"的下面——怀抱着他
> 曾经提供给我的各种贝壳和石头样品。他的左手放在镶嵌物
> 中缺失的一块上，象征着供应商在其中充当的关键角色。他
> 的 T 恤衫上印着几个字——"我不愿再行军"——这是菲尔·奥
> 克斯（Phil Ochs）反战颂歌的名字。[27]

"傀儡师"的主题，在我看来，讲述的是天赋劳动的本质。
拉斯金向现实让步，用斯菲尔提供的同种材料制作了他手中的那
些"样品"。然而，拉斯金的自画像在表现其与"镶嵌缪斯"之
间的关系时，却玩起了魔幻现实主义——甚至是推知现实主义
（speculative realism）。长期以来，艺术家一直把他们的灵感来源
描绘成一位可爱的少女或女神，但是拉斯金的缪斯并不是一个被
动的沉思对象：她是积极的幕后操纵者。她的成熟以及模糊的种
族身份，再加上 T 恤上的标语，明显颠覆了与性别和种族有关的
帝国等级制度。在这种情况下，匠人仅仅是传递创造力天赋的"身
体"，而所谓的精通技艺，涉及的就是一个人对自己天赋的实现，
而不是对他人行使权力。拉斯金的制作场景推知的是这样一个过

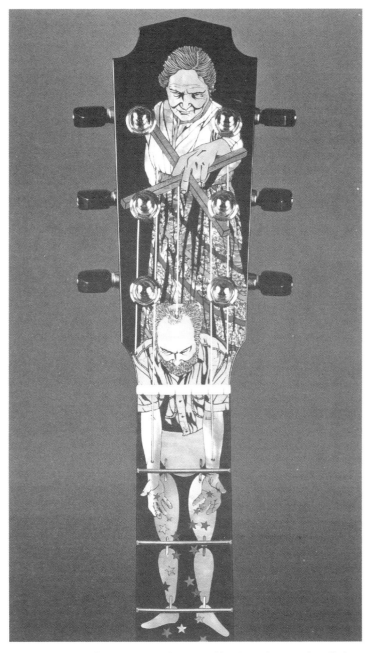

图 7-2 "傀儡师"。威廉·格里特·拉斯金的吉他和镶嵌，
1995 年。照片由 Brian Pickell 拍摄

程，在这个过程中，镶嵌材料、缪斯和人类之间互有图谋，产生了一种集体性的审美体验。[28]

拉斯金的木偶和傀儡师还巧妙地再现了吉佩托之梦。如果说那位老木雕师是在工业化背景下被边缘化的手工艺智慧的化身，那么那位后工业时代的"黄金女郎"也是类似的人物，而且这个人还拥有蓝仙女的魔力。她的木偶就像匹诺曹一样，一半是"木头"，另一半是"人类"，但在这里，这种二元性表明了匠人与他们的手工材料之间的亲密关系，而非商品和那种天赋之间的分歧。"旧"匹诺曹那具身体是被工业资本主义"骇人的"力量所操控，与此不同，拉斯金的创造性劳动服务的是他的缪斯，为的是造福那些欣赏他乐器的音质和美感的人，是用声音和对手工艺的视觉赞歌表达出来的。[29]

在完成"傀儡师"之前的几年，拉斯金在《吉他匠人》杂志上发表了一篇"儿童寓言故事"，探讨了类似的主题。[30]虽然孩子可能是这篇文章名义上的读者，但在一份由职业制琴师供稿而且也是为了他们而办的期刊上，它真正的读者其实是其他制琴师。因此，我建议将这则寓言故事作为一个关于制作的神话故事来阅读——这个故事为手工吉他和制琴运动本身提供了一个"起源"叙事。

这则名为《公主树》的故事如同一个教学场景，其中，一个名叫罗莎莉（Rosalie）的制琴师回忆起她的吉他制作导师曾讲过的一个"传说"。这则传说假设在过去的某个时候，世界被分为两个政治王国：一个是由树女王统治的茂密森林，另一个是由沙漠王统治的干旱草地。

THE PRINCESS TREES
A Children's Fable by Grit Laskin

There is an ancient and rarely told legend that Rosalie, the guitarmaker, used to think was too strange to be true. She was told that a very, very long time ago all of the people that there were in the world lived in one land. It was a land divided into two parts. One of those was completely covered by a dense forest and was ruled over by the Queen of Trees. The other part was nothing but rocks and sand with a few small bushes clumped here and there. Its ruler was known as the King of Deserts.

In the heart of the Queen's forest she kept a special and important garden. In it there grew only four big trees. These trees stood so high that no one had yet been able to climb to their top. They were as big around as someone's bedroom and their roots were each as wide and gnarly and black as a normal-sized tree. What made this tree garden so important was that these four trees were in fact the first trees, ever.

It so happened that the Queen of Trees also had four daughters. They were named: Rosewood, Mahogany, Spruce and Ebony. To these four princesses was left the job of tending to the four grand trees in their mother's garden. This wasn't a hard job, even for princesses. In fact, they so enjoyed the watering and pruning and shooing away of woodpeckers and plucking off of termites that they often sang as they worked. Their four voices would sometimes blend in beautiful harmony, sometimes join as one, in unison.

Each princess would take care of one of the tree.

Because of this, the trees became known as Princess Rosewood's tree, Princess Mahogany's tree, Princess Spruce's tree, and Princess Ebony's tree. Eventually, people in that land would call one of these trees simply: Rosewood's tree or Ebony's tree, leaving off the word "princess" altogether. The names were easier to say that way.

All the while that the princesses went about seeing to the needs of the four trees and singing their cheerful songs, they were being watched. The trees were more alive than anyone knew.

With eyes of their own, each looking very much like just another knot on a branch, the trees saw the care and love with which each princess tended to their needs. With ears of their own, hidden among the twists and turns of their old bark, the trees heard the sweet sound of the princesses voices. The wonderful singing made the trees feel so contented that they would sometimes forget their age and grow another inch or two, sprout a new branch or hold their other branches ever higher up toward the sun.

Life was very different in the desert land.

Each new King of Deserts, over many generations, grew more and more jealous of the Queen of Trees and her forest. Each King wanted the trees for himself. It has to be said that he did need trees very badly. After all, the people of the desert land, the King included, had almost

图 7-3　1992 年《吉他匠人》刊载的《公主树》一文的标题页，一幅人类和非人类物质共生的愿景图。插画由 Janice Donato 创作

女王的女儿们，玫瑰、桃花心、云杉和黑檀木，每天都在悉心照料母亲的花园，一边工作一边唱歌，她们的歌声"美妙和谐地交织在一起，有时候甚至合而为一"。每位公主负责照管其中一棵"最早的树"，这些树最终会分别以她们各自的名字命名。

由于长期觊觎女王的树，沙漠王决定入侵女王的国度，将其纳入自己的统治之下，"从来没 [想过] 问问女王是否愿意分享她的一部分树木"。四棵"公主树"感觉到了危险，并向公主们透露自己也是有感情的生物，"能看，能听，能说，就和她们一样"。黑檀木照看的那棵树把她举了起来，让她看到女王的城堡已经燃起大火，之后，四棵树提出要保护四姐妹免受沙漠王及其子民的伤害。每棵树都"像猫头鹰展开双翼一样"打开了树干，邀请自己的公主到里面避难，公主们走进去，消失在了一束"橘黄色的光芒"中。

如果四姐妹饿了、渴了，这些树会向她们展示如何获取水和食物，告诉她们歪头就能摄取树木的汁液，还可以"在土里扭动脚趾"来找到水。月复一月，年复一年，很快，公主们就成了"拯救她们的那些树木的一部分活体"。作为高大的古树，四姐妹继续享受着"很久以前一起唱歌的乐趣"。随着时间的推移，风把四棵树的种子带到遥远的地方，种子又长成了树，体现了"第一批公主树的灵魂"。

罗莎莉回忆说，这则传说解释了为什么"在每把吉他里，至少都有一块木头来自第一批公主树的孩子"，以及为什么"世界上最好的吉他"是由这四种木材制成的。现在，罗莎莉发现自己正在制作的吉他所使用的木材会自动滑进合适的位置，不需要胶水就能粘在一起，"就好像这些木制部件自己想要粘在一起一样"。不久，罗莎莉听到"一组声音"，起初比较微弱，后来愈发清晰。

毫无疑问。吉他正在唱歌！

现在她明白了。在这把吉他中，她加进了来自四棵公主树的部件。她们的灵魂借由树木的种子传递着，正如传说中所描写的那样。就在这把吉他里，在女王那座特殊花园中一起和谐歌唱的岁月过去很久之后，她们第一次聚在了一起。

"想想看，"罗莎莉自言自语道，"这一切就发生在我的工坊之中……"

就我的理解而言，拉斯金这一起源神话的首要主题是原声吉他所体现的"声音的合唱"。[31] 乐器的"声音"并不仅仅是音板或者由工匠的手法所产生出的特性。相反，罗莎莉发现，她制作吉他，各个部分就像是被磁力吸引一样聚集在一起，这是一个由她撮合但并非由她控制的过程。毫无"疑问"的，或者这则寓言要求我们相信的是，对最好的吉他来说，其音质特性是由"灵魂"或非人类主体制作出来的，在被历史力量打散之后，又在当下重聚、存在。罗莎莉的"工坊"是一个充满欲望和感伤的领域，被描述成了一个道德救赎的空间。

拉斯金的制作场景是有历史的，这让他的叙事有了政治上的影响力和苦乐参半的结局。这一叙事讲述的那个史诗般的战斗——沙漠王对树女王的征服——可被解读为一则有关欧洲帝国主义的寓言，其中，来自贫瘠土地之上的人们强行殖民了女性化的富庶

图 7-4　罗莎莉倾听她吉他里声音的合唱。插画由 Janice Donato 创作

之地。尽管这个故事批判了沙漠王的暴力，但也含蓄地证明了使用异国声木的正当性，将帝国主义的美学遗产浪漫化，并唤起了对森林的怀念，而那些森林正是在我们自己的政治经济体的帮助下被摧毁的。[32] 从这方面看，这则寓言就成了一个"反征服"的故事，否认了帝国的残酷，但完全保留了欧洲霸权的特权。[33] 拉斯金的故事将制琴师描绘成殖民主义无辜的继承人，掩盖了他们从全球脆弱的栖息地和社区的资源开发之中获益的方式。

然而，拉斯金的故事也给吉他匠人所处的资本主义世界体系的一个核心假设带来了麻烦。拉斯金没有把树木描绘成受人类摆布的被动对象，他描绘的是一个有关礼物交换、同体性和生存的神奇场景。四位公主照料她们的树，而树为她们提供庇护；四位公主变成了树，而树也变成了她们。湮没在树中并变成木头这样一个原本可怕的景象，在这个故事中却变成了灵魂的交流和重生。如果这是一个童话故事，那也是很罕见的——四位公主死了，但作为骄傲的女家长，她们的遗产持续存在于森林和吉他之中。这也是一个没有王子的童话故事，只有一位中年妇女守护着一个制作现场，在那里，一种女性化的奇迹和坚韧体验被实体化了。

拉斯金的寓言故事在一个吉他制作故事的"源头"设置了女性和非人类的声音，这就打破了制琴界占据主流地位的起源神话。这个故事不是从商业贸易和殖民掠夺开始的，而是从文艺复兴以及手工艺传统的传递开始，这种传递借助人与人之间的情感纽带和欧洲民族群体的世代传承展开。这样的叙事仍然吸引着手工制作商，也吸引着工业生产商。但是，它只关注个体天赋与父子相传的技能遗产，这就强化了占主导地位的权利分配模式，忽视了

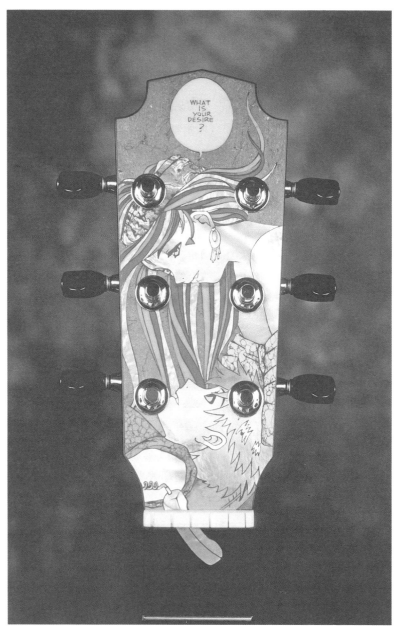

图 7-5 "你的渴望是什么？"吉他和镶嵌，威廉·格里特·拉斯金，2006 年

非主流的价值群体。相反，拉斯金敦促我们意识到，帝国主义那段问题不断的历史，无法通过不予理会而将其自动消除。在他的神话中，吉他匠人是像萨满法师一样的中间人，他们编排了别人听不到的声音，希望改变我们与事物和非人类物质之间的关系。[34]

就像我拜访拉斯金时，在工作台上看到的那个写着"你的渴望是什么？"的镶嵌一样，傀儡师和"公主树"也从视觉和叙事两方面详细阐述了手工吉他的音质。这些场景让我们注意到，关于生命度的政治观念可作为一种针对帝国合理性的解毒剂，由此传达出一种情感结构，将工匠和他们的受众导向了礼物而非商品的文化逻辑。树木的发音性质被理解成一份礼物，启发并要求匠人们创造可作为礼物流通的乐器，尽管这些乐器总会经历商品化的阶段。在与手工的邂逅中，原声吉他发出的声音具有一种既熟悉又陌生的神秘特质，既是人类欲望的回声，又是非人类主体的标志，就好像它们是那位从镜子里出现的公主的声音。[35]

在某种程度上，吉他匠人可以在由市场驱动的、危及经典声木的破坏性旋涡中进行干预，他们会利用反主流文化的情感，这种情感是过去半个世纪中由制琴运动及其手工艺共同体所培育出来的。匠人们坚持认为，尽管他们个人无法阻止生态系统的破坏和体力劳动的贬值，但依然确立了尊重宝贵资源的手工艺实践，并采用了支持可持续消费的市场策略。制琴师们团结在一起，仅使用世界上最稀有木材的一小部分，共同致力于森林照护，这是跨国的建筑、家具、造纸和纸浆行业所无法比拟的。威廉·伊顿认为，与其他终端消费者不同，弦乐器的制作者看重木材，并非因为它们产出的利润，而是因为它们所体现的历史和内在活力：

吉他制作比许多职业更接近下面这种想法，即我工作所用的木材来自一颗种子，这颗种子来自一棵树，这棵树在泥土里生根发芽，而在这泥土中就有我们的历史——我们在泥土中分享的历史。树木不仅是一个象征，而且是我们在这个星球上如何存在的现实。没有树，没有它们提供的氧气，人类就不会存在。因此，我们可以把这种关系的层次深入到我们想要的程度，像树根一样深：我们是一个共生系统的一部分。对于弦乐器来说，一个特征就是，它来自一颗种子，这颗种子来自另一棵树，而现在它有了第二次生命。创造吉他声音的事物，其神奇之处是无形的。有一种我们可称为灵魂的东西，来自呼吸这个词，所以它的呼吸就是生命。所以我们感觉到了这些乐器的生命。振动的特质——即振动膜、面板或琴弦——暗示着生命的存在。这是每个人都会以不同方式体验到的特质之一。你会遇到一些人，这些人会认为它具有真正的精神性和近乎超凡脱俗的性质——涅槃的特质。你还会遇到一些非常勇敢和情绪化的人，比如布鲁斯演奏者或摇滚乐手这类跟随心灵节奏的人，深入其中发现那种朴素，并聆听未经雕饰的情感。所以，无论你处于哪个层次，吉他都有它自己的生命。

学术界对消费品中出现的自主"生命"的看法，通常被认为是由资本主义意识形态催生的一种错觉，无人理会。[36] 但是，我在写作本书过程中所遇到的那些吉他匠人们让我明白，要对公认的智慧做出一点修正。就像事物会在商品情境中进进出出一样，生产者和消费者可能或多或少地被市场的奇观所迷惑。那些用双手工作的人早就认识到了人类劳动的尊严，以及事物质感中存在的质的差异。了解充斥于这个世界的商品是如何被制作出来的，并且拥有自行制作其中一些商品的技能，使我们能够欣赏文化制品，以及它们的原材料所具有的情感力量。与非人类物质有关的具身性工作非但没有使生产的社会关系变得神秘，反而暴露了其商品化的本质：与其他价值体系相比，这个价值体系尽管令人生畏，但并不垄断人类的欲望。

北美制琴业是在全球资本主义的剧变中成长起来的。对年轻男女来说，它预示了夹在蓝领世界和白领世界之间的第三条发展道路，而日益加深的不稳定性正成为这两个世界的地方病。虽然手工艺及其工业对应物并不是解决所有后工业问题的灵丹妙药，但它让我们有机会看到，在当今政治经济体的严酷现实中，在与这种现实必要的相互作用中，替代性的价值体系是如何实现的。尽管制琴师的职业自主权遭受了严重的威胁，但他们对匹诺曹的身体所蕴含的生命力的坚持——坚持认为自己有能力调动天赋的劳动，并避开与之相抵触的市场机制——让我们有理由心怀希望。如果匹诺曹的旅行暂时在我们的家门口结束，那就让我们适应事物的质感吧。

后 记

在艾伯塔省卡尔加里为期两天的旅行即将结束之时，我和朱迪·思里特在她工坊中间的大工作台旁相对而坐。地面和屋顶上都是积雪，傍晚的天空阴沉沉的。这里曾是厂房，现在已经成了艺术家和匠人的工作室，渐暗的光线穿过几扇大窗户照进来。我们的谈话变得越来越有哲学性，她拿出一包烟叶以及卷烟纸，准备给自己卷一支很细的香烟。在我的访谈过程中，这些时刻意味着一场苏格拉底式对话的前奏，接下来的对话中，思里特促使我对自己的问题和她给出的回答给予同样的思考。

思里特：一切都回到了我们一直在思考但没有找到答案的问题——人类的双手到底为什么如此重要？到底有什么价值？答案也许是，我们身处一个与手工制作的产品渐行渐远的社会，所以对它有一种怀旧之情。但这就引出了一个问题，因为怀旧的前提是它有好的一面。所以这里的好处是什么呢？不止吉他，还有被子、毛衣。[1]

我：你有什么想法吗？

思里特：这一切都是不切实际的——而且明显不符合哲

学的分析传统——但很可能有这样一些人，他们使用自己的双手，与材料紧密合作，把自己的一些东西融入了他们所创造之物。谁知道呢？你不能对学者这么说，但是 [给我一个警告的眼色] 类似的事情很可能会发生。"天地间有许多事情，霍雷肖，是你的哲学所不能解释的！"[出自《哈姆雷特》] 也许是我与某些东西的亲密合作实际上给它注入了一些它原本不会有的元素。

我：你相信是这样的吗？

思里特 [停顿]：很有可能。但是我没法告诉你具体的机制是什么。

我：是演奏者能识别出来的东西吗？

思里特 [再次停顿]：唔，如果我认为它存在，就必须认为它具有某种可识别的、能体验到的影响。我不确定我是否愿意这么说。我不知道手工制品为什么这么值钱。但我相信它是有价值的——还有很多人也这么认为。所以我只是在想，这是为什么？人们为什么想要得到这些手工制品呢？如果有两把听起来都不错的吉他，我会更喜欢手工制作的那把吗？让我们假设——它们听起来没差别，价格也一样，你会选哪一把？即使我没法一眼看出它们的区别，也会选择手工制作的。那么，这是非理性的吗？

我：为什么你会选手工制作的呢？

思里特：我不知道。[停顿] 好吧，既然如此，我解释一下。这是尊重的问题，是敬畏。是"天哪！它们听起来一样，价格也一样！"我当然会选择手工制作的那把，因为那是一个人做出来的产品。这是我所看重的东西，但并不是每个人都如此。有这么一个有趣的问题，你可以问问同你交谈的人：如果它们听起来一样，什么都一样，你想要哪一把？

我：也许问法不一样，但我问过类似的问题。

思里特：他们怎么说？

我：通常都是一个类似吉佩托那样的故事。木工将自己的某种东西注入木材；吉他就是他们的孩子，即将来到这个世界上。[听到别人会这么说，她似乎很惊讶] 有些人甚至说注入的是灵魂；有了灵魂，匹诺曹才能站起来去做他想做的事！

思里特：跳舞，跳舞吧，匹诺曹！

我：还有人说，从装配线上滚下来的吉他是没有灵魂的，除非演奏者赋予其生命力。但如果你买的是一把手工制作的吉他，那它就已经有了一些生命。

思里特：这简直是胡说。我想确认一下，如果由我来问这些人，而且他们面对的是在视觉和听觉上都无法区分的两把吉他。

我：但这根本办不到吧？

思里特：这是一个思想实验。我无法想象所有的匠人都会说他们更喜欢手工制作的吉他，就因为它有灵魂。也许他们会说一些吉他的灵魂不好，所以听起来才那么糟糕。好吧，我承认也许工厂制作的那把不会有什么灵魂，你得自己给它注入灵魂。可坚称每把手工制作的吉他都有灵魂，而有些吉他的灵魂是古怪或有缺陷的——也许是这样吧，但这和我想说的没有任何关系。

我：这不是我的意思。

思里特：不，我是在想，要是迫于压力，我会这么说吗？

我：好吧，也许做不到的匠人没让这样的事情发生。

思里特：哎呀，的确。好吧。

我：所以，如果你开始认真工作，你就能做到——哇哦，我想我已经做到了！好吧，这是什么意思呢？就像是，"嘿，它在跟我说话，它有它自己的东西，它不再属于我了——要超过我。"

思里特：这是共同努力的结果。木材告诉你一些事，而你也真的在听它诉说，而不是居高临下、颐指气使。这可能是更多的暗示。而且，有这样一个时刻，人们的确开始倾听他们的双手，开始聆听他们的双耳，去听这些感官告诉他们的事情。然后，你会尝试根据这些木材提供给你的感官信息来做决策。

我：这和说我把自己的什么东西放进一个无生命的物体中是完全不同的。事实上，我是在回应一些东西。那不再是一个物体了。

思里特：这真的很有哲理。但倾听是一项给予的事业。所以如果我倾听木材说话，从某种意义上说，我是在给予它一些东西，我给予的是我的注意力。这就像是我对木材的一种敬意。所以差别可能只是你切割它的方式不同。无论你说的是我投入其中的灵魂，还是说我与木材交流这样一种共同的努力，其实如果你把倾听看作是给予，那都可归结为一件事。[她停顿了很久，卷了一支烟并点燃]实际上，我比我表现出来的更加不切实际，所以这就是我所相信的。我怀疑，我永远也没法向其他人证明——如果没有证据，就当它是某种信念吧——如果我有一块自己非常喜欢的石头，一直把它随身带着，我喜欢它，不断擦拭它——我猜，算作一块宠物石吧——而我和它建立了联系，最终它会包含我的一部分。[她的目光变得柔和起来]这就是我说的迷恋。你看，真的，我对此也很容易动感情。是的，这和能量有关。天晓得这些东西是什么，但事实就是我很在乎它，现在我陷进去了。

我：我不觉得这听起来很疯狂。

思里特：好吧，我会。这是彻彻底底的疯狂，这完全是无法证实的，我没法证明。但是，这可能就是一些人的感受，在他们说自己的孩子将来到这个世界之类的话时。我想，一些人，包括我在内，会认为自己确实[激动地顿了顿]投入了一些东西。

在希尔兹堡吉他节最后一天的上午，在加州希尔兹堡的L&M旅馆，欧文·绍莫吉和我坐在椅子上，在他的房间外面喝着咖啡和茶。第一代和第二代制琴师在展会期间大多会选择入住这家旅馆，因为这里会令人想起旧日的时光，而且20世纪50年代的装饰风格和适中的住宿价格也很吸引人。看着汽车旅馆附近的单排房间，我们一边聊天，一边看着其他人往他们的汽车里装东西，偶尔还会停下来互相拥抱和道别。绍莫吉在描述他的吉他调音课，这是一个为期一周的课程，他每年会开一次，面向那些已经具备一些制琴经验的制琴师。他说，教学的关键是从学员身上培育出或者说"带出知识",而不是教导或试图"灌输知识"。[2]

　　绍莫吉：一茬又一茬的学生在课程结束后跟我说,我的课和他们期望的完全不一样。他们期待我向他们展示一些程式化的方法："这个,你要这样做,这个音梁要这样安,这样就能做出一把很棒的吉他。"而我却尝试教他们如何思考,思考如何制作出属于他们自己的杰作,这对他们来说完全是陌生的。这个国家的教育体系辜负了他们,因为这个体系没有让任何人做好依靠自己的力量去做任何事情的准备。他们需要获得工具、夹具、证书、教育、许可、批准,诸如此类,需要这些身外之物。有几所学校的运作方式不太一样,但大多数都一样。

　　我：要想实现这种体验,有太多障碍了,制度性的或其他什么障碍。这让我想到了一个有点儿抽象的问题。生活中也有很多教训,对吧? 那么如何以某种特定的方式生活呢?

　　绍莫吉：这么说吧,这是我拿手的。制琴不是一种有用的技能,而是一种生活方式。

　　我：这不仅仅是如何制作吉他的问题。

　　绍莫吉：对我来说不是。制作一把确实很棒的吉他,与做一把吉他并以此谋生是不同的,它还包含更多的东西。你读过 [赖纳·马利亚·] 里尔克[①] 吗? [我摇摇头] 那是个有趣的家伙。我提到他是因为我想起了一个例子：里尔克讲到一个

――――――――――
　　① 20 世纪著名的德语诗人。

他认识了 30 年的人，而那个人从来没跟他有过一次涉及他整个生命的谈话。所以，我们在讲的是触及我整个生命的东西，而不是我的技能或能被证明的专业知识。你懂吧？

我：我懂，但是，在和大家［吉他匠人们］聊了三年之后，我发现，还是有这么一些人，无论是出于功利、习惯或在这两者之间，他们的态度是，吉他就是个人寻找身份的工具……

绍莫吉：嗯，这是我特别想问你的一件事。你在这个群体中发现了什么？

我：并不是每个和我交谈过的人都能清楚地表达出他们正在经历的事情。但我从大多数匠人那里获得的感受是，他们把自己的材料和自己制作的吉他视为一种关系，其中，乐器有自己的声音——它会说话，也能回应他们。

绍莫吉：是的，但这里的关系是平等的还是从属的？

我：问得好，这种关系在某种程度上可以被看作主体间性吗？你是否与另一个主体相联系，并在与其相联系的意义上确定自己的存在？相反的说法是：它只是你工作所指向的一个客体。我认为，对那些仅仅把吉他当成一个物件的人来说，这一点在某种程度上是很明显的。他们只是对它做了一些事，而这些只是他们做事的一些步骤。他们不喜欢把自我置于从属地位的这种想法。

绍莫吉：这是一种有趣的说法。好吧，听着，我要说一个想法，不管有没有意义。在我看来，这个命题是有道理的，在这个星球上，你只能采取两种基本立场，生或死。你能理解吗？

我：能。

绍莫吉：嗯，大多数人不理解。

我：物化的冲动导致了许多我们强烈反对的事情。

绍莫吉：这是一个很多人无法理解的概念，毫不夸张。这是一个令人费解的命题，写出来，写到签语饼或其他什么上，人们根本不会明白。

我：如果你谈论的是一把吉他——你知道的，有两种对待材料的不同态度，你就能理解了。不是要去抵抗。

绍莫吉：没错。所以，对于那些可能像你我一样思考的人来说，面临的抉择是——拿起第一块木材之前——你要不要物化它？这是一个关键抉择，所有的一切都建立在这个抉择结果之上，你不觉得吗？

我 [点头]：我想以匹诺曹故事的第一节作为本书的开头，也就是当那块木头被击中时，它发出了"唉哟"的声音。

绍莫吉：嗯，对。是的。

我：你有没有听到？你听到它喊"唉哟"没？

绍莫吉：一些制琴师和他们的木材也有类似的关系，尽管这么做会让你在当前的主流文化环境中丢分。

我：你是说承认这件事？

绍莫吉：是的，听起来很奇怪。

附　言

　　就在本书行将付梓之际①，两项政策的进展既燃起也破灭了制琴界的希望。

　　2013 年 3 月，《濒危野生动植物种国际贸易公约》批准了一项美国的提议，授权成员国为含有受保护野生动植物材料的乐器发放"护照"。该决议旨在帮助那些经常跨越国境的音乐家，并为"由所有者亲自携带"以及用于个人和展出的个别乐器设立了为期 3 年的"所有权证书"。明确禁止的是此类乐器（或者"《公约》样品"）的销售和转让，这类行为必须在证书到期前在其"居住国"进行。¹

　　音乐行业对"护照"表示欢迎，但也保持着谨慎的乐观。对于那些拥有古董乐器或者带着它们旅行的音乐家，以及可以证明这些乐器所含有的受保护物种材料是在 1975 年以前或是在这些物种被禁止交易之前获得的音乐家来说，"护照"可以减少他们每次旅行申请《公约》前许可的成本和麻烦。然而，如果乐器含有

---

① 本书英文版于 2014 年 10 月出版。

《公约》前获得的木材，但没有证明文件，该决议并没有提供认证的途径。制琴师在销售和提供其他服务时会涉及乐器的运输，这项决议也没有降低针对这类运输的执法行动所带来的焦虑。

2013 年 5 月，美国农业部就 2008 年《雷斯法案》修正案的执行情况向国会提交了一份报告。与《公约》的决议不同，针对使用了修正案生效之前进口到美国的木材所制作的手工吉他，美国农业部明确指出了问题。报告指出，只要所有者以"个人行李"的名义将这些乐器带入美国，就不必按照《雷斯法案》进行申报。[2]为了缓解人们对政府滥权的担忧，美国农业部重申，司法部以及美国鱼类和野生动植物管理局不认为"携带自己乐器旅行的公民[将会]是优先执法的对象"。

尽管这份报告受到了媒体的好评，甚至上了头条——声称美国农业部已经"消除了"《雷斯法案》对乐器的"影响"并"特许"这些乐器可在旅行时携带——但实际上并没有什么实质性变化。[3]含有违禁材料的乐器仍然需要获得《公约》规定的证书，而那些打算用于出售的乐器仍然必须符合《雷斯法案》的申报要求。事实上，针对 2008 年修正案之前制琴师的"木材库存"，该报告确认，该法适用于所有非法采伐的木材，无论何时"有人'进口、出口、销售、收到、获取或购买'此类木材"。为了掩饰其中的官僚主义惰性，美国农业部透露说，该机构"目前正在研究这个问题，以确定是否可以采取行政措施来缓解[利益相关者的]担忧"。然而，政府只是强化了吉他匠人身处其中的法律真空，并将重要的行动推迟到了一个不确定的未来。

致　谢

　　这个项目始于寻找一把吉他。不是普通的吉他，而是一把能成为同伴、可称为灵魂伴侣的吉他。我从小就拉大提琴，一直记得拉弓弦时的那种安心感，我的身体与低沉的音调产生共鸣，就算坐在校车上，我也把大提琴放在我身旁，我的手臂搭在它的肩上，这种感觉依然久久不能散去。很久以后，我发现自己仍然需要类似的安慰。双子塔已经倒塌，而我正在争取大学的终身教职——这一漫长而神秘的过程让我觉得自己受到了评判，也发现了自己的不足。

　　愿望很简单。一开始，我在一把钢弦原声吉他上用指弹的方法弹奏了一段令人难以忘怀的旋律，然而，在我努力去听的时候，我清醒过来，音乐渐渐消失，此情此景之下，我开始渴望一些我难以名状的东西。我在高中时就学会了用吉他弹民谣，但已经有几十年没弹了，而我也不是什么天生的音乐家。但是这个愿望依然存在。所以我开始了一项探索，我现在知道许多吉他爱好者也都这么做。一把吉他接着一把吉他，我向许多人讨教，只要这个人愿意教一个 40 多岁的女人如何用一把六弦吉他表达感情。（谢谢你们，Geoff Bartley、Michael Corn 和 Neal Fitzpatrick！）

　　我的探索之旅把我带到了康涅狄格州吉尔福德的原声音乐商店。这家精品店位于一座不起眼的房子里，墙面上的漆都脱落了，与我见过的任何一家吉他店都不一样。我刚走进店里，就抱起了一件漂亮的乐器，其他乐器排成的半圆形一下子映入我的眼帘，每一件都那么独特而迷人。指挥这场声音盛宴的是布莱恩·沃尔夫，他是一位杰出的音乐家和吉他爱好者。他戴着棒球帽，扎着马尾辫，浑身散发着孩子气的魅力。看到我的惊讶（和怯场），他开始弹奏各种各样的吉他，展现它们的音质，为我讲述制作者的故事。

　　事情就这么发生了。布莱恩在我对面坐下，拿起一把吉他，熟练地调低了几根弦的音高，然后演奏了一首指弹曲。我着迷了：那就像是我梦中听到的音乐，但奇怪的是，它与我之前听过的任何音乐都不一样。这真的难以置信，我需要知道他在做什么。

　　于是，我开始爱上DADGAD定弦、凯尔特风格吉他曲，以及手工制琴。布莱恩很大方，给我上了几节吉他课，教我怎么弹《市集上的女人》（*She Moved through the Fair*）和《黑水边》（*Black Waterside*），还把他个人收藏的CD借给我，为我介绍了与英国民谣和指弹革命有关的音乐和吉他手。早期的几次拜访中，我结识了乔治·扬布拉德，我最终选择给这位制琴师当学徒。布莱恩对精美的吉他、曼陀林和其他带品乐器充满了热情，而乔治对美国吉他和制琴的所有事情都了如指掌，在他们的影响下，我被吸引进了一个社交世界，这个世界激发了我对某些工作形式的学术兴趣，而这些工作形式，或多或少都与资本主义的文化逻辑相悖。如果没有我们多次的交谈，如果不是他们愿意让我在工坊里闲逛，这本书就不可能完成。我由衷地钦佩和尊敬他们。

我欠 150 位吉他匠人、音乐家、经销商、收藏者、活动组织者、材料供应商和制琴学校导师一笔无法估量的人情，他们非常大方，为了这项研究，同意接受我的采访。虽然我不能把每个人的故事都写出来，但从这些广泛的叙述中收集到的观点始终贯穿我的写作。四年多的田野调查中，我所感受到的开放精神、共同体意识和对手工艺的奉献，都给我留下了不可磨灭的印象，对此，我感激不尽。特别感谢朱迪·思里特和琳达·曼策，她们想方设法让我在制琴活动中感到愉快，经常允许我坐在她们的展览桌旁，好让我能在采访间隙喘口气，从她们的角度欣赏展览；感谢迪克·博克和理查德·胡佛，他们带我走上了令人着迷又能增长见识的车间之旅；感谢 Jim Magill 和 Al Petteway，他们邀请我参加了斯旺纳诺亚集会（Swannanoa Gathering）；还要感谢蒂姆·奥尔森、欧文·绍莫吉和威廉·坎皮亚诺，对于我不断抛出的问题，他们都做了非常幽默的回答，还从百忙之中抽出时间为本书初稿提出了建议。

我还受邀在 Bard Graduate Center for Decorative Arts, Design History, and Material Culture 和耶鲁大学的论坛（包括 Material Culture Study Group, the Ethnography and Social Theory Colloquium, and Critical Encounters in American Studie）上展示这项研究的部分成果，这对我思考本书探讨的若干问题大有裨益。Catherine Whalen 和 Ned Cooke 在物质文化研究领域提供了早期的指导，而我的同事 Jean-Christophe Agnew、Matthew Jacobson 和 Joanne Meyerowitz 在关键节点上提供了非常有价值的意见。

我很幸运，无论是过去还是现在，都有很多非常优秀的研究生。他们尖锐的问题、敏锐的洞察力和对政治相关性的坚持一直让我保持警觉，每天提醒我为什么文化批评至关重要。Carrie Lane、Andrea Becksvoort、Myra Jones-Taylor、Karilyn Crockett、Emily Coates 和 Tisha Hooks 在这个项目的各个阶段都给出了富于智慧的意见。还有与我同在民族志与口述史研讨小组里的那群叛逆的跨学科学者，他们提供了具有建设性的批评、不厌其烦的真实性核查，并不断用他们自己的创新学术激励着我。向 Alison Kanosky、Chloe Taft、Ruthie Yow、Talya Zemach-Bersin、Sierra Bell、Andy Horowitz、Andrea Quintero、Dana Asbury、Rebecca Jacobs、Lauren Tilton、Chris Krameric、Karla Cornejo Villavicencio、Joey Plaster 和 Jessica Varner 致敬。我特别感谢 Talya Zemach-Bersin、Chloe Taft、Sierra Bell 和 Alison Kanosky 提供的文字记录。稿件付印的那天，Sierra Bell 提供了及时的协助，一切才能顺利进行。

在芝加哥大学出版社，两位匿名审读人给出的评论，还有 Ruth Goring 一丝不苟的编辑为书稿增色颇多。很荣幸能再次与 Doug Mitchell 合作。Doug 见证了我前两部书的出版（啊，那是好多年前的事了！），并且把同样的学识和爵士鼓手般的节奏结合在一起融合到了我的第三本书中。我很幸运，有这样一位可靠的人指引着我。

在我研究和写作本书的这些年里，我的双胞胎侄女 Annie 和 Emily 已经很快走过了青春期，升入了大学三年级。在那段时间里，她们勇敢地忍受着无数大声朗读出来的草稿，努力向我介绍最新的独立音乐，而且我总能指望她们和我一起再唱一段《倾颓的堡垒》（*Desolation Row*）。对于给我的生活带来如此甜蜜的吉他，我要感谢琳达·曼策。我还要感谢我的爱人玛丽亚·特朗普勒，她从一开始就对这个研究计划充满信心，坚定地陪我走过这期间的起起落落。她让我在身体、思想和精神上都得到了满足。

注 释

序言

1. 乔治·扬布拉德和"埃德·帕特南"（化名），摘自作者记录的田野调查文字稿，康涅狄格州吉尔福德，2007 年 2 月 9 日。

引言

1. 威廉·坎皮亚诺，作者采访，马萨诸塞州北安普顿，2006 年 10 月 26 日。

2. Les Kerr, "Gallagher Guitar Takes Pride in Its Rich Past," *Tennessean News*, 2007, http://www.gallagherguitar.com/tennesseannews.html.

3. 说到"强效药"，吉他也可看作瓦尔特·本雅明所说的一种"巫术工具（instrument of magic）"，一种神圣仪式中的核心物件，拥有"原真性的灵韵"。"The Work of Art in the Age of Mechanical Reproduction," in *Illuminations* (New York: Harcourt

Brace Jovanovich, 1968).

4. 正如 Alice Kessler-Harris 指出的，进入 20 世纪 60 年代之后，主要是白人男性享受了"工作的权利"。*In Pursuit of Equity: Women, Men, and the Quest for Economic Citizenship in 20th-Century America* (Oxford: Oxford University Press, 2001), 10.

5. 我把吉佩托之梦描述成一个浪漫故事，这基于劳伦·贝兰特对爱情故事情节的分析，即认为爱情故事情节是一种幻想形式，它将爱作为一种生活经验生产出来。正如她所说，浪漫叙事为幻想创造了背景，"将有关爱、性和生殖的戏剧确立为生活的核心戏剧"，并"设置了若干亲密关系制度（最明显的是已婚夫妇和几世同堂的家族）作为提供生活情节的合适场所，而在此情节中，主体就有了'一个生活'和一个未来"。Berlant, *Desire/Love* (Brooklyn, NY: Punctum Books, 2012), 86. 在制琴业，我认为，此种爱情故事情节的一个变种，也被用来增强一种非主流劳动形式的合法性。

6. Rick Davis，与 Tim Brookes 对谈的文字版，"The Custom Guitar"，蒙特利尔吉他展，魁北克省蒙特利尔市，2008 年 6 月 28 日。由作者记录。

7. 我并没有使用布尔迪厄的实践理论来将吉他匠人的具身劳动理论化为一种随着时间的推移，作为习惯行为的结果而获得的"手艺惯习"（craft habitus）。在我看来，他的分析没有充分关注到人与物质互动中存在的审美、情感和本体论维度。Bourdieu, *Outline of a Theory of Practice*, trans. Richard Nice (Cambridge: Cambridge University Press, 1977).

8. 有两本关于个体工匠的书，从作者个人角度描述了手工制作原声吉他的详细过程，完美反映了吉他匠人与木材之间的直觉互动。承认匠人无法明确阐述他们做的所有事情，这些私人的文字描述近乎电影纪录片——混合了第一人称观察和对话证词——从头到尾描述了一把吉他是如何制作出来的。这种叙述结构很引人注目，因为只要看到制琴师在给一把乐器装上弦并随意弹奏时，脸上流露出的满意的表情，我们就能感觉到自己"知道"制琴师的工坊里正在发生着什么。参见 Tim Brookes, *Guitar: An American Life* (New York: Grove Press, 2006) 和 Allen St. John, *Clapton's Guitar: Watching Wayne Henderson Build the Perfect Instrument* (New York: Free Press, 2006)。在本书中，我使用了一个不同的叙事策略。因为我感兴趣的是制琴师和他们所制乐器之间的情感关系。我打断并阻止了与伟大吉他制作有关的过程描述，从而能在匠人、木材、吉他和我自己之间的"接触带"（contact zone）停留并沉思。在这种方法里，我从 Kathleen Stewart 和她对"普通影响"（ordinary affects）的研究中得到了启示。"普通影响"指的是"影响和被影响的各种不断涌现的能力，这些能力赋予日常生活一种性质，即关系、场景、偶发事件和突发事件持续处于变化之中"。尽管在风格和表现形式上存在着关键的差异，我也试图记录"因其确实打动了我们或对我们施加了一种诱惑，所以深深吸引我们的那些复杂和不确定事物"的结构和强度。除此之外，这还包括关注与吉他制作有关的重复性，以及制琴师身处其中且重复表演的那些经常出现的场景。Stewart, *Ordinary Affects* (Durham: Duke University Press, 2007), 1–2, 4–5.

9. 正如 Sianne Ngai 所说："质感（tone）是我们审美遭遇中不可避免会产生的客观感觉与主观感觉之间的辩证关系。"*Ugly Feelings* (Cambridge, MA: Harvard University Press, 2005), 30. 将原声

吉他的音质作为一种审美感觉来考虑，就是将我自己与文化研究中的情感转向结合起来，这种研究方法与 Gilles Deleuze、Félix Guattari 还有最近的女性主义和酷儿理论有关。这一学派着重于当代全球资本主义的变革、劳动制度的转变，以及人的身体及其能力的重组三者之间的关系。有关情感理论的介绍，参见 Patricia Ticineto Clough, introduction to *The Affective Turn: Theorizing the Social*, ed. Clough (Durham, NC: Duke University Press, 2007), 1–33; 以及 Gregory J. Seigworth and Melissa Gregg, "An Inventory of Shimmers," in *The Affect Theory Reader*, ed. Gregg and Seigworth (Durham, NC: Duke University Press, 2010), 1–25。

10. "感觉结构"是由 Raymond Williams 提出的概念，指的是一种"仍处于过程中的社会经验"，一种超出了表达的感觉现象的情感记录，而且不能被表达或语义化。*Marxism and Literature* (New York: Oxford University Press, 1977), 132. 正如 Ngai 所指出的，Williams 并未将情感本身理论化，因为情感与感觉不同，情感的确有自己的文化历史（*Ugly Feelings*, 360）。

11. Seigworth and Gregg, "Inventory of Shimmers,"他们认为，"从最拟人化的角度看"，情动（affect) 包括 "出于本能的力量，隐藏在意识所能知道的背后，与意识并驾齐驱，或通常来说不同于意识；是坚持超越情感的重要力量。这些力量有助于驱使我们走向运动，走向思考和延伸，这些力量同样可以让我们暂时（似乎是中立的）停留在一个几乎没有表露出力量关系积累的处境中，或者可以让我们在这个世界明显的棘手问题面前不知所措"。

12. Sara Ahmed 提出了一个很有说服力的案例，如此便将人与人之间的以及人与物之间的关系理解为空间和实践之中的"倾向"（orientations）。按照她的分析，物"到"达我们时，我们也"到"达了它们，"制造了一次邂逅"和一次"繁衍"（bringing forth）。*Queer Phenomenology: Orientations, Objects, Others* (Durham, NC: Duke University Press, 2006), 39.

13. Brian Massumi 将 Deleuze 和 Guattari 的"情动"概念翻译为"影响能力和感受能力"。"Notes on the Translation," in Gilles Deleuze and Félix Guattari, *A Thousand Plateaus: Capitalism and Schizophrenia*, trans. Massumi (Minneapolis: University of Minnesota Press, 1987), xvi. 对于 Deleuze 和 Guattari 的观点，Massumi 观察到，情动和爱慕之情在文化上都不是作为一种"个人感觉"来阐述的；事实上，它们被认为是与身体体验有关的"前个人"（prepersonal）强度。

14. Mel Y. Chen, *Animacies: Biopolitics, Racial Mattering, and Queer Affect* (Durham, NC: Duke University Press, 2012), 55, 30. Chen 提出了生命度等级（animacy hierarchy）这一语言学概念来分析"对生命、知觉、能动、能力、移动的理解"是如何在文化层面上被组织和排序的，认为这一概念结构"也是情感的本体论"，"正是有关何种事物，在一个可能行动的具体方案之中，可以或不可以影响其他事物或被其他事物影响"（29–30）。

15. Elizabeth Povinelli 用替代性的社会工程（alternative social projects）这一概念来描述一类集体努力，这种集体努力"试图为一种人类和后人类世界的替代性的组合赋能"，从而与晚期自由主义的霸权倾向背道而驰。它们是"超越了简单人类社会性或人类的特殊安排（agencements）"，依赖"一系列相互关联的包括了人类和非人类主体和有机体的概念、材料和力量"。Povinelli,

Economies of Abandonment: Social Belonging and Endurance in Late Liberalism (Durham, NC: Duke University Press, 2011), 7.

16. 尽管"狼音"在大提琴这类使用琴弓的乐器中更常见，但吉他指板上也会出现类似的"死音"，产生快速衰减的音符。

17. Jane Bennett, "Commodity Fetishism and Commodity Enchantment," *Theory and Event* 5, no. 1 (2001): 54. Bennett 一直尽力倡导重新思考经典马克思主义对商品拜物教的理解。在 *The Enchantment of Modern Life: Attachments, Crossings, and Ethics* (Princeton, NJ: Princeton University Press, 2001) 中，她反对这样一种想法，即"对消费品的盲目崇拜"和"对根植于商品中的痛苦和挣扎视而不见"，构成了对资本主义商品化和人工制品生命力的唯一回应（113）。而且在 *Vibrant Matter: A Political Ecology of Things* (Durham, NC: Duke University Press, 2010) 中，她令人信服地论证，拟人论（anthropomorphism）以及与之相关的"迷信、自然神圣化和浪漫主义"是值得的冒险，只要它有助于破坏人类中心主义，"人与物之间产生了共鸣，而我不再处于或外在于一个非人类的'环境'之上"（120）。

18. "社会化"非人类的概念来自 Bruno Latour 对科学实验室中的科学家和他们所观察、构建和"发现"的非人类实体之间发生之事的分析。(*Pandora's Hope*: *Essays on the Realities of Science Studies*[Cambridge, MA: Harvard University Press, 1999], 259)Latour 拒绝这样一个想法，即类似的客体可以被理解为"自然的"或"社会的"。参见 *Politics of Nature: How to Bring the Sciences into Democracy* (Cambridge, MA: Harvard University Press, 2004)。

19. 威廉·伊顿，作者采访，亚利桑那州凤凰城，2008 年 10

月 16 日。

20. 借用沃尔特·本雅明有关"模拟能力"（mimetic faculty）的概念，Michael Taussig 将"成为他者"的冲动描述为一种模仿的形式，在这种形式之中，模仿者被赋予了被模仿者的力量。*Mimesis and Alterity: A Particular History of the Senses* (New York: Routledge, 1993), xviii–xix. 然而，正如 Sara Ahmed 观察到的那样，把他者视为"陌生人"的认知，会使我们把他者视为我们在某种意义上已经"认识"的人。她认为，"陌生感"源于他人的这种想法，本身就是一种"恋物癖"的形式。*Strange Encounters: Embodied Others in Post-coloniality* (New York: Routledge, 2000). 然而，对于像匠人这样奇特的他者来说，我理解那种被在生产场所占据一个能动者地位的欲望所驱使的吸引力。

21. 伊顿指出，罗伯茨"使用胡安·罗伯托这个化名，是因为当时世界上最有名的吉他匠人都是西班牙人"。William Eaton, "The Roberto-Venn School of Luthiery," *Guitarmaker*, no. 42 (Fall 2000): 35–43. 有关学校历史和使命的最新报道，参见 Jason Kostal, "The Roberto-Venn Story," *Guitarmaker*, no. 61 (Fall 2007): 62–69。

22. 正如 John F. Kasson 观察到的，"渴望与自然和偶然进行无中介的接触，以此检验自己，这构成了美国男子气概身份的一种压倒一切的元素。"*Houdini, Tarzan, and the Perfect Man: The White Male Body and the Challenge of Modernity in America* (New York: Hill and Wang, 2001), 211. 不用说，女性也有同样的欲望。

23. 有关梦的精神方面的经典著作是 Sigmund Freud, *The Interpretation of Dreams*, trans. James Strachey (orig.1900; New York: Avon Books, 1980)。我借鉴了 Wendy Brown "政治梦工厂"（political dreamwork）的

概念 (Brown,"American Nightmare: Neoliberalism, Neoconservatism, and De-democratization," *Political Theory* 34, no. 6 [2006]: 690)。

24. 有关欧洲行会体制在美国的命运，参见 W. J. Rorabaugh, *The Craft Apprentice: From Franklin to the Machine Age in America* (New York: Oxford University Press, 1986)。另外，有关美国工会的种族排他性，参见 David Montgomery, *The Fall of the House of Labor: The Workplace, the State, and American Labor Activism, 1865–1925* (Cambridge: Cambridge University Press, 1987)。

25. 反主流文化运动一前一后对文艺复兴时期艺术和工艺的颂扬，与民权运动后白人种族身份认同的复兴同时发生。参见 Rachel Lee Rubin, *Well Met: Renaissance Faires and the American Counterculture* (New York: New York University Press, 2012), 80–110, 以及 Matthew Jacobson, *Roots Too: White Ethnic Revival in Post–Civil Rights America* (Cambridge, MA: Harvard University Press, 2008)。

26. 在 *Shop Class as Soulcraft: An Inquiry into the Value of Work* 中，Matthew Crawford 认为，消费社会压制"我们的 [男性气质]、把我们作为工具使用者"的这种努力，构成了当代男性不满的主要来源 (New York: Penguin, 2009), 71。

27. Stewart Brand, introduction to the *Whole Earth Catalog*, 1969.

28. Jane Bennett 指出，认为创造力只属于人类和天神的这种狂妄自大，部分地促使她主张追求一种"谨慎的人格化过程"(*Vital Matters*, 120–122)。

29. 在之前的两本书中，我分析了新自由主义政策的转变在 20 世纪八九十年代对工会产业工人和家庭务农者的影响：*The End of the Line: Lost Jobs, New Lives, in Postindustrial America*(Chicago:

University of Chicago Press, 1994), 以及 *Debt and Dispossession: Farm Loss in America's Heartland* (Chicago: University of Chicago Press, 2000)。

30. 朱迪·思里特，摘自作者于 2007 年 5 月 26 日在东斯特劳兹堡的活动记录。思里特的演讲后来以文章的形式发表，参见 "The End of Our Golden Era?", *Guitarmaker*, no. 61 (Fall 2007): 50–60。

31. 2006 年 Davis Guggenheim 的纪录片《难以忽视的真相》(*An Inconvenient Truth*) 记录了曾任美国副总统的戈尔向全世界宣传气候变暖的原因和后果的政治动员活动。

32. 正如 Mary Poovey 指出的，在当今的世界秩序中，"几乎不可能想象一个不涉及商品化的价值定义"，因为金融资本本身已经变成了一种商品，取代了劳动力成为全球经济的驱动力（412）。Poovey, "For Everything Else, There's …" *Social Research* 68, no. 2 (Summer 2001): 397–426.

33. Ann Cvetkovich 在一篇文章中提到了当代女性的手工艺实践，认为她们"回归到一种不同形式的商品化或不同时期的商品化"，最终代表了"与前现代和现代、女性文化和女性主义、手工生产方式和工业生产方式之间的关系有关的一系列长期存在的张力的另一个时刻"。在 Cvetkovich 看来，手工制作是一种"生存形式"，可以对抗由当今社会经济秩序的棘手现实所造成的"政治性抑郁"（political depression）那令人萎靡不振的若干后果。Cvetkovich, *Depression: A Public Feeling* (Durham, NC: Duke University Press, 2012), 171–172, 155.

第一章

1. 在 *Producing Culture and Capital: Family Firms in Italy* (Princeton, NJ: Princeton University Press, 2002) 中，Sylvia Yanagisako 使用"起源叙述"（origin narratives）这一术语来指称意大利丝绸公司的所有者描述家族企业创建过程的方式。尽管存在个别差异，他们的故事都强调有远见的男性创始人和紧密的父系传承，而忽视了女性的经济贡献。

2. 查尔斯·福克斯，作者采访，魁北克省蒙特利尔市，2007年7月8日。

3. W. J. Rorabaugh, *The Craft Apprentice: From Franklin to the Machine Age in America* (New York: Oxford University Press, 1986).

4. 关于边疆与西进运动在美国的文化意义，参见 Henry Nash Smith, *Virgin Land: The American West as Symbol and Myth* (orig.1950; Cambridge, MA: Harvard University Press, 1970)。

5. Amy Kaplan 向我们展示了美国例外论的学院叙述如何依赖"处女地"的概念，来掩盖支持帝国愿景的地理扩张和政治支配。"'Left Alone with America': The Absence of Empire in the Study of American Culture," in *Cultures of United States Imperialism*, ed. Amy Kaplan and Donald E. Pease (Durham, NC: Duke University Press, 1993), 3–21.

6. 正是因为制琴师愿意在"当下"接受"过去"的运营方式，他们的运动才具有反主流文化的吸引力。从这个意义上说，他们让自己很容易遭受文化污名并处于经济上的劣势地位，而这与传统社会和用于边缘化他们的"时态"政治斗争息息相关。关于"他者的时态"（tense of the other），参见 Elizabeth Povinelli, *Economies of Abandonment: Social Belonging and Endurance in Late Liberalism* (Durham, NC: Duke University Press, 2011)。

7. 关于美国的限制工业化，参见 Barry Bluestone 和 Bennett Harrison 的 *The Deindustrialization of America: Plant Closings, Community Abandonment and the Dismantling of Basic Industry* (New York: Basic Books, 1984) 和 *The Great U-Turn: Corporate Restructuring and the Polarizing of America* (New York: Basic Books, 1990)。

8. Matthew Jacobson 认为，特纳1893年提出的"边疆理论"——美国的民主是在定居于这片土地上的经历中形成的，而且在西进停止后，这种民主受到了威胁——成为"19世纪末美国寻求海外市场的动力和战斗口号"。*Barbarian Virtues: The United States Encounters Foreign Peoples at Home and Abroad, 1876–1917* (New York: Hill and Wang, 2000), 64–65. 关于帝国在当下的体现，参见 David Harvey, *The New Imperialism* (Oxford: Oxford University Press, 2005)。

9. 20世纪70年代以来，关于美国不平等加剧的文献非常多。对此的综述，可参见 Steven Greenhouse, *The Big Squeeze: Tough Times for the American Worker* (New York: Alfred A. Knopf, 2008), 以及 Timothy Noah, *The Great Divergence: America's Inequality Crisis and What We Can Do About It* (New York: Bloomsbury, 2012)。

10. Stewart Brand 说："一方面，信息想要变得昂贵，因为它太有价值了。在正确的地方获得的正确信息会改变你的人生。另一方面，信息想要免费，因为获取信息的成本一直在降低。所以这两个理念在互相打架。""'Keep Designing': How the Information Economy Is Being Created and Shaped by the Hacker Ethic," *Whole Earth Review*, no. 46 (May 1985): 44–55.

11. 理查德·"R. E."布吕内，作者采访，伊利诺伊州埃文斯顿，2009 年 8 月 9 日。

12. 正如 Kevin Dawe 和 Moira Dawe 所观察到的，古典吉他和弗拉明戈吉他自中世纪以来在西班牙的文化中一直都很重要。"Handmade in Spain: The Culture of Guitar Making," in *Guitar Cultures*, ed. Andy Bennett and Kevin Dawe (Oxford: Berg, 2001), 63–87.

13. 布吕内对这段对话的书面描述使用了稍有不同的措辞。"这太棒了，R. E.。我们可以让其他所有人为我们做所有的研究，让他们与所有身处象牙塔的人进行殊死战斗，而我们则会从中挑选出最好的想法，这样就能在我们的工坊里忙个不停。而且，我们要收他们的钱。""In the Beginning," *American Lutherie*, no. 32 (Winter 1992): 25.

14. Fred Turner, *From Counterculture to Cyberculture: Stewart Brand, the Whole Earth Network, and the Rise of Digital Utopianism* (Chicago: University of Chicago Press, 2006), 5.

15. 蒂姆·奥尔森，作者采访，加利福尼亚州圣罗莎，2007 年 8 月 19 日。

16. Deb Osen 叙述了公会早期的历史，参见 "On the GAL's 40th Anniversary: How It All Began," *American Lutherie*, no. 111 (Fall 2012): 48–49。

17.《时事通讯》（*GAL Newsletter*）的第一期于 1973 年刊发，

其用法定规格的纸张从中间折叠起来并装订成册，内容五花八门，不受拘束，有会员贡献的乐器制作和工具使用方面的小提示，有书评、时评和活动总结，由主席和编辑撰写的有关公会事务的报告，写给编辑的信，以及分类广告和会员赞助的广告。从 1975 年开始，涉及技术或教学主题的文章以一系列"数据表"的形式单独出版，这些"数据表"最终被重印并装订成册出售。1984 年，这些材料停止出版，季刊《美国制琴》（*American Lutherie*）于 1985 年上市。Tim Olsen, foreword to *Lutherie Tools: Making Hand and Power Tools for Stringed Instrument Building*, ed. Tim Olsen and Cyndy Burton, GAL Resource Book (Tacoma, WA: Guild of American Luthiers, 1990).

18. Marshall Sahlins, *Stone Age Economics* (Chicago: Aldine, 1972).

19. 1992 年接受 Todd Brotherton 的采访时，奥尔森解释了他为何反对技能等级制度："最初是因为我并不打算把精力全放在建立一个会让我觉得自己低人一等的体系上！……[但是] 这整个等级制度就是一派胡言。所以嘲讽它像一个嬉皮少年是很有趣的。傲慢和不信任的恶臭从那里飘了出来，这是我们物质文化和竞争文化不幸的组成部分。"最初发表于 *American Lutherie*, no. 32, repr. in *The Big Red Book of American Lutherie* (Tacoma, WA: Guild of American Luthiers, 2004), 3:259。

20. Robert Hassan, *The Information Society* (Cambridge: Polity, 2008).

21. 有关 1975 年大会的信息来自 *GAL Newsletter*: 3, no. 1 (February 1975), and 3, no. 3 (May–June 1975)。

22. Bon Henderson, "We Musta Been Nuts! A Nostalgic Look at the Guild's Early Years," *American Lutherie*, no. 32 (Winter 1992): 31.

23. Scott E. Antes, "Minutes: Guild Convention, 1975," *GAL Newsletter* 3, no. 3 (May–June 1975): 4.

24. 该公会于 1983 年正式获得了税收优惠。

25. 原文为斜体 ①。Bruné, "State of the Guild," *GAL Newsletter* 3, no. 1 (February 1975), 26.

26. 在 *The Social Production of Indifference* (Chicago: University of Chicago Press, 1993) 中，Michael Herzfeld 将"道德托词"（ethical alibi）用来指代制度失败的官僚式借口。我是在戈夫曼的意义上来使用这个术语的，强调的是国家博物馆给那些未能追求传统职业的中产阶级青年提供的道德掩护。有关"合乎道德职业"的概念，参见 Erving Goffman, *Asylums* (New York: Anchor, 1961)。

27. 约翰·梅洛，作者采访，加利福尼亚州圣罗莎，2007 年 8 月 19 日。

28. 制琴师对差异（区隔）的理解与布尔迪厄是一致的，参见 Pierre Bourdieu, *Distinction：A Social Critique of the Judgment of Taste*, trans. Richard Nice (Cambridge, MA: Harvard University Press, 1984)，在这个意义上，两者都把差异（区隔）理解成其中一种"文化资本"形式，它与社会地位相关。

29. 吉他的"酷"还与对具有男子气概的异性恋性欲有关，这种性欲在历史上一直都与弹奏吉他、班卓琴和曼陀林联系在一起。Jeffrey J. Noonan 对 19 世纪 80 年代到 20 世纪 30 年代美国班卓琴、曼陀林和吉他运动所做的研究表明，营销广告将对"中世纪宫廷"的怀念之情与"音乐家 / 情人对性感女人的追求"结合在了一起。

---

① 中译本作了加粗。

The Guitar in America: Victoria Era to Jazz Age (Jackson: University Press of Mississippi, 2008), 100. 到 20 世纪 60 年代，把吉他与 "酷" 画等号也有种族方面的因素，因为白人吉他手热衷于认同黑人爵士乐手的演奏风格。Steve Waksman 认为，对 "被认为是非裔美国男人所表现出的性欲过剩" 的迷恋，"在摇滚所青睐的以阴茎为中心的展示模式中找到了表达，其中，电吉他成了白人男性权力和潜力的专属象征"。*Instruments of Desire: The Electric Guitar and the Shaping of Musical Experience* (Cambridge, MA: Harvard University Press, 1999), 4–5.

30. 原声吉他可以说吸引了劳伦·贝兰特所谓的 "亲密公众"（intimate public），这一术语指的是一种国家层面的社区意识，*The Female Complaint: The Unfinished Business of Sentimentality in American Culture* (Durham, NC: Duke University Press, 2008), viii。然而，与在浪漫爱情的异性恋经验中巩固女性的身份认同相反，我认为，正如自 19 世纪以来在女性文化中就存在的，制琴的亲密公众在 20 世纪 70 年代兴起，将蓝领和白领的男男女女定位到一种不太明显的男子气概上，这种男子气概建立在一种对生产劳动的浪漫观念和感伤的工作经验上。

31. 原声吉他可以看作宇宙的一个缩影，也是一个入口，通过这个入口，它可无限被设想为一个包含系统。正如 Susan Stewart 所认为的："虽然我们知道缩影是一个特殊的整体或整体在某一时间的部分，但我们还是只能部分地了解巨大的整体……结果就是，整体的微缩和整体就是包含的隐喻——整体的微缩是被包含的，而整体则是容器。" *On Longing: Narratives of the Miniature, the Gigantic, the Souvenir, the Collection* (Durham.NC: Duke University Press,

1993), 71.

32. 迈克尔·米勒德，作者采访，佛蒙特州纽芬市，2006 年 9
月 28 日。

33. 这一观点得到了相关研究的支持，参见 Christian G. Appy,
Working Class War: American Combat Soldiers and Vietnam (Chapel
Hill: University of North Carolina Press, 1993)。

34. 正如音乐史学者 Elijah Wald 所指出的，鲜为人知的、商业
化程度最低的黑人蓝调吉他手吸引的主要是白人而非黑人观众。
尽管这些乐手的曲目对一些白人来说很有吸引力，但这是一种后
天养成的品位。Wald 写道："在 60 年代，偶然发现罗伯特·约翰
逊作品重新发行的黑胶唱片的主流黑人蓝调买家，可能会听说这
样一个人，这个人演奏的音乐听起来像他们的父母或祖父母可能
喜欢的老式乡村音乐。与此同时，年轻的白人粉丝也正在接受类
似的录音，其是摇滚那黑暗、神秘和吸引人的根源。"*Escaping
the Delta: Robert Johnson and the Invention of the Blues* (New York:
Amistad, 2005), 220.

35. Bryan K. Carman 认为，沃尔特·惠特曼拥护"工匠共和
主义"，这种思想在 19 世纪的快速工业化中受到了冲击，而且这
种有关白人男性经济独立的愿景持续在原声吉他吟游诗人的音乐
中催生了"工人阶级英雄"的形象。*A Race of Singers: Whitman's
Working-Class Hero from Guthrie to Springsteen* (Chapel Hill:
University of North Carolina Press), 2000.

36. 古里安的许多早期雇员后来都成了独立匠人 ——David
Santo、David Rubio、迈克尔·米勒德、Thomas Humphrey、乔纳
森·纳特尔森和威廉·埃皮亚诺。Rick Davis, "The Pioneer: Michael

Gurian's Life of Lutherie on the Third Planet from the Sun," *Fretboard Journal*, no. 5 (Spring 2007): 40–51.

37. 关于 19 世纪工匠争取独立的斗争，参见 Sean Wilentz, *Chants Democratic: New York City and the Rise of the American Working Class, 1788–1850* (orig.1984; New York: Oxford University Press, 2004), 102; David Montgomery, *Workers' Control in America* (Cambridge: Cambridge University Press, 1980), 13–15; and Rorabaugh, *Craft Apprentice*, 36–38, 42–48。

38. William R. Cumpiano and Jonathan D. Natelson, *Guitarmaking: Tradition and Technology* (San Francisco: Chronicle Books, 1993).

39. 坎皮亚诺描述了他在出版作品时给同行们带来的磨难，参见 "The Story of Guitar-making: Tradition and Technology", *American Lutherie*, 1989. 这篇文章也刊登在他的网站上, http://www.cumpiano.com/Home/Book/Bookhistory/bookhistory.html。

40. 弗兰克·福特，作者采访，加利福尼亚州圣罗莎，2007 年 8 月 17 日。

41. 这些数据来自马丁博物馆"收购与多元化：1970—1985"展区的文本。

42. Walter Carter 将吉布森的生产水平纳入考量，观察到该公司在 20 世纪 60 年代最受欢迎的原声吉他款式——小型的桃花心木琴身的 LG-O 吉他，在 1964 年的销量达到了 9924 把，这一数字比马丁公司同年生产的吉他总数（6299 把）高出 57.3%。Carter, "Peak of Production," in *Gibson Guitars: 100 Years of an American Icon* (Nashville: Gibson Publishing, 1994), 233.

43. 根据 1947 年通过的《塔夫脱 – 哈特莱法案》，个别州获得了权力，可以禁止强制工人加入工会的制度。22 个主要分布在南部和西部的州通过了法案，无论是否加入工会，雇员都能获得所谓的工作权。吉布森公司从 1917 年开始运营卡拉马祖的工厂，诺林实业在 1983 年决定关停该工厂。一群前雇员最终租了工厂里的一处空间，继续用 Heritage 这个牌子制作吉他。Tom Mulhern, "The Long Decline," in *Gibson Guitars*, 260–261.

44. 诺林实业曾相对短暂地尝试过进入印刷"股票股权证和其他金融票据"这个行业，希望以此来挽回财富，于是在 1993 年与 Pitney Bowes 合并。Tom Mulhern, "The End of Norlin," in *Gibson Guitars*, 276–277.

45. Hugh Barker 和 Yuval Taylor 认为，迪斯科"开始在各个方面挑战和毁灭了当代摇滚乐中有关原真性的观念"。他们分析中的关键变量是表演者如何处理"他们认为自己是什么人与他人觉得他们是什么人之间的差距"。他们得出结论认为，"做自己……根本不可能实现。"*Faking It: The Quest for Authenticity in Popular Music* (New York: W. W. Norton, 2007), 243–252. 还可参见 Richard A. Peterson, *Creating Country Music: Fabricating Authenticity* (Chicago: University of Chicago Press, 1999)。

46. 20 世纪七八十年代，有关企业已经"背叛了传统"的指责广为流传，当时，知名的美国公司在"趁机牟利"，而敬业的工人在大规模的工厂倒闭潮中被解雇。参见 Katherine Newman, *Falling from Grace: Downward Mobility in an Age of Affluence* (orig.1988; Berkeley: University of California Press, 1999)。

47. 到 20 世纪 70 年代早期，来自日本的竞争显著挤压了美国吉他匠人在日益增长的全球钢弦吉他这一低端市场中的生存空间。

两个业内领先的廉价原声吉他制造商在 5 年内相继倒闭。凯伊乐器公司于 1969 年破产，而在 20 世纪 60 年代中期创造了一年生产 35 万把吉他纪录的 Harmony 公司也在 1974 年倒闭了。易普峰，吉布森的廉价原声吉他产品线，于 1969 年搬到了日本，而 C. F. 马丁于 1970 年推出的 Sigma，也是在日本的低价原声吉他产品线上生产的。Tom Mulheen, "The Quiet after Boom," in *Gibson Guitars*, 248.

48. 斯蒂芬·斯蒂尔斯愿意为马丁的 D 型吉他支付高价，这经常被认为（或被指责）是导致其价格快速上涨的原因。George Gruhn, "The Vintage Backlash," in *Gibson Guitars*, 267–269.

49. 乔治·格鲁恩，作者采访，魁北克省蒙特利尔市，2008 年 6 月 27 日。

50. 在古希腊神话中，潘多拉是工匠之神用泥巴塑成的，潘多拉出于好奇心，打开了一个"盒子"或陶罐，这违反了宙斯的命令。Jennifer Neils, "The Girl in the Pithos: Hesiod's Elpis," in *Periklean Athens and Its Legacy: Problems and Perspectives*, ed. J. M. Barringer 和 J. M. Hurwit (Austin: University of Texas Press, 2005), 37–45.

51. 雷恩·弗格森，作者采访，康涅狄格州吉尔福德，2008 年 8 月 27 日。

52. 自 20 世纪 30 年代起，凯伊乐器公司就一直是百货商店廉价吉他的重要供应商，但是来自日本进口商品的竞争迫使该公司于 1968 年关闭。弗格森和他的生意伙伴 Rob Ehlers 从一家乐器批发商 C. Bruno and Sons 那里收购了凯伊乐器公司的吉他存货。

53. Richard Sennett 在将手工艺（craftsmanship）定义为"一种持续的、基本的……只为了把工作本身做好的……人类冲动"时，他就借用了这一历史话语。这使得他可以扩展这一概念，超越"技术性的人力劳动"，将计算机程序员、医生、艺术家、家长和公民包括在内。*The Craftsman* (New Haven, CT: Yale University Press, 2008), 9.

54. 20 世纪 60 年代，存在主义思想在左翼和右翼两边都支持了反主流文化的意识形态。Doug Rossinow, *The Politics of Authenticity: Liberalism, Christianity, and the New Left in America* (New York, NY: Columbia University Press, 1998).

55. 迪克·博克，"The Cage," *Stories*, accessed September 10, 2010, http://www.dickboak.com/dickboak_website/Stories.html。

56. 迪克·博克，作者采访，宾夕法尼亚州拿撒勒，2006 年 10 月 19 日。

57. Jim Hatlo, "On the Beat," *Frets Magazine*, 1986.

58. Gila Eban 也被选入 1987 年的理事会。"Lawsuit Settled," *American Lutherie*, no. 13 (Spring 1988): 59. 在法院做出判决之前，迪克·博克、Duane Waterman 和其他人尝试创立了一个"科罗拉多公会"，但判决下来之后，这个团体就解散了。

59. Bruce Ross, letters to the editor, *Frets*, January 1987, 6.

60. 声明内容如下："协会的宗旨包括但不限于建立一个全面的涉及资源、供应和技术信息的数据库；在专业范围内提供多层次教育的方法；提供市场和营销方面的帮助；提供团体费率的健康保险；建立修理或服务认证；发掘广告客户市场；以及出版信息时事通讯和期刊。" *ASIA Newsletter*, no. 6 (March 1990): 2.

61. 理事会觉得，这是"协会真实意图"的一个更加"诚实的表达"。"ASIA Business," *ASIA Newsletter*, no. 6 (March 1990): 17. 作为法律范畴，501(c)(3) 和 501(c)(6) 针对的都是非营利的税收豁

免组织；前者包括宗教、慈善、教育、科研和图书馆这类组织，后者则是各种类型的商业联盟。

62. 协会确实为制琴师制定了一部伦理守则——由威廉·格里特·拉斯金撰写，这些指导规则强调了信息共享、联合领导和客户关系。"The ASIA Code of Ethics," *Guitarmaker*, no. 21 (September 1993): 22–23.

63. 鲍勃·泰勒，与作者的电子邮件通信，2009 年 11 月 3 日。他演讲的题目是《CAD、CNC 和原声吉他》。

64. 尤什凯维奇的合伙人是 David Barryman 和 Gary Zebrowski。Tom Mulheen, "Harvard Boys to the Rescue," in *Gibson Guitars*, 281.

65. 该公司由 Stuart Mossman 于 1965 年创立，后来成为一家受人尊敬的 D 型吉他制造商，它生产的吉他很受那些乡村音乐和蓝草音乐演奏者的喜爱。1976 年的一场大火烧光了工厂所有的柏南波哥木储备，莫斯曼公司很快从大火造成的损失中恢复过来，并在当年达到了每月生产 150 把吉他的高峰。但 1977 年的事故后莫斯曼公司始终未能恢复元气——由于经销商没有进行温度和湿度控制，存放在内华达州一个仓库的 1200 把吉他受到不同程度的损坏。到 1986 年，由于经济连年衰退，加上因常年吸入锯木屑、喷漆烟雾和鲍贝碎粉，Mossman 的健康状况堪忧，准备放弃。他把生意卖给了前雇员 Scott Baxendale，Baxendale 于 20 世纪 80 年代末将公司搬到了达拉斯。Eric C. Shoaf, "Mossman Guitars: Triumph over Tragedy," *Vintage Guitar Magazine*, September 1997.

66. 斯坦·杰伊证实，他敦促尤什凯维奇去收购弗莱提荣曼陀林公司，与作者的私人通信，2013 年 3 月 14 日。

第二章

1. 关于"弱"社会关系对创造就业机会的重要性，有若干经典社会学研究：Mark Granovetter, "The Strength of Weak Ties," *American Journal of Sociology* 78, no. 6 (1973): 1360–1380, 以及 *Getting a Job: A Study of Contacts and Careers* (Cambridge, MA: Harvard University Press, 1974)。

2. 弗兰克·福特，作者采访，加利福尼亚州圣罗莎，2007 年 8 月 17 日。

3. 想了解更多关于奥尔森吉他和明尼苏达州其他制琴师的信息，可参见 Todd Lundborg, "Stars of the North," *Fretboard Journal*, no. 4 (Winter 2006): 82–99。

4. Joshua Gamson 提出了一个有说服力的例子，将明星地位理解为文化对象的结构化意义与观众的建设性活动之间的相互作用，参见 *Claims to Fame: Celebrity in Contemporary America* (Berkeley: University of California Press, 1994)。

5. 我借用了劳伦·贝兰特对"欲望对象"的定义，认为它是"一系列我们希望某人或某事物向我们做出并履行的承诺"。*Cruel Optimism* (Durham, NC: Duke University Press, 2011), 23.

6. 杰夫·特劳戈特，作者采访，加利福尼亚州圣罗莎，2007 年 8 月 18 日。

7. Richard Johnston, "A Guitar Is Born: An Inside Look at the Making of a Steel String," *Acoustic Guitar*, June 1995.

8. Michael Herzfeld 关于保护传统手工艺的希腊匠人的民族志

表明了被认为处于现代性和全球资本主义边缘所具有的经济上的危险。*The Body Politic: Artisans and Artifice in the Global Hierarchy of Value* (Chicago: University of Chicago Press, 2003).

9. 正如 Karen Hebert 表明的，"品质商品"（quality commodities）会有一种矛盾的性质：尽管高消费层次的消费者更喜欢野生三文鱼，但他们期望野生三文鱼能符合养殖三文鱼产业所确立的审美和技术规范。"In Pursuit of Singular Salmon: Paradoxes of Sustainability and the Quality Commodity," *Science and Culture* 19, no. 4 (2010): 553–581.

10. 我参考了欧文·戈夫曼有关印象管理拟剧论的经典著作《日常生活中的自我呈现》，参见 Erving Goffman，*The Presentation of Self in Everyday Life* (New York: Anchor Books, 1959)。

11. 2004 年，特劳戈特将巴西玫瑰木作为所有订单的标准材料，这个决定一下子将价格提高了 7000 美元。

12. 杰夫·特劳戈特，作者对活动的书面记录，魁北克省蒙特利尔市，2008 年 6 月 28 日。

13. 詹姆斯·奥尔森，作者采访，明尼苏达州 Circle Pines，2009 年 7 月 25 日。

14. Irving Sloan 的 *Classical Guitar Construction* (New York: Dutton, 1966) 经常被认为是有抱负的吉他匠人能找到的第一本也是唯一的一本书。紧随其后的是 Arthur Overholtzer 的 *Classic Guitar Making* (Chico, CA: Lawrence A. Brock, 1974)，不过匠人们很快就开始意识到这两本书都有其局限性和独特之处。

15. "男子气概缺陷"（manly flaws）的概念来自 Elliott Liebow，

他将这一概念应用于吹嘘由失业的非裔美国男性做出的有男子气概的性行为，这一同辈群体会根据主流经济成功之外的标准来验证群体内成员的男子气概。*Tally's Corner: A Study of Negro Streetcorner Men* (orig.1967; New York: Rowman and Littlefield, 2003).

16. Carrie M. Lane 有关 21 世纪初互联网产业崩溃后男性失业的民族志就是一个很好的例子。只要他们接受一种"职业生涯规划"的精神，为自己的命运负责，并积极寻求重返市场的途径，他们就可以指望异性配偶的支持。*A Company of One: Insecurity, Independence, and the New World of White-Collar Unemployment* (Ithaca, NY: Cornell University Press, 2011).

17. 我很感激 Chloe Taft 和 Aidan Grano，感谢他们与我分享对改革宗神学的理解。

18. Arjun Appadurai 用"商品情境"的概念来确认一种情况，即交换的物品"一生"会在不同的"社会"情境之间进进出出，只有一种情境可能涉及因市场交易而被商品化的情况。"Commodities and the Politics of Value," in *The Social Life of Things: Commodities in Cultural Perspective*, ed. Arjun Appadurai (Cambridge: Cambridge University Press, 1986), 3–63.

19. 关于市场中的单一化和娱乐作为去商品化的方式，参见上注，以及 Igor Kopytoff, "The Cultural Biography of Things: Commodification as a Process," in *Social Life of Things*, 64–91。关于作为后工业时代特征的新"品质经济"之中新兴的竞争机制所具有的单一性和资格认证，参见 Michael Callon, Cécile Méadel, and Vololona Rabeharisoa, "The Economy of Qualities," *Economy and Society* 31, no. 2 (May 2002): 194–217。

20. 我在 *Debt and Dispossession: Farm Loss in America's Heartland* (Chicago: University of Chicago Press, 2000) 中阐述了这一点，我描述了 20 世纪 80 年代农场危机时期，在查封拍卖中被迫出售农业设备的情况。

21. Clifford Geertz, "Deep Play: Notes on the Balinese Cockfight," in *The Interpretation of Cultures* (New York: Basic Books, 1973), 433.

22. 正如格尔茨所观察到的，巴厘岛上的斗鸡游戏"对把人类区分为固定的等级序列并围绕这一区分组织起共同生活的主体提供了一个超越社会的解说"。或者，正如他在其著名的阐述中所提及的："它 [斗鸡] 是巴厘岛人对自己心理经验的解读，是一个他们讲给自己听的关于他们自己的故事。" Ibid., 448.

23. 1833 年，马丁一家从马克诺伊基兴来到纽约定居。1839 年，他们前往拿撒勒，在那里，C. F. 马丁在镇北的一个谷仓制作吉他，此后于 1859 年搬到了北街的工厂。Jim Washburn and Richard Johnston, *Martin Guitars: An Illustrated Celebration of America's Premier Guitarmaker* (Pleasantville, NY: Reader's Digest, 1997), 33, 40, 49. 关于 C. F. 马丁在 19 世纪上半叶如何建立和扩张他的生意的有趣研究，参见 Philip F. Gura, *C. F. Martin and His Guitars* (Chapel Hill: University of North Carolina Press, 2005)。

24. 丹尼·布朗，作者采访，宾夕法尼亚州拿撒勒，2006 年 10 月 19 日。

25. 关于公司人格及其背后的法律历史，参见 Thom Hartmann, *Unequal Protection: How Corporations Became "People"—and How You Can Fight Back*, 2nd ed. (New York: Berrett-Koehler, 2010)。

26. 从 1977 年到 1978 年，罢工使生产几近停止了 8 个月，当时，手工匠人们犹豫不决，过去他们习惯了自己安排工作计划，而现在，除了其他事情外，公司还努力对假期和休假时间施加限制。尽管工人最终返回了工厂，但对管理层的不信任仍然存在，尤其是那些老工人，他们还记得早年他们享受的尊重和自主。然而，研究马丁公司历史的人认为争议的起因"微不足道"而不予考虑。Washburn and Johnston, *Martin Guitars*, 206.

27. 根据理查德·约翰逊和迪克·博克的说法，C. F. 马丁"在弗兰克被逐出公司后，让他的孙子在公司获得了一个权威职位，他对此要负全责"，而且在他去世时评估过公司的股票后，审计人员建议清算这家拥有 153 年历史的公司。*Martin Guitars: A History* (Milwaukee, WI: Hal Leonard, 2008), 155–159. 另外可参见 Washburn and Johnston, *Martin Guitars*, 213–214。

28. Susan Sontag, "Notes on 'Camp,'" in *Against Interpretation: And Other Essays* (orig.1964; New York: Picador, 2001).

29. 马丁公司的工厂之旅被《今日美国》称为美国此类活动中最受欢迎的。*Sound Board* 21 (July 2006): 6.

30. Johnston and Boak, *Martin Guitars*, 193.

31. 迪克·博克，作者关于马丁工厂之旅的记录，宾夕法尼亚州拿撒勒，2006 年 10 月 19 日。

32. 乔治·格鲁恩用"原型"（archetype）这个概念来描述这些乐器。乔治·格鲁恩，作者采访，魁北克省蒙特利尔市，2008 年 6 月 27 日。"管弦乐队型号"是 OOO 的琴身大小配上更长的琴弦。

33. Washburn and Johnston, *Martin Guitars*, 122, see also 120–125.August Larson 被公认为第一把钢弦吉他的制造者。他的专利

技术登记于 1904 年 7 月 12 日，用额外的层压硬木加固，扩展了
C. F. 马丁的 X 形音梁。马丁在这个时候制作了一些特别定制的平
顶钢弦吉他，但直到 1922 年才重新为钢弦设计了 2-17。Robert
Carl Hartman, *Guitars and Mandolins in America: Featuring the
Larsons' Creations* (Hoffman Estates, IL: Maurer, 1984).

34. Washburn and Johnston, *Martin Guitars*, 134.

35. 这两件乐器都是按照匠人所制原始乐器的尺寸制作的，但
指板上镶嵌的奥特里之名不是必需的。Johnston and Boak, *Martin
Guitars*, 173–174.

36. Ibid., 176.

37. 关于弗兰克·马丁对酒精和女人的嗜好，以及吉他公司
被当成"摇钱树"的说法，参见 Washburn and Johnston, *Martin
Guitars*, 192, 203。

38. 无论他个人有什么缺点，20 世纪 60 年代末，弗兰克·马
丁与他所在社会阶层的其他人一起，探索了一种应对资本积累危
机的策略，这场危机席卷了全球各经济体。正如 David Harvey 所
说的，从 1965 年到 20 世纪 70 年代中期出现的资产价值大下跌，
让最富有的美国人的资产大缩水，这迫使他们尝试新的积累资本
的方式，并寻求能恢复他们经济权力的政策。Harvey 观察到，"资
本主义世界在磕磕绊绊走向新自由主义的方案时，经历了一系迂
回曲折的过程和混乱的经验，直到 20 世纪 90 年代……才真正汇
聚成一种新的正统。"*A Brief History of Neoliberalism* (Oxford: Oxford
University Press, 2007), 13–16.

39. 1971 年，为了减少返厂修理的乐器数量，马丁公司开始使
用大规格的玫瑰木琴桥贴板来加固面板和琴桥，这显著损害了乐

器的音质。Washburn and Johnston, *Martin Guitars*, 202.

40. 克里斯·马丁的论述同上注所引文献，第 215 页。

41. Johnston and Boak, *Martin Guitars*, 193.

42. Sylvia Junko Yanagisako 讨论了为家族企业构建"起源叙事"时存在的家长制偏见，参见 Sylvia Junko Yanagisako, *Producing Culture and Capital: Family Firms in Italy* (Princeton, NJ: Princeton University Press, 2002)。

43. 迪克·博克，作者关于马丁工厂之旅的记录，宾夕法尼亚州拿撒勒，2006 年 10 月 19 日。

44. 感谢 Seth Moglen 与我讨论了利哈伊谷的劳工历史。关于美国和全球纺织业女性的就业情况，参见 Jane L. Collins, *Threads: Gender, Labor, and Power* (Chicago: University of Chicago Press, 2003)。

45. 关于商品的经典描述，参见 Karl Marx in "The Fetishism of the Commodity and Its Secret," in *Capital: A Critique of Political Economy*, trans. Ben Fowkes (orig.1867; New York: Penguin Books, 1976), 1:163–177。根据马克思的分析，商品出现后就有了"自己的生命"，因为制造了它们的人类劳动被物化为一种生产要素。马克思使用"拜物教"（fetishism）这个概念来描述这样一种认知，即商品有了凌驾于其人类创造者之上的力量——迫使他们工作，目的则是获得商品。但是马克思所使用的拜物教的概念是非洲殖民遭遇（colonial encounter）的产物，在那里，拜物教将启蒙理性强加给了欧洲商人所认为的"原始"迷信。作为一个分析性概念，长期以来，它一直对与非人类性质有关的非资本主义模式抱有偏见。关于拜物概念的历史，参见 William Pietz, "The Problem of the Fetish,

I," *Anthropology and Aesthetics*, no. 9 (Spring 1985): 5–17; "The Problem of the Fetish Ⅱ : The Origin of the Fetish," *Anthropology and Aesthetics*, no. 13 (Spring 1987): 23–45; and "The Problem of the Fetish, Ⅲ : Bosman's Guinea and the Enlightenment Theory of Fetishism," *Anthropology and Aesthetics*, no. 16 (Autumn 1988): 105–124。

第三章

1. "男性景象"是特里亚画廊于 2009 年 1 月 8 日到 2 月 7 日举行的展览。参展的艺术家有 Daniel Anderson、Paul Hunter、ChungHwan Park、Antonio Puri 和 Erick Sanchez。

2. 琳达·曼策，作者对该活动的记录，纽约，2009 年 1 月 22 日。

3. Lewis Hyde，*The Gift* (orig.1983; New York: Vintage, 2007), 59–60.

4. 海德认为，艺术家有一种双重能力，既能"从作品中解脱出来并将其想成一件商品"，以便为其确定一个公允的市场价格，也能"忘了这一切并以他们自己的方式服务 [他们的] 这份天赐的礼物"。Ibid., 360.

5. 我对天赋劳动这一话语的构想主要归功于 John Frow 对商品形式与审美商品生产之间的文化张力的分析。正如他所说，在"独特和自我决定之人的观念中（这恰恰是最抵制商品形式的东西）"存在一个悖论，这一悖论"的基础是独特性和原创性的价值，对于工业生产的美学产品来说，这是其市场的核心"。*Time and Commodity Culture: Essays on Cultural Theory and Postmodernity*

(New York: Oxford University Press, 1997), 144–147.

6. Marshall Berman, *The Politics of Authenticity: Radical Individualism and the Emergence of Modern Society* (orig.1970; New York: Verso, 2009), 163–164.

7. 琳达·曼策，作者采访，安大略省多伦多，2006年10月30日。

8. 礼物交换系统在经典人类学观点中被视为与"现代"市场经济相对的"原始"前兆。演化模型假设，礼物经济与市场交易互不相容，并会被市场经济取代。直到女性主义学者揭示了礼物赠予系统中的性别化方面，以及物质文化研究意识到了商品情境的暂时性，学者们才开始承认礼物和商品之间存在系统性的关联。关于经典观点，参见 Bronislaw Malinowski, *Argonauts of the Western Pacific* (London: Routledge, 1932); Marcel Mauss, *The Gift: The Form and Reason for Exchange in Archaic Societies* (orig.1950; London: Routledge, 1990); Marshall Sahlins, *Stone Age Economics* (London: Routledge, 1974)。

9. 缪丽尔·安德森，作者关于活动的记录，魁北克省蒙特利尔市，2009年7月3日。

10. 琳达·曼策，"The Making of the Metheny-Manzer Signature 6 Limited Edition Series"，作者关于活动的记录，魁北克省蒙特利尔市，2009年7月3日。

11. 虽然用橡胶管固定需要使用"现代"材料，但这种方法仍然被认为是"传统的"。从18世纪开始，这种方法就被西班牙的古典吉他匠人所使用了，而且在战前岁月里也一直被马丁公司使用。

12. 正如 Susan Terrio 在她有关法国巧克力工匠的研究中观察

到的那样，文化原真性"不是一个预设的本质要素，而是一场持续的斗争，其意义取决于那些主张这一原真性的人的认知和实践"。*Crafting the Culture and History of French Chocolate* (Berkeley: University of California Press, 2000), 15–17.

13. 手工吉他匠人强调与声木有触觉和听觉上的接触，就这一点来看，他们与手作家具（studio furniture）匠人一样。正如 Edward S. Cooke 等人所观察到的，20 世纪四五十年代出现的早期手作家具运动中，"手工艺最基本的方面"并不是拒绝使用机械工具本身，而是"尊重木材作为最主要的材料"以及"从头到尾保有对生产制作的个人控制，对创造者的思想和家庭中的消费者来说都是如此"。*The Maker's Hand: American Studio Furniture, 1940–1990* (Boston: Museum of Fine Arts, 2003), 27–29.

14. David Pye 将这种差异描述为"风险手艺"与"确定性手艺"之间的差异。正如他写的："一名技工，运用确定性手艺，不会搞砸工作。一名使用风险手艺的工人，无论借助什么机械工具和夹具，都有可能把事情搞砸，这是关键的区别。风险是真实存在的。"Pye 将"手工艺"定义为"使用任何技术或装置"的手艺，"其中，结果的质量并不是预先确定的，而要取决于匠人在工作时做出的判断以及表现出的机敏和谨慎。"*The Nature and Art of Workmanship* (Cambridge: Cambridge University Press, 1968), 20–22.

15. 刘易斯·海德说得很好："一份礼物，只有在被赠予的那一刻才完全实现价值。那些不会感恩或拒绝服务的人，既不会给出他们的礼物，也不会真正开始拥有这些礼物"（*Gift*, 63）。

16. 做出那个设计的 4 年后，她在 1989 年的弦乐器工匠协会研讨会上和在同年刊载的一篇采访中对那个设计做了一次详

细 的 阐 述。Experimental Musical Instruments journal (EMI 4, no. 6).Manzer, "The Wedge: Invented in 1984—Now Standard on Manzer Guitars," accessed January 31, 2010, http://www.manzer.com/guitars/index.php?option=com_content&view=article&id=12&Itemid=15.

17. 正如 Charles Lindholm 的理解："在描述任意实体的原真性时都有两种相互重叠的模式：系谱的或历史的（起源），以及同一性或一致性（内容）。具有原真性的物体、人和集体都如其所是，这些人与物的根源是清楚的也是被证实的，其表里也是一致的。"*Culture and Authenticity* (London: Wiley-Blackwell, 2007), 2.

18. 关于设计、手艺（workmanship）和手工艺（craftsmanship）之间的区别，参见 Howard Risatti, *A Theory of Craft: Function and Aesthetic Expression* (Chapel Hill: University of North Carolina Press, 2007), 162–170. 我同意 Risatti 的观点，即手工艺（artisanship，他用的是 craftsmanship）包括技术方面的手工技能（手艺）和抽象的创意设计二者的结合。然而，正如我在本章所表述的，这种双重能力只能通过具体实践一种文化技能库的方式来呈现。

19. 正如 Richard Sennett 所观察到的，自动化"剥夺了人们自己通过重复来学习的机会"。*The Craftsman* (New Haven, CT: Yale University Press, 2009), 39–44.

20. 关于泰勒公司使用 CNC 的历史，参见 Michael John Simmons，*Taylor Guitars: Thirty Years of an American Classic* (Bergkirchen, Germany: PPVMEDIEN, 2003), 145, 148。

21. Ibid., 151, 153.

22. 鲍勃·泰勒，作者采访，加利福尼亚州埃尔卡洪，2009 年 8 月 11 日。

23. Irving Sloan, *Classical Guitar Construction* (New York: Dutton, 1966).

24. 泰勒的父亲是一名海军士兵，他的母亲是一名在家工作的裁缝。Ibid., 14.

25. Ibid., 55.

26. 泰勒公司的历史可浏览其官网，参见 "From the Beginning …," accessed February 9, 2010。

27. 关于为普林斯制作的这把吉他的重要性，在泰勒公司官网上有详细叙述，参见 "Purple Reign," 在 "Timeline" 栏目下，accessed February 11, 2009, http://www.taylorguitars.com/history/timeline/year.asp?year=1984。

28. 在某种程度上，工厂制造商对使手工匠人着迷的那些复杂的相互依赖关系并没什么兴趣，他们采用的是一种程式化的图解，与帝国主义的民族国家的大规模项目产生了共鸣。参见 James C. Scott, *Seeing like a State: How Certain Schemes to Improve the Human Condition Have Failed* (New Haven, CT: Yale University Press, 1998)。

29. 我对匠人商业交易行为的拟剧论分析受益于 Kaja Silverman 对经典好莱坞电影的分析，她认为观众被排除在电影制作的场所之外恰是 "话语无能"（discursive impotence）的表现，这个观点令我很受用。Silverman 认为经典电影的惯例允许男性观众享受 "看不见的东西、无所不知的感觉，以及话语权"，只要他无视电影中女性的声音和身体。*The Acoustic Mirror: The Female Voice in Psychoanalysis and Cinema* (Bloomington: Indiana University Press, 1988), 39, 99, 164. 我认为，匠人身体的拟剧化，可以用类似的方式运作，以证实工业生产的优越性，但它还能为观察者提供一个基点，对身体有这样一种认同，即将其想成个人能动性和人类创造力毫无疑问的起源。

30. 正如文学批评家 Susan Stewart 观察到的，纪念品被获取"可作为原真性体验的痕迹"，不单单是为了纪念品本身的固有价值或用处，"纪念品通过一种渴望的语言与起源的背景对话，因为纪念品并非出于需要或使用价值而出现的一个物品；它是因对怎么也无法满足的怀旧需要而出现的物品。"*On Longing* (Durham, NC: Duke University Press, 1993), 135.

31. 理查德·胡佛，作者采访，加利福尼亚州圣克鲁兹，2009年8月17日。

32. 胡佛师从 Bruce McGuire，后者是一名匠人，曾在 *Classic Guitar Making* (Boulder: Brock, 1974) 一书的作者 Arthur E. Overholtzer 那里做过学徒。

33. 8个月后，戴维斯退出；罗斯和胡佛一起工作了14年。

34. Michel de Certeau, *The Practice of Everyday Life* (Berkeley: University of California Press, 1988), 69. 重点为本书作者所加。

35. 硝基漆要喷涂许多层，每一层都要用砂纸打磨平整，以产生薄的、耐用的、必要时可修理的最终成品。与耗时的喷漆或经常说的"硝基"不同，一些吉他匠人已经转用速干的聚氨酯罩面漆，它不需要喷涂多层或用砂纸打磨。纯粹主义者拒绝使用聚氨酯罩面漆，认为它"呆滞"、有损音质以及难以修理。

36. 安迪·米勒，作者采访，佛蒙特州纽芬市，2006年8月28日。

37. 迈克尔·米勒德，作者采访，佛蒙特州纽芬市，2006年8月28日。

38. 通过将手工吉他描述为一种"形成中的情感主体"，我在制琴师同吉他的关系和 Judith Butler 在 *Giving an Account of Oneself* (New York: Fordham University Press, 2005) 中对主题形成过程的理论梳理之间进行了对比。

39. 我对制琴中的跨物种交流以及匠人与木材的亲密联系的认识，受到了其他作者及其作品的影响，如后人文主义的代表作 Donna J. Haraway, *When Species Meet* (Minneapolis: University of Minnesota Press, 2008)，以及与推知现实主义和物导向本体论有关的作品，如 Ian Bogost, *Alien Phenomenology, or What It's Like to Be a Thing* (Minneapolis: University of Minnesota Press, 2012)。这一学派的特点是，它努力使人类不再是所谓存在和拥有经验之物的终极仲裁者。

40. 《民谣合唱会》节目从 1963 年 4 月到 1964 年 9 月在 ABC 电视台放送。

41. 约翰·古雷文，作者采访，俄勒冈州波特兰，2009 年 7 月 22 日。

42. 一些匠人回忆说自己被 Betty Edward 的著作 *Drawing on the Right Side of the Brain* (orig.1979; New York: Tarcher/Penguin, 2012) 所影响，这是一部畅销书，卖点是承诺可以帮助那些在艺术方面遇到挑战的人接触和表达他们右脑型的、"创造性的自我"。

43. 在某种程度上，与大脑偏侧化相关的对立在文化上被转变为男性倾向和女性倾向之间的对立，神经解剖学意义上的命数也被用于凸显和确立性别角色和倾向。有关战后男性气概及其对自我和环境的控制，参见 Susan Faludi, *Stiffed: The Betrayal of the American Man* (New York: Harper Perennial, 2000)。

44. Heather Paxson 证明了一个观点，即在手工奶酪制作中，训练有素的味觉的培养涉及对"完美"的感官理解，要将其理解为一种"习惯"，而不是柏拉图式的纯粹理想形式。也就是说，匠人并不旨在生产一种音质或一种品位——音质或品位都可按照客观标准被标准化，而更像是在文化认可的正式可能性范围内，满足顾客对新奇和变化的渴望。*The Life of Cheese* (Berkeley: University of California Press, 2012), 156.

45. 正如 Douglas Harper 在其有关修车工 Willie 的民族志描写中所展示的那样，一个经营汽修厂的技工，其身体对材料的肌肉运动知觉本身就构成了一种知识形式。这种知识很难被获取，因为它不能用语言文字表达，"工作中的应用知识""缩小了主体（工人）与客体（工作）之间的差距"。*Working Knowledge: Skill and Community in a Small Shop* (Chicago: The University of Chicago Press, 1987), 133.

46. Tim Brookes 曾让（现在的）波特兰制琴师 Rick Davis 为他制作过一把吉他，他的亲身经历为手工吉他有限的寿命提供了动人的见证。*Guitar: An American Life* (New York: Grove, 2005), 196–197.

47. Diana Taylor 在她对文化表演的分析中反对使用"技能库"的概念来指称那种"档案"。尽管这是一个有用的区分方式，但它不能解释如制琴这样仪式化知识的文化产物。这样的知识仍在一个由手工艺品组成的档案中体现其"技能库"。*The Archive and the Repertoire: Performing Cultural Memory in the Americas* (Durham, NC: Duke University Press, 2003), 20–21.

48. 关于浪漫主义科学的历史，参见 Richard Holmes, *The Age*

of Wonder: The Romantic Generation and the Discovery of Beauty and Terror of Science (New York: Vintage, 2009)。

第四章

1. 艾伦·卡鲁思，作者采访，新罕布什尔州纽波特，2007 年 6 月 18 日。

2. Alan Carruth, "Free Plate Tuning," in *Big Red Book of Lutherie* (Tacoma, WA: Guild of American Luthiers, 2004), 3:138–172. 这篇分成三部分的文章最初分别刊载于 *American Lutherie*, no. 28 (1991); no. 29 (1992); and no. 30 (1992)。

3. 卡鲁思举例说明的振幅，是基于他用距离音板一米远的麦克风所做的测试。我对这次采访叙述的一些补充信息，参考了卡鲁思发表的文章，参见 "The 'Corker' Guitar: A Sideport Experiment," *American Lutherie*, no. 94 (Summer 2008): 56–62。

4. 蒂姆·奥尔森写道："我们的那句口号'正确的方式是一个迷思'[是] 某种有煽动性的东西，是我在年轻时写下的，想要让人们接受一种观念，即他们真的有某些珍贵的东西值得分享。那意味着克服懒惰的想法，不要以为在某个地方有一群精英人士，他们已经解决了所有的事。这句口号放在了我们的杂志前页上，虽然前页不时会有调整，但是那句话无论什么时候看似乎都是正确的，所以我们一直用着。我敢说，过去 30 多年都证明这句话没有任何问题。我迅速浏览了我们的过刊，看到那个说法用在了我们 1977 年的第四期杂志上。这真的是刚刚开始的时候。"私人通信，

2010 年 5 月 18 日。还可参见蒂姆·奥尔森，"The 'Right Way' Is a Myth," *American Lutherie*, no. 111 (Fall 2012): 59。

5. 1973 年，卡鲁思在马萨诸塞州的西康科德（West Concord）师从 Thomas Knatt。

6. 关于侧孔的讨论，参见 Cyndy Burton, "There's a Hole in the Bucket," *American Lutherie*, no. 91 (Fall 2007): 6–7; John Monteleone, "Sideways," *American Lutherie*, no. 91 (Fall 2007): 8–10; Mike Doolin, "Herr Helmholtz' Tube," *American Lutherie*, no. 91 (Fall 2007): 11。

7. Carruth, "'Corker' Guitar."

8. 该协会由 Carleen Hutchins 于 1963 年创立，她曾是一名高中科学老师，后来成了小提琴制作师。卡鲁思遇到 Hutchins 时，她正在完善空板调音在小提琴制作中的运用以外，喜欢在业余时间制作古典吉他的美国电话电报公司和贝尔实验室的工程师 Fred Dickens 也将这项技术扩展到了吉他研究上。Paul R. Laird, "The Life and Work of Carleen Maley Hutchins," *Ars Musica Denver* 6, no. 1 (Fall 1993), http://www.catgutacoustical.org/people/cmh/index.htm.

9. 卡鲁思对在城市街道导航的比喻与 Michel de Certeau 对"城市漫步"的分析有异曲同工之处，后者描述了与一种无处不在的"阐述空间"有关的创造性体验。*The Practice of Everyday Life* (Berkeley: University of California Press, 1988), 98.

10. 马克·布兰查德，分享给我的演讲文字稿。演讲发生于加利福尼亚州圣罗莎，2007 年 8 月 19 日。

11. 恩斯特·奇洛德尼在 1782 年发现了他的模态图案，并在《声音理论中的发现》（*Entdeckungen über die Theorie des Klanges*

, 1787）中发表了他的见解。

12. Maria J. Trumpler, "Questioning Nature: Experimental Investigations of Animal Electricity in Germany, 1791–1810," PhD diss., Yale University, 1992.

13. 1797 年，德国自然学者和探险家洪堡宣布奇洛德尼关于声音物理性质的实验证据是"该世纪最伟大的发现"；转引同上。

14. 布兰查德发现，唯一可以改变模态图案的方法就是改变面板的形状。因此，他用自己最初的奇洛德尼模态图案来挑选最好的木材，为正在制作的吉他制作具体形状的面板。

15. 从精神分析的角度看，试图让女性化的非人类"说话"，可以说是确立了一种性别化的场景，其中，吉他匠人将自身女性化的方面——包括富于情感和声音——投射到手工艺品上，从而巩固了自己在男子气概上的身份认同。在某一分析中，木材有自己声音的想法是恋物癖的结果。在 *The Acoustic Mirror: The Female Voice in Psychoanalysis and Cinema* (Bloomington: Indiana University Press, 1988) 中， Kaja Silverman 在经典好莱坞电影中发现了这个场景。我认为，只要制琴师将能动性以及声音赋予他们的木材，那么他们就是在努力打破这种文化脚本。

16. Bruno Latour 的作品对我有很大影响，我把制琴师的工坊看作一个实验室，其中，声木，作为非人类的"行为体"（actant）让自己为人所知，并请求加入集体。参见 Bruno Latour and Steven Woolgar, *Laboratory Life: The Construction of Scientific Facts* (orig.1979; Princeton, NJ: Princeton University Press, 1986); Bruno Latour, *Pandora's Hope: Essays on the Reality of Science Studies* (Cambridge, MA: Harvard University Press, 1999)。

17. 挠度测试是用来测量一块音板硬度的方法，具体做法是测量并记录由施加力量而引起的运动。参见 David C. Hurd, *Left-Brain Lutherie: Using Physics and Engineering Concepts for Building Guitar Family Instruments* (Westport, CT: Bold Strummer, 2004)。

18. Sianne Ngai, *Ugly Feelings* (Cambridge, MA: Harvard University Press, 2005), 43. 重点为原文所有。

19. 正如 Ngai 所观察到的，音质的概念"非常适合意识形态分析，意识形态作为一种对真实条件的整体综合体的想象关系（imaginary relationship）的重要体现，明显具有音质所具有的那种虚拟性、弥散性和内在性特征"（同上注，47 页）。

20. 关于好奇的浪漫感受，参见 Richard Holmes, *The Age of Wonder: How the Romantic Generation Discovered the Beauty and Terror of Science* (New York: Random House, 2008)。

21. 正如 Jeff Dolven 所认为的，"教学 [是] 一个具有两面性的表征问题：知识的表征和知道的表征；讲授的东西看起来是什么样，学习这些东西看起来就是什么样。" *Scenes of Instruction in Renaissance Romance* (University of Chicago Press, 2007), 11.

22. 弗雷德·卡尔森，作者采访，加利福尼亚州圣罗莎，2007 年 8 月 19 日。

23. 戈达德学院的这位教授是 Dennis Murphy。关于卡尔森生平的更多信息，参见蒂姆·奥尔森，"Meet the Maker: Fred Carlson," *Big Red Book of Lutherie*, no. 5, 18–25, orig. pub. *American Lutherie*, no. 49, 1997。

24. Michael Herzfeld 认为，类比学习是学徒在手工作坊里学习的最佳途径。*The Body Impolitic: Artisans and Artifice in the Global*

Hierarchy of Value (Chicago: University of Chicago Press, 2004), 105–107.

25. 第一所制琴学校是胡安·罗伯托吉他工坊，于 1969 年在亚利桑那州的凤凰城开办。

26. 关于弗雷德·卡尔森在大地艺术经历的叙述，可参见他自己的文章 "A Tale of Two Schools," *American Lutherie*, no. 53 (Spring 1998): 27。

27. 弗雷德·卡尔森的合作社工坊的具体情况可参见《纽约时报》的一篇文章。参见 David Duncan, "In Pursuit of Music in Vermont," May 19, 1985。

28. 托尼·达根 – 史密斯，作者采访，魁北克省蒙特利尔市，2009 年 7 月 4 日。

29. Eric Nagler, "Biography," accessed June 24, 2013, http://www.ericnagler.com/.

30. 首批开始参与工厂生产的制琴师有新泽西州普莱恩斯伯勒（Plainsboro）的 Augustino LoPrinzi、新罕布什尔州欣斯代尔的迈克尔·古里安、加利福尼亚州莱蒙格罗夫的鲍勃·泰勒、田纳西州沃特雷斯的 John Gallagher 和 Don Gallagher，以及堪萨斯州温菲尔德的 Stuart Mossman。

31. 1967 年，拉里韦 20 岁，当时他在多伦多跟着出生于德国的埃德加·门希做了一年期的学徒。正是通过门希和拉里韦，加拿大的匠人将他们的系谱追溯到了现代古典吉他之"父"Antonio Torres。在搬到多伦多之前，门希被德军征召入伍，"二战"的大部分时间他都是在英国的战俘营里度过的。在那里，他向来自巴塞罗那的 Marcello Barbero 学习吉他制作。Barbero 曾是 José Ramirez 二世的学生，而 Ramirez 的"根"可以追溯到 Torres。威廉·格里特·拉斯金，作者采访，多伦多，2006 年 10 月 29 日；Ken Donnell, "Lutherie Bloodlines," *Frets Magazine*, September 1985, 19。

32. 学徒 Michael Jones 和 George Gray 也随拉里韦去了温哥华。Michael Schreiner 和 David Wren 依旧留在多伦多，二人都开了自己的店。

33. Tony Duggan-Smith, "On Luthiery Apprenticeships," *Mel Bay's Guitar Sessions Online Magazine*, April 2007, accessed June 28, 2009, http://www.guitarsessions.com/apr07/guitar_maker.asp.

34. 北美工匠必须接受的自我表现的"习惯性"模式，是美国和加拿大企业文化特有的。关于日本手工艺自我塑造的民族志研究，强调了工作场所身份与自我文化观念之间的动态互动，参见 Dorinne Kondo, *Crafting Selves: Power, Gender, and Discourses of Identity in a Japanese Workplace* (Chicago: University of Chicago Press, 1990)。

35. 罗伯托 – 维恩制琴学校的指导老师还提到了几个国际学生或亚洲学生，但是他们不被认为是"有色人种"。

36. Joan Scott, "The Evidence of Experience," *Critical Inquiry* 17, no. 4 (Summer 1991): 780.

37. Ibid., 793.

38. 唐·温德姆，作者采访，亚利桑那州凤凰城，2008 年 8 月 15 日。

39. 贾森·科斯塔尔，作者采访，亚利桑那州凤凰城，2008 年 8 月 15 日。

40. 关于新自由资本主义与先发制人的战争（preemptive war）

的 当 代 危 机 , 参 见 David Harvey, *The New Imperialism* (Oxford: Oxford University Press, 2005), 以 及 *The Enigma of Capital and the Crises of Capitalism* (Oxford: Oxford University Press, 2011)。

41. 关于阶级权力再生产的民族志著作非常多。有两项研究明确地将精英教育与未来成功联系在一起,分别是 Peter W. Cookson Jr. and Caroline Hodges Persell, *Preparing for Power: America's Elite Boarding Schools* (New York: Basic Books, 1987), 以及 Karen Ho, *Liquidated: An Ethnography of Wall Street*(Durham, NC: Duke University Press, 2009)。

42. 正如 Carrie M. Lane 在她有关失业高技术工人的民族志研究中证明的,自力更生和个人"职业生涯管理"中的新自由主义信念,既是一种意识形态承诺,也是一种经济必要性。*A Company of One: Insecurity, Independence, and the New World of White-Collar Unemployment*(Ithaca, NY: Cornell University Press, 2011).

43. Marilyn Strathern 认为,"让权力变得可见"是巴布亚新几内亚男性成人礼的一个功能。*The Gender of the Gift* (Berkeley: University of California Press, 1988), 103, 107.

44. Strathern 观察到,在巴布亚新几内亚的吉米人中,长笛是"雌雄同体的乐器",能赋予男性和女性生育能力。(Ibid., 125–132)。人类学家很早就注意到了一种神秘信仰,即限制女性接触社会的仪式性物品,乐器就经常包括在内。在劳动严格由性别分工的部落社会中,这些神话讲述了女性曾经如何制作或一度拥有像神圣长笛或号角这样的乐器,而后来男性用强力占有了这些乐器,女性从此就被禁止观看或触碰这些乐器。复杂的成人礼伴随着这些神话出现,这种成人礼构造了男孩成为男人的人生通道,他们会被教导去演奏并净化自己进而接受神的乐器。参见 Ian Hogbin, *The Island of Menstruating Men: Religion in Wogeo, New Guinea* (Prospect Heights, IL: Waveland, 1970); Yolanda Murphy and Robert Murphy, *Women of the Forest* (New York: Columbia University Press, 1984)。

45. 欧文·绍莫吉，作者采访，加利福尼亚州希尔兹堡，2009年8月18日。

46. 在 Michael Herzfeld 研究的希腊工匠中，偷偷模仿是学徒学习一门手艺的不二法门，因为优秀的大师都会保守秘密，技能都是默默传递的。学徒可能变成未来的竞争者，在这样的社会环境下，大师很少提供口头上的指导，只希望向他们的学徒反复灌输个人的主动性和自我判断能力。因此，要想学到行业技能，学徒们必须保持沉默，伪装成一个沉默不语令人厌烦的存在，并"用[他们的]眼睛偷师"。用这种方法，Herzfeld 观察到，"装聋作哑是懂得自我隐藏艺术的无形标志"。*Body Impolitic*, 105, 107.

47. 贾森·科斯塔尔，作者采访，加利福尼亚州圣罗莎，2009年8月15日。

第五章

1. 欧文·绍莫吉，作者对活动的书面记录，魁北克省蒙特利尔市，2009年7月3日。

2. Ervin Somogyi, *Making the Responsive Guitar* (Oakland, CA: Luthiers, 2009), chaps.31–32.

3. "造市商"（market maker）的概念来自 Mitchell Y. Abolafia。

这一概念是华尔街的股票、债券和期权交易者用来描述自己的，意思是"靠自己的行动"，同时在"遵守交易规则、制定和执行行为规则以及创造制度，以确保所有交易者的义务得到履行"的条件下，各自独立创造了市场。*Making Markets: Opportunism and Restraint on Wall Street* (Cambridge, MA: Harvard University Press, 1996), 6.

4. Michael Callon, Cécile Méadel, and Vololona Rabeharisoa, "The Economy of Qualities," *Economyand Society* 31, no. 2 (May 2002): 202, 204. Callon 和其他两位作者认为，证明的一个关键方面是有能力向消费者提供一种展示出"独特性"的产品——为每个客户的需求和期望量身定制的品质。

5. Arjun Appadurai, "Commodities and the Politics of Value," in *The Social Life of Things: Commodities in Cultural Perspective*, ed. A. Appadurai (Cambridge: Cambridge University Press, 1986), 50.

6. Clifford Geertz, "The Balinese Cockfight," in *The Interpretation of Cultures* (New York: Basic Books, 1973).

7. Appadurai, "Commodities and the Politics of Value," 21.

8. 在梦想吉他商店的网站上有一段视频，呈现了赫克特演奏那把吉他的情景以及那个变调装置，参见 http://www.youtube.com/watch?v=7qoA7WYCyJg。

9. Bronislaw Malinowski, *Argonauts of the Western Pacific* (New York: E. P. Dutton, 1922).

10. 库拉礼物赠予系统中有一个关键概念是"克达（keda）"，指的是贝壳从一个岛带到另一个岛的路径，也指男性通过这一仪式性的交换从而创造的通往财富和声望的途径。克达本质上是男性确立的联盟网络，用来引导贵重物品的流动方向，并增加他们的威望。Shirley F. Campbell, "Kula in Vakuta: The Mechanics of Keda," in *The Kula: New Perspectives on Massim Exchange*, ed. Jerry W. Leach and Edmund R. Leach (Cambridge: Cambridge University Press, 1983), 203–204.

11. 正如 Arjun Appadurai 所观察到的，"[在所有价值锦标赛中] 策略技巧的衡量取决于参与者在文化意义上取得的成功，即参与者在多大程度上从文化层面努力转变或逆转了事物流动的传统路径"。Appadurai, "Commodities and the Politics of Value," 21.

12. 杰夫·多克托罗，由作者记录的活动书面材料，魁北克省蒙特利尔市，2009 年 7 月 3 日。

13. 很多知名的吉他收藏者已经出版了关于他们藏品的图书，而另一些像多克托罗这样的收藏者，还会经常让他们的藏品乐器出现在那些有关非凡吉他但仅作为咖啡馆摆设的书中。例如，可参见 Akira Tsumura, *Guitars: The Tsumura Collection* (Tokyo: Kodansha International, 1987); Jonathan Kellerman, *With Strings Attached: The Art and Beauty of Vintage Guitars* (New York: Ballantine Books, 2008); Robert Shaw, *Hand Made, Hand Played: The Art and Craft of Contemporary Guitars* (Asheville, NC: Lark Books, 2008)。Shaw 自己不是一个收藏者，但他的书里展示的都是由杰出手工匠人制作的价值不菲的吉他藏品。

14. 现在也不清楚斯科特·奇内里的死是否是因为他服用的膳食补充剂，但是公司（后来由他的兄弟鲍勃·奇内里继承）很快就因为与麻黄摄入有关的中风、心脏病和猝死而被卷入官司。

15. 转引自 Ken Vose, *Blue Guitar* (San Francisco: Chronicle Books,

1998), 20。

16. 蓝色吉他收藏从 1997 年 11 月到 1998 年 10 月一直在国立美国历史博物馆展出。

17. 卡沙是佛罗里达州立大学的一名物理化学家，他对吉他声学有着浓厚的兴趣。他有关音板设计的想法影响了许多手工匠人的工作，包括史蒂夫·克莱因、Richard Schneider、Marx Krimmel 和 Gila Eban。参见 Michael Kasha, Richard Schneider, and Kurt Rodamer, "The Reaction of a Research Scientist, a Master Luthier, and a Performing Artist in Developing a New Guitar," *Journal of Guitar Acoustics*, 1982, 127–130。

18. 在写史蒂夫·克莱因前，Paul Schmidt 已经完成了一部有关约翰·丹杰利科和詹姆斯·达奎斯托的书。参见 Paul Schmidt, *Art That Sings: The Life and Times of Luthier Steve Klein* (Clifton, NJ: Doctorow Communications, 2003); 以及 Paul Schmidt, *Acquired of the Angels: The Lives and Works of Master Guitar Makers John D'Angelico and James L. D'Aquisto* (Lanham, MD: Scarecrow, 1998)。

19. 正如社会学家 Howard Becker 就一般艺术场景所写的那样，"[艺术] 世界存在于那些人的协作活动中，不是一个结构或一个组织"。类似地，Becker 认为审美判断是集体行动的独特现象："所有相关各方的互动产生了一种有关他们集体生产之物价值的共同感觉。" Howard S. Becker, *Art Worlds* (orig.1982; Berkeley: University of California Press, 2008), 35, 39.

20. 通过限制参展商的数量，选择高端消费者会光顾的活动场地，以及邀请像亚历克斯·德格拉西和 Sharon Isbin 这样的表演者在重要音乐会上担任主角，该活动强化了独特性的感觉。关于该活动的信息可在活动安排手册上找到，*The Luthier's Art: A Showcase of Handcrafted Fretted Instruments* (San Anselmo, CA: String Letter, 1996)。

21. "Holistic Music," *Economist* 31, no. 7988 (October 19, 1996): 88–90.

22. 迈克尔·凯勒，作者采访，明尼苏达州罗切斯特，2010 年 5 月 27 日。

23. 在"前往华盛顿"的故事中，劳伦·贝兰特认为，关键角色是"幼稚的公民"。她观察到，人们期待对国家的信念能像孩童般天真和充满信任，而如果政治家们想要实现民主治理的崇高目标，人们就期望他们能相信这一理念。*The Queen of America Goes to Washington City: Essays on Sex and Citizenship* (Durham, NC: Duke University Press, 1997), 20–28.

24. Judith Shklar, *American Citizenship: The Quest for Inclusion* (Cambridge, MA: Harvard University Press, 1991), 92–93.

25. 正如 Alice Kessler-Harris 所认为的，工薪工人长期以来，相比于奴隶、参与家内无偿劳动的妇女和失业人群来说，都享有优越的社会地位。然而，当新政立法将诸如失业保险、社会保障之类的公共利益与有偿工作联系起来时，"就开始成为一条线，区分了不同种类的公民身份"。*In Pursuit of Equity: Women, Men, and the Quest for Economic Citizenship in 20th-Century America* (Oxford: Oxford University Press, 2001), 4.

26. 关于在文艺复兴运动中对工匠的反主流文化的接纳，参见 Rachel Lee Rubin, *Well Met Well Met: Renaissance Faires and the American Counterculture* (New York: New York University Press, 2012)。

27. 自 1980 年以来美国政治的右转——在私人领域倡导"家庭价值"的新保守主义议题和公共领域的新自由主义——已经使得男男女女在家庭内关系中的行为，相比在工作场所追求机会平等，更能引起国家层面的关切。关于新自由主义和新保守主义之间的政治联系，参见 Wendy Brown, "American Nightmare: Neoliberalism, Neoconservatism, and De-democratization," *Political Theory* 34, no. 6 (2006): 690。

28. 从那年开始，该活动正式重命名为希尔兹堡吉他展，取代了过去的希尔兹堡吉他匠人展——一个微妙的改变，强调的重点就从匠人转移到了他们所制作的乐器。

29. 迈克尔·凯勒的作品，可参见 Simone Solondz, ed., *Custom Guitars: A Complete Guide to Handcrafted Guitars* (San Anselmo, CA: String Letter, 2000)。

30. Harry Lowenstein, "Your Dream Guitar," in Zachary R. Fjestad, *Blue Book of Acoustic Guitars* (Minneapolis: Blue Book, 2005), http://www.kellerguitars.com/forums/index.php?showtopic=7; Michael Keller, "Building the Dream Guitar," in the same volume, http://www.kellerguitars.com/forums/index.php?showtopic=16.

31. 尤利乌斯·博尔格斯，作者采访，迈阿密海滩，2008 年 4 月 11 日。

32. Don Thompson 使用这一短语来形容佳士得和苏富比以及其他艺术交易商的营销活动，参见 *The $12 Million Stuffed Shark: The Curious Economics of Contemporary Art* (London: Palgrave Macmillan, 2008), 27。

33. "制琴师的艺术"呼应了一部有关葡萄酒制作的畅销书，

参见 Hugh Johnson and James Halliday, *The Vintner's Art: How Great Wines Are Made* (New York: Simon and Schuster, 1992)。

34. Heather Paxson 认为，美国奶酪制作者使用"地域风味"（terroir）的概念来说明这样一种情况，即"使得手工奶酪很好吃的味觉价值从根本上说根植于本身就很有价值的手工艺实践"。*The Life of Cheese* (Berkeley: University of California Press, 2012), 189. 虽然制琴师没有明确使用这一概念，但他们也在不同地理条件下产出的木材种类与将独特"声音"从木材中拿出来的手工艺实践做了相似的类比。

35. 纳塔莉·斯旺戈，作者采访，华盛顿塔科马，2008 年 6 月 13 日。

36. 蒙特利尔吉他展的诞生是因为杜邦的另一个创举，即蒙特利尔音乐乐器展（SIMM），该活动也是在爵士音乐节期间举行的。尽管杜邦在 2005 年和 2006 年都努力吸引手工匠人参与该活动，但活动举办地点放在了一个购物中心，而且所有类型的乐器生产商都会出现在活动上，这不利于呈现个人手工制作的原声吉他。杜邦又从头来过，决定为手工匠人创立一个独立的活动，并向由加拿大和美国的匠人组成的委员会征求意见。所以，该展览最后就成了一个混合了制琴师的渴望和专业市场营销手段的活动。

37. 雅克－安德烈·杜邦，作者采访，魁北克省蒙特利尔市，2009 年 12 月 18 日。

38. 杜邦和他的咨询委员会采取了若干措施来削弱，或者确切地说，打乱了"建立一个明星体系"可能带有的偏袒倾向。其中一个创新举措就是创建了圣猫吉他收藏（Ste-Cat Guitar Collection），其由蒙特利尔音乐乐器展和爵士音乐节赞助。每年从参加蒙特利尔吉他展的人中至少"随机"挑选两名制琴师，委托他们为这一收藏制作一把吉他，这一吉他宝库就像一家"银行"，会给那些还买不起手工吉他的年轻音乐家"借贷"一把吉他，为期一年。有幸被选中的匠人可以自由地以他们期望的方式制作吉他，只要他们在吉他上放圣猫的 logo 即可，这个 logo 是一个很酷的猫咪图案，这只猫叫圣凯瑟琳大街（Saint Catherine Street），爵士节的大多数表演都在这条街上举行。每年展览上都会展出一次，这些圣猫吉他可被视作永久性的市场转移——由公证的机会机制挑选——在慈善领域内流通，为独立匠人及其手工艺带来了亲身实践和象征性的关注。

39. 除了他的公司对该吉他展的财务投入，杜邦还成了精品吉他的热心收藏者和交易商，他会在自己的网站 GuitarJunky.ca 上展示并销售那些吉他。像投资艺术品一样投资手工吉他，就是将经济价值赋予其审美品质和所象征的文化成就。

40. 亨利·洛温斯坦，作者采访，迈阿密海滩，2008 年 4 月 12 日。

41. William Leach, *Land of Desire: Merchants, Power, and the Rise of a New American Culture* (New York: Vintage Books, 1993), 79.

42. 达尔文式的话语和逻辑频繁被用来形容自由市场资本主义的运作，当说话的人面对的是另一种道德经济的不妥协时，就更是如此。参见 Kathryn M. Dudley, *The End of the Line: Lost Jobs, New Lives in Postindustrial America* (Chicago: Chicago University Press, 1994)。

43. Arjun Appadurai 将奢侈品定义为"具象符号"（incarnated sign），其"主要用处是修辞性的和与社会地位有关的"，参见 "Commodities and the Politics of Value," 38。"品位"的概

念是一种"区分"模式，阶级地位由其示意并由其制造，参见 Pierre Bourdieu, *Distinction: A Social Critique of the Judgment of Taste* (Cambridge, MA: Harvard University Press, 1984)。

44. Henry Lowenstein, from a transcript of the author's recording of the public seminar "What It's Worth: Guitar Marketing 101," with Steve and Zach Fjestad and Denis Merrill, Newport in Miami Beach Guitar Festival, April 11–12, 2008.

45. 该应用程序由乔纳森·凯勒曼（Jonathan Kellerman）提供资金支持而开发，他是一位悬疑作家和重要的吉他收藏家。Jason Kerr Dobney, Met Guitars (New York: Metropolitan Museum of Art, 2011), http://itunes.apple.com/us/app/met-guitars/id414964902.

46. 除了应用程序，来参观的游客还可购买一张爵士吉他乐CD，并在博物馆的礼堂参加现场音乐会，音乐会演奏的都是伟大的爵士乐艺术家的作品，包括 Steve Miller、John Hall 和 Bucky Pizzarelli。有关大都会艺术博物馆吉他英雄音乐会的详细信息，参见 http://blog.metmuseum.org/guitarheroes/related-events/。

47. 那是一把"Rawlins"，是已知仅存的四把斯特拉迪瓦里吉他中的一把，从弗米利恩南达科他大学的美国国家音乐博物馆里借来。参见 Jayson Kerr Dobney, "Guitar Heroes: Legendary Craftsmen from Italy to New York," *Metropolitan Museum of Art Bulletin*, Winter 2011, 11。

48. 有关"视觉霸权"对听觉，尤其是黑人听觉美学所施加的暴力的分析，参见 Fred Moten, *In the Break: The Aesthetics of the Black Radical Tradition* (Minneapolis: University of Minnesota Press, 2003), 171–231。

49. 正如 Susan Stewart 观察到的，这种微缩的承诺揭示了一段"秘密人生"，"我们从活人舞台造型中看到的被捕捉的人生的状态……总是有着开始时的犹豫——一种表达与其相反运动的犹豫，这就好比犹豫不决地举起指挥棒，表现出它落下时将产生的爆发力一样。"*On Longing: Narratives of the Miniature, the Gigantic, the Souvenir, the Collection* (Durham, NC: Duke University Press, 1993), 54–55.

50. Jayson Kerr Dobney, "John D'Angelico," in Met Guitars, emphasis added.

51. Frederick Cohen, dir., *The New Yorker Special: Handcrafting a Guitar* (New York: Filmmakers Library, 1985).

52. 工作台不是达奎斯托自己的，而是博物馆永久收藏的小提琴工坊的一部分。在展览中展出的夹具、吉他琴颈、吉他模具和小提琴的模板都是从纽约的收藏家那里借来的。杰森·克尔·多布尼，私人通信，2013 年 7 月 24 日。

53. Kaja Silverman 认为，画外音的"言说主体"是"一个象征性的形象，总是要超越由其所限定的个体"，它象征了"超然的视觉、听觉和言语"，为观众提供了一个"外部"的有利位置，从这里出发来观察影片"内部"的行动主体。*The Acoustic Mirror: The Female Voice in Psychoanalysis and Cinema* (Bloomington: Indiana University Press, 1988), 30.

54. 丹杰利科和达奎斯托都在 59 岁时去世，尽管他们的出生年份相差了 30 年，但这一事实经常被提及，以暗示他们之间存在的神秘联系。参见 Jayson Kerr Dobney, "James D'Aquisto," in Met Guitars。

55. Jayson Kerr Dobney, "John Monteleone," in Met Guitars.

56. 杰森·克尔·多布尼，摘自作者对该活动的书面记录，纽约，2011 年 3 月 26 日。

57. 在展览名录手册中，有一幅 George Benson 与一把丹杰利科在《纽约客特辑》中制作的吉他的合影，但多布尼的讲座中并没有提及他。Dobney, "Guitar Heroes," 28.

58. 詹姆斯·达奎斯托，摘自作者对《纽约客特辑》节选的文字记录，同上注。影片片段同样可见 Dobney, Met Guitars。

59. 马克·克内普夫勒 2009 年在伦敦为普林斯慈善信托（Prince's Trust Charity）在狩猎俱乐部（Hunting Club）现场演奏了《蒙泰莱奥内》，参见 http://www.youtube.com/watch?v=QxeSWKw3et0。

60. 马克·克内普夫勒，摘自其网站文字，2012 年 4 月 9 日访问，http://www.markknopfler.com/about/。他写到，有人需要写这种乐曲，因为"人们仍然想要听手工的歌曲"。

61. Annette B. Weiner, *Inalienable Possessions: The Paradox of Keeping While Giving* (Berkeley: University of California Press, 1992), 33.

第六章

1. Rick Davis 对 20 世纪 60 年代的码头区和纽约市的吉他制作场景有一个生动的描述，参见 "The Pioneer: Michael Gurian's Life of Lutherie on the Third Planet from the Sun", *Fretboard Journal*, no. 5 (Spring 2007): 40–51。

2. Grit Laskin, "There Once Was a Time," *Guitarmaker* 40 (Winter 2000): 8–9.

3. 埃德加·门希在德国裔和西班牙裔移民匠人圈里很受欢迎，这些匠人都是纽约古典吉他协会的会员。

4. 关于人类学家和其他探险家所使用的文学比喻，参见 Mary Louise Pratt, *Imperial Eyes: Travel Writing and Transculturation* (London: Routledge, 1992)。

5. 巴洛克吉他很可能起源于 16 世纪末期的西班牙，在西班牙民间很受欢迎，到了 17 世纪 30 年代，它又成了西班牙贵族的首选乐器。在这一时期保存下来的意大利吉他都普遍用黑檀木、象牙和龟甲做精细镶嵌、细木工和雕花。17 世纪 40 年代，巴黎制琴学校兴起，在路易十四的赞助下颇有名气，该学校引入了某种更平实的审美，但是龟甲饰片、黑檀木和象牙的装饰仍然是品质和等级的标志。参见 Tom Evans and Mary Evans, *Guitars: From the Renaissance to Rock* (New York: Paddington, 1977), 24–39。

6. 从内战到 1920 年，用于模仿传统材料的赛璐珞塑料开始取代真材实料——因此才有了"像象牙一样的"镶边，"如珍珠一般的"镶嵌，以及今天精美的工厂乐器会使用的人造龟甲护板。马丁公司在 20 世纪 60 年代之前一直坚持使用象牙制作弦枕。最后一次在马丁吉他上使用象牙的记录是在 1980 年。参见 Richard Johnston and Dick Boak, *Martin Guitars: A Technical Reference* (Milwaukee, WI: Hal Leonard, 2009), 40。George Gruhn and Walter Carter, "Endangered Woods: Immediate Action Requested," *Gruhn Guitars Newsletter*, no. 29 (March 2007): http://www.gruhn.com/newsletter/newsltr29.html。

7. "被帝国所缠扰"这个说法已经被用来考察殖民时期跨种

族性关系的体验和遗产。我借用它来检验吉他匠人与异域动植物材料的亲密关系。参见 Laura Ann Stoler, "Intimidations of Empire: Predicaments of the Tactile and Unseen," in *Haunted by Empire: Geographies of Intimacy in North American History*, ed. Stoler (Durham, NC: Duke University Press, 2006)。

8. 有关 2009 年突袭检查吉布森公司的新闻报道，参见 Heath E. Combs, "Details Come to Light on Gibson's Lacey Act Raid," *Furniture Today*, August 12, 2010, accessed May 10, 2011, http://www. furnituretoday.com/blog/The_Writer_s_Bureau /37515-Details_come_ to_light_on_Gibson_s_Lacey_Act_Raid.php; J. R. Lind, "Federal Agent: Gibson Wood Investigation Likely to Result in Indictments," nashvillepost.com, December 29, 2010。

9. 吉布森公司已经参与了两项资格认证项目，分别由雨林联盟和森林管理委员会组织。Chris Gill, "Log Jam," *Guitar Aficionado*, Spring 2010.

10. 从 2000 年开始，马达加斯加已经限制了黑檀木和玫瑰木的出口，但该国的政治动荡削弱了政府打击非法采伐的能力。Global Witness and the Environmental Investigation Agency, "Investigation into the Global Trade in Malagasy Precious Woods: Rosewood, Ebony, and Pallisander ," October 2010, http://www.globalwitness.org/sites/ default/files/library/mada_report_261010.pdf.

11. 《雷斯法案》申报要求的品类豁免包括普通栽培品种（树木除外）、科研标本，以及准备种植或移栽的植物。《雷斯法案》2008 年的修正案全文可参见 US Department of Agriculture's website: "Amendments to the Lacey Act from H. R. 2419, Sec. 8204," http://

www.aphis.usda.gov/plant_health/lacey_act/downloads/background--redlinedLaceyamndmnt--forests--may08.pdf。

12. Robert S. Anderson, "The Lacey Act: America's Premier Weapon in the Fight Against Unlawful Wildlife Trafficking," *Public Land Law Review* (1995), http://www.animallaw.info/articles/arus16publlr27.htm; Rebecca F. Wisch, "Overview of the Lacey Act (16 U.S.C. SS 3371–3378)," Animal Legal and Historical Center, Michigan State University College of Law, 2003, both accessed June 25, 2013, http://www.animallaw.info/articles/ovuslaceyact.htm.

13.《雷斯法案》的申报要求是根据进口种类分段实施的，分段依据是协调关税明细表（Harmonized Tariff Schedule，HTS）。从 2009 年 4 月开始适用于带皮原木和锯好的木头，到 2010 年 4 月，也适用于钢琴和原声弦乐器。Department of Agriculture, "Implementation of Revised Lacey Act Provisions," Federal Register 73, no. 196 (October 8, 2008): 58, 925–927; "Implementation of Revised Lacey Act Provisions," Federal Register 74, no. 21 (February 3, 2009): 5, 911–913, both available as PDFs at http://www.aphis.usda.gov/plant_health/lacey_act/index.shtml.

14. George Gruhn and Walter Carter, "Endangered Woods: Immediate Action Required," *Gruhn Guitars Newsletter*, no. 29 (March 2007).

15. Alex W. Grant, "Pernambuco and the CITES Appendix Ⅱ Listing," http://www.grantviolins.com.au/newsdetail_6.php; League of American Orchestras, "Pernambuco Update," accessed May 14, 2011, http://www.americanorchestras.org/advocacy_and_government/pernambuco_

update.html.

16. 美国鱼类和野生动植物管理局的进口 / 再出口植物 (CITES) 申请表——第 12 部分针对的就是巴西玫瑰木吉他——可参见 http://www.fws.gov/forms/3–200–32.pdf (accessed June 3, 2011)。 该申请表表明，申报的费用是 75 美元，周期至少 60 天，也很有可能超过 90 天。参见未发表手稿 "Customs Clearance on Shell, Other Natural Materials and Instruments Using These 'Wildlife' Products," (June 2010)，查克·埃里克森宣称，处理时间可能长达 6 个月之久。

17. Associated Press, "Brazilian Police Arrest Gang That Exported Rare Wood to United States," October 8, 2007, accessed May 23, 2011, http://english.pravda.ru/world/99136-rare_wood-0.

18. John Thomas, "A Guitar Lover's Guide to the CITES Conservation Treaty," *Fretboard Journal*, no. 11 (2008), accessed May 16, 2011, http://www.fretboardjournal.com/features/magazine/guitar-lover%E2%80%99s-guide-cites-conservation-treaty.

19. 显然，政府的鲍鱼品种检测"试验"并不一定可靠。NAMM 的詹姆斯·戈德堡说该交易商只寄送了一把吉他并支付了 250 美元的民事罚款，他指的显然是同一个案子。参见 National Association of Music Merchants, "Lacey for Luthiers," webinar, June 25, 2010, accessed May 26, 2011, http://www.namm.org/news/articles/access-recording-namm-lacey-act-webinar-luthiers。

20. Ibid.

21. "自我驱逐出境"在共和党的米特·罗姆尼（Mitt Romney）2012 年的总统竞选纲领中是中心条款。它也是自 2010 年开始在全美提出并采纳的日益高涨的反移民措施背后的指导原理。参见 Ian Gordon and Tasneem Raja, "164 Anti-immigration Laws Passed Since 2010? A Mojo Analysis," *Mother Jones*, March/April 2012, accessed June 30, 2013, http://www.motherjones.com/politics/2012/03/anti-immigration-Law-database。

22. Randal C. Archibold, "Arizona Enacts Stringent Law on Immigration," *New York Times*, April 23, 2010. "[亚利桑那州的] 法律，其支持者和批评者都说，这是几代人里最广泛、最严格的移民措施，"Archibold 写道，"这样的法律会让未携带移民文件成为一种犯罪行为，而且还会赋予警察广泛的权力拘留任何被怀疑非法入境的人。"

23. Alicia Schmidt Camacho 特别注意到，移民法律的随意性和执行的无规律性会使家庭和社区分裂，也会削弱人的尊严和重要的社会支持网络。Alicia Schmidt Camacho, "Hailing the Twelve Million: U.S. Immigration Policy, Deportation, and the Imaginary of Lawful Violence," *Social Text* 28, no. 4 (Winter 2010).

24. Chris Gill, "Log Jam," *Guitar Aficionado*, Spring 2010. 粗体为笔者所加。

25. Michel Foucault, *The Birth of Biopolitics* (New York: Palgrave Macmillan, 2008), 259–260.

26. 让 – 克劳德·拉里韦，作者采访，加利福尼亚州奥克斯纳德，2009 年 9 月 1 日。

27. Marc Greilsamer, "Chief, Cook, Bottle Washer: Jean Larrivée Favors the Hand-On Approach," *Fretboard Journal*, no. 10 (Summer 2008): 37–55.

28. 迈克尔·古里安直接与伐木工打交道，为他在新罕布什尔州的锯木厂加工的木材寻找来源。Hart Huttig 二世是一位在迈阿密制作古典吉他和弗拉明戈吉他的匠人，他涉足木材生意并成了年轻匠人获取信息和材料的关键源头。Richard Bruné, "Huttig Obituary," Guild of American Luthiers (1992), accessed May 25, 2010, http://www.luth.org/memoriams/mem_hart-huttig.htm.

29. 关于刘易斯和地中海作坊的信息由 Sharon Scheurich 提供，她是刘易斯的朋友，也是他之前的学生，还是温哥华古典吉他协会的创始人。参见其博客 http://canarybirdtenerife.blogspot.com/2009/03/vancouver-flashback-v.html，访问日期 2010 年 8 月 11 日。

30. Bill Lewis, *Catalogue for Musical Instrument Builders* (Vancouver: Lewis Luthiers' Supplies, 1974).

31. 正如 Steven M. Gelber 观察到的，20 世纪 50 年代的"套装繁荣"是"流水装配线的终极胜利"，它们鼓励消费者相信，工艺品也可以包括"非常肤浅的预制零部件的装配"。*Hobbies: Leisure and the Culture of Work in America* (New York: Columbia University Press, 1999), 262.

32. Gulab Gidwani, "Ebony and Rosewood Revisited," presentation given at the Symposium of Stringed Instrument Artisans, East Stroudsburg, PA, on June 11, 2009. 引文来自作者对该事件的记录。

33. 古拉布·吉德瓦尼，私人通信，2011 年 7 月 20 日。

34. Anna Lowenhaupt Tsing, *Friction: An Ethnography of Global Connection* (Princeton, NJ: Princeton University Press, 31), 68.

35. Ibid., 51, 31.

36. 正如罗安清所写，"边疆是时空的边缘……森林并不只会在边缘被发现；它们还是制造地理和时间经验的事业。边疆制造了野蛮、混乱的幻觉、藤蔓还有暴力；它们的野蛮既是现实存在的也是想象出来的。"（同上，28–29）关于美国的"森林战争"的民族志，参见 Jake Kosek, *Understories: The Political Life of Forests in Northern New Mexico* (Durham, NC: Duke University Press, 2006)。

37. 1971 年 8 月，美国出现了所谓的"尼克松冲击"，当时，美国停止以固定的 35 美元兑换率兑换黄金，金价剧烈波动，并在 20 世纪 80 年代达到最高值。*The Privateer Market Letter*, 2001, http://www.the-privateer.com/gold2.html, cited in Tsing, *Friction*, 279n 11.

38. 埃里克松在他的网站上描述了他做矿工的日子，参见 http://www.dukeofpearl.com/，访问日期 2001 年 8 月 10 日。

39. Chuck Erikson，quoted in Margie Mirken, "Fruits de Mer," *Fretboard Journal*, no. 21 (2011): 84–93.

40. 1997 年和 2001 年，白鲍和黑鲍分别成为受保护的候选对象——并分别在 1999 年和 2009 年被列为濒危物种。National Oceanic and Atmospheric Administration Fisheries, Office of Protected Resources, "White Abalone," http://www.nmfs.noaa.gov/pr/species/invertebrates/whiteabalone.htm; "Black Abalone," http://www.nmfs.noaa.gov/pr/species/invertebrates/blackabalone.htm (both accessed June 20, 2013).

41. 查克·埃里克松，作者采访，迈阿密海滩，2008 年 4 月 11 日。

42. 正如 David Harvey 所说的，在"商品的特殊性必须转换为货币的通用性"这样的节点上，商品链条会被切断。*The Enigma of Capital and the Crises of Capitalism* (Oxford: Oxford University Press, 2011), 106.

43. 《公爵伯爵》是 1962 年的热门单曲，由非裔美国艺术家 Gene Chandler 演唱。Chandler 创造了一个公爵的舞台形象，通常的装扮是戴着高帽，身着礼服和斗篷，还拿着手杖。

44. Abalam 是将鲍贝薄片通过层压的方式做成平板而制成的。层压可使贝壳的花纹和颜色均匀地分布在平板的表面。查克·埃里克松，"Shell Veneer Ply (Laminated) Sheets," Duke of Pearl website, accessed July 25, 2013, http://www.dukeofpearl.com/.

45. 巴基斯坦生产了全世界 80% 的足球，并和印度一起雇用了全世界三分之一的童工。Sydney Schanberg, "Six Cents an Hour," *Life* 19, no. 7 (June 1996).

46. Naomi Klein 强调了耐克营销战略的阴暗面，这种营销战略建立在非裔美国青年的街头文化之上："最残忍的讽刺恰恰是耐克的'品牌而非产品'计划，那些为耐克那个潇洒的对钩和尖端的含义贡献最多的人群，恰是被该公司飞涨的价格和不应该存在的生产基地伤害最深的人。" Naomi Klein, *No Logo* (orig.2000; New York: Picador / St. Martin's, 2002), 365–379.

47. Greenpeace USA, "Our Vision," accessed July 20, 2013, http://www.greenpeace.org/usa/en/campaigns/forests/Our-vision/.

48. Environmental Investigation Agency, "Forest Governance," accessed July 20, 2013, http://www.eia-international.org/our-work/ecosystems-and-biodiversity/forest-loss/forest-governance.

49. Chuck Erikson，"CITES, Lacey Act, ESA, USFWS and Customs

Regulation of Wood, Shell, Bone, Ivory, Fossil Ivory, and Finished Items (Such as Guitars) Which Contain Any of These or Other Wildlife or Plant Products," April 2011, unpublished manuscript distributed at the 2011 Symposium of the Association of Stringed Instrument Artisans. A slightly revised version of this piece was published on the Guild of American Luthiers' website, accessed July 25, 2013, http://www.luth.org/web_extras/CITES_Lacey-Act/cites_lacey-act.html.

50. Ibid.

51. 埃里克松写道："从跟我们打交道的工作人员身上可以看出，鱼类和野生动植物管理局非常熟悉 [公会] 和弦乐器工匠协会，也很了解像制琴师商业国际和斯图尔特 – 麦克唐纳公司这样的供应商。虽然他们对到底想借助这些实体做什么不置可否，但很明显，他们可以非常容易地启动相应的调查，不仅针对供应商，还可以针对客户档案和会员名单上的独立制琴师。"同上。

52. Chuck Erikson，from a transcript of the author's recording of the panel, Symposium of the Association of Stringed Instrument Artisans, East Stroudsburg, PA, June 11, 2011. For a published transcript of the first half of the presentation, see Nadine Nichols, "Special CITES/Lacey Edition," *Guitarmaker*, no. 78 (Winter 2011).

53. George Balady, from a transcript of the author's recording of the panel, Symposium of the Association of Stringed Instrument Artisans, East Stroudsburg, PA, June 11, 2011.

54. 正如 John Frederick Walker 就非洲象牙保护所观察到的那样，"欧洲和北美的公众把自己国家（或至少他们所在的地区）同过度开发的环境联系在一起，与此相反，非洲在人们的脑海里就是'动物的伊甸园'（animal Eden），它激起一种欲望，想要保证非洲人不会遵循掠夺土地的环境开发政策，这样的政策现在正让第一世界的人们后悔不已。"*Ivory's Ghosts: The White Gold of History and the Fate of Elephants* (New York: Grove, 2009), 188.

55. David Harvey 认为，"新帝国主义"是资本积累扩张性逻辑和民族国家领土逻辑的一个不稳定结盟。*The New Imperialism* (Oxford: Oxford University Press, 2005), 33.

56. 森林合法性联盟是华盛顿特区的一个智库。它由环境调查署和世界资源研究所领导，在美国国际开发署 (USAID) 提供的纳税人支持下运营。

57. 安妮·米德尔顿，摘自作者对研讨会的书面记录，弦乐器工匠协会研讨会，宾夕法尼亚州东斯特劳兹堡，2011 年 7 月 11 日。

58. 在 Mary Douglas 的经典阐述中，污染的恐惧和禁忌是支持社会宇宙的基石。它们象征性地将有序与无序、有形与无形、纯洁与不洁并置。她认为，"当形式遭到攻击，污染的危险就爆发了。"*Purity and Danger* (New York: Routledge, 1966), 105.

59. Craig Hoover, Roger Sadowski, and others, from a transcript of the author's recording of the panel, Symposium of the Association of Stringed Instrument Artisans, East Stroudsburg, PA, June 11, 2011. For a published transcript, see Nadine Nichols, "CITES/Lacey Workshop Q&A Discussion," *Guitarmaker*, no. 79 (Spring 2012).

60. Gruhn, from transcript.

61. 此事中，NAMM 成为一个疏忽大意的进口商显得尤其讽刺，因为就在一年前，NAMM 还赞助了一场网络研讨会，主要就是让手工匠人知道如何遵从法律的要求。"Lacey for Luthiers."

62. 琳达·曼策，作者采访，宾夕法尼亚州斯特劳兹堡，2011年7月11日。

63. Middleton, transcript. For a published transcript, see Nadine Nichols,"CITES/Lacey Q&A Part 2," *Guitarmaker*, no. 82 (Winter 2012).

64. 报道的新闻没有提及作坊遭遇突击检查的西班牙吉他匠人的名字。Tito Drago, "Environment-Spain: Record Seizure of Wood from Endangered Tropical Species," InterPress Service, October 13, 2004, accessed June 25, 2013, http://ipsnews2.wpengine.com/2004/10/environment-spain-record-seizure-of-wood-from-endangered-tropical-species/.

65. Michael Gurian and Craig Hoover, from a transcript of the author's recording of the panel, Symposium of the Association of Stringed Instrument Artisans, East Stroudsburg, PA, June 11, 2011.

66. Henry Lowenstein, from a transcript of the author's recording of the panel, Symposium of the Association of Stringed Instrument Artisans, East Stroudsburg, PA, June 11, 2011.

67. 把美国手工艺创新定位成文艺复兴的正当遗产的愿望，可在一本有关 C. F. 马丁的新书中找到最新的表达。该书的联合编辑 Peter Szego 说，到 19 世纪 40 年代，马丁公司的吉他"可以和斯特拉迪瓦里提琴媲美"，转引自 Larry Rohter, "Roll Over, Stradivarius," *New York Times*, October 14, 2013。参见 Robert Shaw and Peter Szego, eds., *Inventing the American Guitar: The Pre–Civil War Innovations of C. F. Martin and His Contemporaries* (Racine, WI: Hal Leonard, 2013)。

68. 我的结论基于 Elizabeth Povinelli 对移民民族主义如何依靠

"优先治理"的概念来控制替代性社会工程的潜在破坏的分析。美国民族主义思想将"社会结构中的时态分野"制度化了，如此，"便将社会归属的来源和条件分成两支"，而且，"将移民和土著 / 原住民之间的关系进行了转换，从前，在优先占领这个问题上，二者是相互影响的，现在两种先占模式之间出现了等级关系，一种面向未来，另一种指向过去。"*Economies of Abandonment: Social Belonging and Endurance in Late Liberalism* (Durham, NC: Duke University Press, 2011), 36.

69. Ibid, 76–77.

70. 关于新自由主义例外的概念和流行，参见 Aihwa Ong, *Neoliberalism as Exception: Mutations in Citizenship and Sovereignty* (Durham, NC: Duke University Press, 2006)。

结论

1. Henry Juszkiewicz, "Gibson Guitar Corp. Responds to Federal Raid," Gibson.com, August 25, 2011, accessed September 10, 2011, http://www2.gibson.com/News-Lifestyle/News/en-us/gibson-0825–2011.aspx. 一个月后，尤什凯维奇在一篇社论中详细阐述了他的回应。Juszkiewicz, "Repeal the Lacey Act? Hell No, Make It Stronger," *Huffington Post*, November 2, 2011, accessed March 15, 2012, http://www.huffingtonpost.com/henry-juszkiewicz/gibson-guitars-lacey-act_b_1071770.html.

2. 有证据表明，在 2011 年的突击检查中，一群澳大利亚游客正在参观吉布森工厂。Newt Gingrich, "Out of Tune and Out of Touch," Gingrich Productions, September 7, 2011, accessed September 15, 2011, http://www.gingrich productions.com/2011/09/out-of-tune-and-out-of-touch/.

3.《零售商和艺人雷斯法案实施和执行公平法案》会就非法木材来源建立一个联邦数据库，也会为合法交易建立一个资格认证项目。Pete Kasperowicz, "Lawmakers Look to Ease Lacey Act Regulations after Gibson Guitar Raid," Floor Action (blog), The Hill, October 20, 2011, accessed June 27, 2013, http://thehill.com/blogs/floor-action/house/188831-guitar-heros-lawmakers-look-to-ease-rules-after-gibson-guitar-raid#ixzz2XoSj3aHn.

4. 纳什维尔的音乐人 Roseann Cash、Vince Gill 和 Big Kenny Alphin 是支持《零售商和艺人雷斯法案实施和执行公平法案》的几人（同上）。关于环保主义者的反应，参见 Jake Schmidt, "House Committee Votes to Allow Illegal Loggers to Pillage World's Forests: Undercutting America's Workers and Increasing Global Warming," Switch-board: Natural Resources Defense Council Staff Blog, June 7, 2012, accessed July 1, 2013, http://switchboard.nrdc.org/blogs/jschmidt/house_committee_votes_to_allow.html。

5. Karen Koenig, "No RELIEF: Lacey Act Vote Cancelled," Woodworking Network, July 26, 2012, accessed July 1, 2013, http://www.woodworkingnetwork.com/news/wood working-industry-news/No-RELIEF-Lacey-Act-Vote-Cancelled-163855586.html#sthash.nT8tc2VS.dpbs.

6. 作为与司法部和解的其中一部分条件，吉布森公司还同意设立一个《雷斯法案》服从计划，并将价值 26 万美元的木材充公。Pete Kasperowicz, "Gibson Guitar Agrees to Pay $300,000 Penalty to settle Lacey Act Violations," *Floor Action* (blog), *The Hill*, August 6, 2012, accessed June 27, 2013, http://thehill.com/blogs/floor-action/house/242357-gibson-guitar-agrees-to-pay-300000-to-settle-lacey-act-violations.

7. Henry Juszkiewicz, "Gibson Comments on Department of Justice Settlement," Gibson.com, August 6, 2012, http://www2.gibson.com/News-Lifestyle/Features/en-us/Gibson-Comments-on-Department-of-Justice-Settlemen.aspx; Henry Juszkiewicz, "Gibson's Fight against Criminalizing Capitalism," *Wall Street Journal*, July 19, 2012, http://online.wsj.com/article/SB10001424052702303830204577448351409946024.html, both accessed July 10, 2013.

8. David Harvey, *The New Imperialism* (Oxford: Oxford University Press, 2005).

9. 世界银行估计，非法采伐在全球市场每年引发的损失有 100 亿美元，造成的政府财政收入损失高达 50 亿美元。"Word Bank: Weak Forest Governance Costs Us $15 Billion a Year," World Bank, news release 2007/86/SDN (September 16, 2006), accessed June 5, 2013, http://web.worldbank.org/WBSITE/EXTERNAL/TOPICS/EXTARD/EXTFORESTS/0,,contentMDK:21055716~menuPK:985797~pagePK:64020865~piPK:149114~theSitePK:985785,00.html.

10. Kathryn Marie Dudley, "Luthiers: The Latest Endangered Species," *New York Times*, October 25, 2011, accessed June 17, 2013, http://www.nytimes.com/2011/10/26/opinion/are-guitar-makers-an-

endangered-species.html.

11. 许多大型吉他公司现正与美国森林管理委员会合作，尽最大努力确保他们所购买的木材是合法采伐的。由绿色和平组织发起的"音乐之木运动"（Musicwood campaign）是一个引人注目的例子，主要的吉他制造商与环保主义者联合起来，向木材公司施压，要求他们在采伐木材时注意可持续性。然而，"音乐之木运动"为保护由阿拉斯加本土公司 SEAlaska 管理的古老的锡特卡云杉森林所做的努力基本上是失败的。有关这一努力的情况，参见纪录片 *Musicwood*，由 Maxine Trump 导演（2012）。

12. 在将手工计划叙述成对新自由主义的"反理性"时，我论述的基础是 Wendy Brown 对美国自由民主转变的分析。参见 Wendy Brown, "Neoliberalism and the End of Liberal Democracy," *Theory and Event* 7, no. 1 (Fall 2003)。

13. 阿尔弗雷多·贝拉斯克斯, 作者采访, 佛罗里达州奥兰多 2011 年 11 月 10 日。

14. Bruno Latour 将"科学"过程定义为"通过实验和计算，获得进入一些实体的机会，这些实体起初与人类没有相同的特征"，制琴师与木材的互动与此有很多共同之处。他认为，这一工作的目标是确保科学家"不要用自己的行动技能库为他们已经进入的实体添加新的实体。他们希望每一个非人类实体都能丰富他们自己的行动技能库和本体论"。*Pandora's Hope: Essays on the Reality of Science Studies*(Cambridge, MA: Harvard University Press, 1999), 259.

15. Brian Massumi 提出，"情感逃避"（affective escape）现象是构成"情感自主"（autonomy of affect）的物质存在条件。参

见 *Parables for the Virtual: Movement, Affect, Sensation*(Durham, NC: Duke University Press, 2002), 35。

16. 在一个"无生命"物体中理解生命这种奇特的感觉类似于被主流文化所否定的灵魂实体"缠住"（haunted）。参见 Avery Gordon, *Ghostly Matters: Haunting and the Sociological Imagination* (Minneapolis: University of Minnesota Press, 1997)。

17. Heather Paxson 令人信服地论证说，手工奶酪是一种"未完成的商品"，因为"它没有（还未？）沦为内在价值与市场价值之间完全明确相等的物品"。参见 *The Life of Cheese* (Berkeley: University of California Press, 2012), 13。然而，我不太愿意将这种情况描述为"未完成的"商品化，那就好像问题中的这些物品或早或晚都要走向市场化一样。通过指出匠人们在他们所制吉他的命运中投入的情感，我希望强调的不是事物本身的商品地位，而是制琴市场的结构维度，它们即使不能颠覆，也能中断商品化过程。

18. Igor Kopytoff, "The Cultural Biography of Things," in *The Social Life of Things: Commodities in Cultural Perspective*, ed. Arjun Appadurai (Cambridge: Cambridge University Press, 1986), 64–91; Arjun Appadurai, "Commodities and the Politics of Value," in *Social Life of Things*, 3–63.

19. Peter Pels 声称，物质商品仅有一种"社会生活"的概念是一种形式的"万物有灵论"，其中"要想感知生命物质，必须借助一个衍生代理的属性才能实现"，这一说法反映了唯物论和"新唯物主义"学者的共同观点。"The Spirit of Matter: On Fetish, Rarity, Fact, and Fancy," in *Border Fetishisms: Material Objects in Unstable Places*, ed. Patricia Spyer (New York: Routledge, 1998), 94. 正

如 Bill Brown 在阐述那个更广泛问题时所做的那样，我们必须"少问观念和意识形态对物质的影响，多问物质世界及其转变对意识形态和观念形态的影响"。"Thing Theory," in *Things*, ed. Brown (Chicago: University of Chicago Press, 2004), 7.

20. 在认同雅克·朗西埃的"民主断裂论"（theory of democracy as disruption）的基础上，Jane Bennett 认为，政治责任的核心是一个"人–非人"的集合，而且"政治行动存在于——当他们进入一个预先存在的公众当中，甚至是当他们表明了他们一直都是其中无法解释的存在时——情感躯体所表达出的那种惊呼的感叹词之中"。*Vibrant Matter: A Political Ecology of Things* (Durham, NC: Duke University Press, 2010), 36–37, 105.

21. 科洛迪的小说通常被解读为一个成长故事，反映了成长和道德良知发展的"普遍"过程。正如 John Cech 所写的："匹诺曹的旅程把他从那个以自我为中心、没有纪律、没有经验的童年世界带到了一个自我牺牲、负责任、有见识的青春期或青年时代。"参见 John Cech, "The Triumphant Transformation of 'Pinocchio,'" in *Triumphs of the Spirit in Children's Literature*, ed. Francelia Butler and Richard Rotert (Hamden, CT: Library Professional, 1986), 171–177。还可参见 Ann Lawson Lucas, introduction to *The Adventures of Pinocchio*, trans. Ann Lawson Lukas (Oxford: Oxford University Press, 1996), vi–xlvi; Susan R. Gannon, "Pinocchio: The First Hundred Years," *Children's Literature Association Quarterly*, Winter 1981/1982, 1, 5–6; 以及就同一主题的一个女性主义解释，参见 Claudia Card, "Pinocchio," in *From Mouse to Mermaid: The Politics of Film, Gender, and Culture*, ed. Elizabeth Bell, Lynda Haas, and Laura Sells

(Bloomington: University of Indiana Press, 1995), 62–71。

22. 威廉·格里特·拉斯金，作者采访，多伦多，2006 年 10 月 29 日。

23. 正如朱迪·思里特所定义的，变彩是"材料反射的性质"，制琴师使用这一术语来指称"特殊的反射模式"，这在贝壳或其他类似材料里会看得很清楚。镶嵌艺术家选择的单片贝壳，通常带有能表明他们设计的图像的反射图案。Judy Threet, "Inlay Design and Execution: A Conversation between Design and Materials," *Guitarmaker*, no. 55 (Spring 2006).

24. Jim Coyle, "Our True Heroes Are Appointed to the Order of Canada," *thestar.com* June 29, 2012, accessed July 25, 2013, http://www.thestar.com/news/gta/2012/06/29/our_true_heroes_are_appointed_to_the_order_of_canada.html.

25. Grit Laskin, "The Guitar as Canvas: From Tradition to New Directions in Inlay Art," presentation at Montreal Guitar Show, July 3, 2009.

26. Grit Laskin, personal statement, "Master Guitar Inlay, History and Design," Newport in Miami Beach Guitar Festival, April 12, 2008.

27. Grit Laskin, "The Puppeteer," in *A Guitarmaker's Canvas* (San Francisco: Backbeat Books, 2003), 100.

28. "推知现实主义"指的是一个松散组织的哲学运动，它拒斥康德的观念，即我们有关存在的知识仅仅取决于人类的思想和知觉。Ian Bogost 认为，推知现实主义者推测的是"事物感知和参与其世界所依凭的逻辑"，承认"有关事物存在的问题超出了我们所知的范围，甚至是我们无法了解的范围"。*Alien*

Phenomenology (Minneapolis: University of Minnesota Press, 2012), 29–30. 还可参见 Quentin Meillassoux, *After Finitude: An Essay on the Necessity of Contingency*, trans. Ray Brassier (London: Continuum, 2008); Graham Harmon, *Guerilla Metaphysics: Phenomenology and the Carpentry of Things* (Peru, IL: Open Court, 2005)。

29. 怪异和怪诞的意象经常被用在民间和大众文化中——卡尔·马克思自己也会用——来代表资本主义的力量和影响。David McNally, *Monsters of the Market: Zombies, Vampires and Global Capitalism* (Chicago: Haymarket Books, 2012).

30. Grit Laskin, "The Princess Trees: A Children's Fable," *Guitarmaker*, no. 17 (September 1992): 46–47, 50–51, 53–54.

31. 拉斯金的寓言可以被解读为一种"散漫剥离的戏码"（ drama of discursive divestiture ），这是 Kaja Silverman 在前卫电影身上使用的一个概念，这些电影的作用就是"揭示文本中文化之声的合唱"并"将女性的声音安装在一个非常临时的起始点上"。她认为，通过突出那些愿意"剥离"自身权力和特权——这些在文化上被认为是归属于他们的性别的——的男性角色，类似这样的场景彻底改变了经典好莱坞电影有关异性恋和反女性主义的传统。*The Acoustic Mirror: The Female Voice in Psychoanalysis and Cinema* (Bloomington: Indiana University Press, 1988), 211.

32. Renato Rosaldo 提出"帝国怀旧症"（ imperialist nostalgia ）的概念来描述这样一种意识形态工程，即在想象层面上复原已经被欧洲殖民主义摧毁的生活方式。*Culture and Truth: The Remaking of Social Analysis* (Boston: Beacon, 1993), 68–90.

33. 正如 Mary Louise Pratt 所认为的，"反征服"的叙事"实际上在为殖民侵占'背书'，即使它拒斥征服与压制的修辞——很有可能还有实践"。*Imperial Eyes: Travel Writing and Transculturation* (New York: Routledge, 1992), 7, 52.

34. 虽然体现在手工吉他中的声音可能最终会指责帝国主义的历史和其在当下的表现，但制琴的制作场景几乎没有导向对环境或其他政治议题的过度行动。因此，吉他制作是一个靠近政治的（*juxta-political*）文化活动——劳伦·贝兰特的这一概念主要用于媒体中介的非主流社区，它们"在接近（proximity）政治的地方繁荣发展，偶尔会与政治结盟，有时更会参与一些政治斗争，但它通常都是作为一种批评的声音存在，认为情绪上的回应表达和观念上的调整就已足够"。*The Female Complaint* (Durham, NC: Duke University Press, 2008), x.

35. 有关原声吉他音质那不可思议的体验类似于 Avery Gordon 对"阴魂不散"（haunting）这一现象的分析：阴魂不散指的是一种需求，即"与幽灵对话"，这是"获取感官知识的先决条件"，也是一个任务，即"出于对正义的关心，让幽灵有宾至如归的记忆"。*Ghostly Matters*, 60（强调为原文所有）。

36. "商品拜物教"（commodity fetishism）的概念一般用来拒斥任何将主体的情感联系或归属与消费主义文化的客体联系起来的做法。但是正如 T. Peter Stallybrass 所认为的，必须在"拜物"和"拜商品"之间做出区隔。前者是欧洲妖魔化"原始宗教"的产物；后者是资本主义最典型的逻辑："无形物"的具体化与市场价值。"Marx's Coat," in *Border Fetishisms: Material Objects in Unstable Places*, ed. Patricia Spyer (New York: Routledge, 1998), 83–207.

后记

1. 朱迪·思里特，作者采访，艾伯塔省卡尔加里，2006 年 11 月 3 日。

2. 欧文·绍莫吉，作者采访，加利福尼亚州希尔兹堡，2009 年 8 月 18 日。

附言

1. United States Fish and Wildlife Service, "Interpretation and Implementation of the Convention: Cross-Border Movement of Musical Instruments," resolution proposed by the Unites States of America to the sixteenth meeting of the Conference of the Parties to the Convention on the International Trade in Endangered Species of Wild Flora and Fauna (CITES) in Bangkok, Thailand, March 3–15, 2013, accessed November 6, 2013, http://www.fws.gov/international/pdf/cop16-resolution-cross-border-movement-of-musical-instruments.pdf.

2. Animal and Plant Health Inspection Service (APHIS) and the US Department of Agriculture (USDA), "Report to Congress with Respect to Implementation of the 2008 Amendments to the Lacey Act," May 2013, accessed November 6, 2013, http:// iwpawood.org/ associations/8276/files/Lacey%20Report%20to%20Congress%205.30.13. pdf.

3. Wade Vonasek，"USDA Eases Effect of Lacey Act on Musical Instruments," *Woodworking Network*, June 13, 2013, http://www. woodworkingnetwork.com/wood-market-trends/woodworking-industry-news/production-woodworking-news/USDA-Eases-Effect-of-Lacey-Act-on-Musical-Instruments-211396991.html#sthash.LnkmshoL. dpbs; Randy Lewis, "USDA Oks Musical Instruments for Travel under Lacey Act," *Los Angeles Times*, June 1, 2013, both accessed November 6, 2013, http://articles.latimes.com/2013/jun/01/entertainment/la-et-ms-lacey-act-musical-instruments-usda-report-amendment-20130531. 后一篇文章甚至说，该报告"在很大程度上把乐器从濒危植物制成的问题产品中剔除了"。